三峡水库消落区生态环境状况报告
（2024 年）

中国科学院重庆绿色智能技术研究院
重庆市三峡水库消落区保护与治理研究中心　组编

科 学 出 版 社
北 京

内 容 简 介

本书梳理了过去近 20 年在三峡水库消落区管理、保护、监测和治理等方面的成果，从水文、地质、土壤、生物等生态要素，生态系统组分，结构与功能，以及环境污染等方面阐述三峡水库消落区的生态环境状况，总结三峡消落区的管理成效。同时，形成针对三峡水库消落区管理保护与生态环境状况的基本认识，提出消落区生态环境保护治理的对策。

本书适合水利管理部门、科研机构、高等院校、环保组织以及社会公众等相关人员参考学习。

审图号：GS 川（2025）144 号

图书在版编目（CIP）数据

三峡水库消落区生态环境状况报告. 2024 年 / 中国科学院重庆绿色智能技术研究院，重庆市三峡水库消落区保护与治理研究中心组编. 北京 : 科学出版社，2025. 7. -- ISBN 978-7-03-082006-8

Ⅰ. X143

中国国家版本馆 CIP 数据核字第 20252TK547 号

责任编辑：郑述方　李小锐 / 责任校对：韩卫军
责任印制：罗　科 / 封面设计：墨创文化

科学出版社 出版
北京东黄城根北街 16 号
邮政编码：100717
http://www.sciencep.com
成都锦瑞印刷有限责任公司印刷
科学出版社发行　各地新华书店经销
*
2025 年 7 月第　一　版　开本：787×1092　1/16
2025 年 7 月第一次印刷　印张：16 3/4
字数：398 000

定价：268.00 元

（如有印装质量问题，我社负责调换）

《三峡水库消落区生态环境状况报告（2024年）》
编委会

前　言

三峡工程是迄今世界规模最大的水利枢纽，其建成运行后，全面发挥了防洪、发电、航运、旅游、水资源利用等综合效益，被誉为中华民族伟大复兴征程中的“一个标志，三个典范”工程。三峡水库以“蓄清排浑”的水位调度方式运行，周期性调节水库坝前水位，形成了垂直高差达 30 m 的水库消落区，截至 2017 年年底，三峡水库消落区岸线长约 5425.93 km、面积约 284.65 km^2。三峡成库改变了区域原有的水文情势、土壤环境和生物群落，形成了水文地质条件独特的消落区生态系统。

自三峡水库消落区形成以来，其环境影响和生态修复一直受到国内外包括学术界、管理部门、社会各界的广泛关注。三峡水库正式运行十余年，其消落区生态环境发生了深刻变化，消落区外来入侵植物较多且比本地植物更能适应水淹胁迫，病媒生物鼠类和蚊类密度持续降低，动物物种多样性水平下降，植物群落处于演替过程中的草本阶段，地质稳定性正趋于新的平衡。管理部门、科研机构以及社会组织投入了大量的人力、物力和财力，开展了消落区生态环境问题的科学研究及修复治理工作，取得了一系列阶段性成果。这些成果极大地丰富了人们对消落区的科学认识，逐步消除了人们对消落区生态环境的不确定性忧虑，但对于生态环境问题的成因及修复途径仍需进一步明确。

鉴于管理部门、学术界及社会公众对消落区生态环境问题的关切，中国科学院重庆绿色智能技术研究院、重庆市三峡水库消落区保护与治理研究中心等单位在已有观测和研究成果的基础上，对三峡水库消落区的保护管理、水文、地质、土壤、动植物、生态系统等进行系统梳理，形成对消落区管理保护与生态环境状况的基本认识，提出消落区生态环境保护治理的对策。

本书依托于水利部 2021 年度三峡后续工作科研项目“三峡库区消落区（重庆段）生态环境调查及生态恢复技术示范”（5000002021BF40001），旨在全面系统地监测与评估三峡水库消落区的生态环境状况，为科学保护和管理消落区提供数据支持和决策依据。项目由重庆市水利局委托中国科学院重庆绿色智能技术研究院实施，团队汇集了生态学、环境科学、水文学等领域的专家学者，通过大量的文献调研、成果汇总以及长期的现场监测、数据分析和归纳总结，形成了本书的核心内容。

本书首次全面展示了三峡水库消落区的生态环境全要素状况，为全球大型水库消落区生态环境保护与治理提供了参考。全书共分三篇十一章，绪论从全球角度介绍了消落区的由来、存在问题及保护治理意义。上篇包括第一至第三章，介绍三峡水库消落区概况，第一章从三峡工程建设至三峡水库消落区的形成，详细介绍三峡水库消落区的由来和基本特征；第二章详细介绍三峡水库消落区的基本现状，包括三峡水库消落区的范围、自然现状和人类活动；第三章阐述三峡水库消落区的保护与管理现状、措施和取得的成效。中篇包括第四至第九章，详细阐述三峡水库消落区生态环境状况，第四章分析三峡水库消落区气象水文状况；第五章介绍三峡水库消落区地质环境状况，分析地质灾害类型及成因；第六章为三峡水库消落区土壤环境状况，分析土壤类型与分布、土壤理化性质、土壤微生物构成与分布等，阐明土壤侵蚀与泥沙淤积类型及程度；第七章分析三峡水库消落区动植物组成现状及分布特征，探讨植物对干湿交替环境的响应，重点介绍三峡水库消落区外来植物；第八章探讨三峡水库消落区生态系统组分、结构与功能；第九章介绍三峡水库消落区水环境、固体废弃物、土壤污染等状况。下篇包括第十至第十一章，针对上中篇三峡水库消落区生态环境状况分析得出认识及展望，第十章介绍三峡水库消落区管理与保护认知及生态环境基本认识，第十一章梳理三峡水库消落区生态环境保护治理对策及展望。需要指出的是，三峡水库的调度运行对消落区生态环境的影响是一个长期过程。本书基于现有的监测和研究成果编制，力求准确全面，但难免存在疏漏和不足。后续本书编写团队将持续开展对三峡水库消落区生态环境的长期监测和研究，不断丰富和完善对消落区生态环境的科学认识，为筑牢长江上游重要生态屏障提供科技支撑和保障。

本书的编写得到水利部、中国科学院、重庆市水利局、长江科学院、长江设计集团有限公司、重庆大学、西南大学等众多机构的大力支持和帮助。在此一并对所有支持和帮助过本书编写的专家学者以及付出辛勤劳动的科技工作者表示诚挚的感谢！

目　　录

中篇　三峡水库消落区生态环境状况

下篇　三峡水库消落区生态环境认识及展望

绪　论

一、水库消落区成因及功能

水库消落区又称消落带、涨落带、消涨带、涨落区等，是指人工调节或自然水文变化引起水库水位变动而使水库临水陆域同期性出露和淹没的陆生生态系统和湿地生态系统的过渡地带。形成水库消落区的原因有两方面：一为自然水文变化，主要是指季节性水位涨落，此外还包括特殊气候造成的消落区（如干旱导致水位下降）；二为人工调节，主要是指周期性蓄水和泄洪所导致的水位涨落。因此，按其形成原因，水库消落区可分为自然消落区和人工消落区；根据流域水文情势特征，水库消落区可分为河道堤岸型、湖泊堤岸型和水库岸坡型 3 种类型；按地质地貌特征，水库消落区可分为库尾消落区、松软堆积缓坡平坝型消落区及硬岩陡坡型消落区；按地形特征，水库消落区可分为河湾型消落区、开阔阶地型消落区、裸露基岩陡峭型消落区和失稳库岸型消落区。

作为水库水域与陆域生态系统的过渡与衔接区域，水库消落区在库区水体与陆岸之间所形成的巨大环库生态隔离带是一种特殊的水陆交错湿地生态系统。消落区是陆域集水区泥沙、有机物、化肥和农药等进入水库水域前的最后一道生态屏障，对水陆生态系统的物质流、能量流、信息流和物种流起着廊道、过滤器等作用，在净化陆域集水区面源污染、美化景观、稳定库岸、维持水陆生态系统动态平衡等方面发挥着重要作用，在维持生态平衡、创造经济价值和社会服务方面提供着不可替代的生态服务功能。

（1）消落区的生态和环境功能。消落区具有多样的生态和环境功能，包括水文调节、生物地球化学循环、生态栖息等。水文调节功能体现在蓄水、调节径流、减缓水流和风浪的侵蚀、截留与转移沉积物等方面；生物地球化学循环功能主要表现为整个生态系统中化学物质的相互储存和转移，包括物理、化学和生物过程，起到源和库的功能，对维持与相邻水陆生态系统的交换有着不可替代的作用；生态栖息功能指消落区生态系统为动植物、微生物提供多样的繁殖和生长环境，对维持生物多样性、缓解生态环境压力等具有重要作用。

（2）消落区的经济功能。消落区的生物、土地及景观资源可为人类提供诸如药用植物、轻工业原料、各种渔业副产品等资源。另外，根据水位的涨落规律，合理地开发利用消落区，包括种植、养殖、放牧等，不仅可以为人类的生产生活提供服务，还能在一定程度上解决消落区人地矛盾问题，从而对地方经济发展起到推动作用。

（3）消落区的社会功能。消落区具有观光、旅游、娱乐等功能和巨大的景观价值，不仅在美化环境和调节气候方面具有重要的社会功能，而且其特殊的生态特性、多样的动植物群落和现存的濒危物种为广大教育和科研工作者提供了教研资源，可为人类开展生物多样性保护和利用工作提供更多的实践经验。

二、全球消落区概况

据不完全统计，2017 年全球水库消落区面积大约为 43538 km^2，我国大中型水库消落区总面积已超过 8800 km^2，其中水利枢纽工程——三峡工程形成的三峡水库消落区面积约为 284.65 km^2。水库消落区面积的大小受气候和人为因素的影响，主要表现在以下三个方面：①面积较小的水库相对较多，产生的消落区也较大（面积为 100～1000 km^2 的水库，消落区总面积为 12349 km^2，约占全球消落区总面积的 28.36%）；②消落区在全球分布不均匀，主要分布在低纬度的热带地区（图 0-1），其面积与纬度具有一定的分布规律；③一般而言，用于灌溉和防洪的水库具有较大的消落区面积，用于发电的水库具有相对较小的消落区面积。

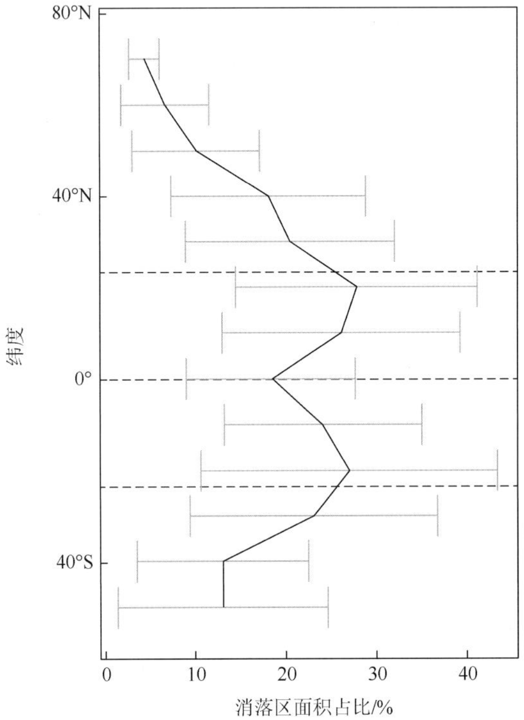

图 0-1　消落区面积的纬度分布图[引自 Keller 等（2021）]

三、消落区存在的问题

消落区作为陆地和水生生态系统的交错地带，受水位周期性涨落的影响，地表周期性地淹没和出露，引发了水土流失、生物多样性降低、环境污染等生态环境问题，导致了消落区生态系统的脆弱性，消落区主要存在的问题可归纳为以下几个方面。

（1）消落区的土壤侵蚀与库岸掏蚀作用导致了消落区土壤结构被破坏、水土流失加剧、土壤有机质流失等生态问题。水库消落区受水库水位周期性涨落与降水双重水动力作用的影响，加剧了部分“山地型”消落区河段的冲刷作用与土壤重力侵蚀，致使消落区土壤理化性质及结构发生变化。周期性的水位涨落和干湿交替作用降低了土壤抗剪强度，破坏了团聚体结构，致使团聚体破碎、稳定性显著降低。因此在反复的干湿交替作用下，消落区土壤的物理性质、化学性质和力学特性都发生了变化，土体稳定性大幅度降低。夏季消落区大面积出露，且此时恰逢雨季，降水对地表的击溅和地表汇流进一步冲刷裸露土地，加剧了消落区的土壤侵蚀，加速了土壤有机质的分解、释放和转移过程。

（2）降水叠加水位周期性涨落，影响岸坡稳定性，加剧了滑坡、崩塌等地质灾害的发生。水库调节形成的水位涨落是库岸失稳的主要诱因之一，水位变化对库岸边坡的稳定性具有影响，相对于水位上升，水位降低更易导致坡体失稳。随着水库水位的上升，地下水位也上升，容易导致岸坡沿滑动面顺层活动。由于地下水的浸没，岩质斜坡底部的潜在滑动面逐步软化或泥化，降低了土壤的抗剪强度；同时斜坡阻滑土体的前端受浮力影响，会破坏原有的力平衡，致使阻滑效果逐渐降低。水库水位快速降低时，坡体内孔隙水渗出速度大大低于水库水位下降速度，容易形成渗透压力，此时库水对岸坡的压力逐渐消失，同时抗滑力逐渐减小，下滑力逐渐增加，易引起岸坡顺层破坏。消落区夏季大面积出露，此时往往气候炎热潮湿，暴雨频发并常伴有伏旱，土壤岩石内部的含水率逐渐降低，导致失水而出现收缩干裂，岩石强度明显变弱，加之内部基质吸力的消失，以及水位上升叠加汛期降水的影响，最终加剧库岸发生滑坡、崩塌等地质灾害的风险。

（3）消落区经过长时间淹没浸泡，原有植被及其生物群落逐渐消失，生物多样性降低，生态系统的结构和功能趋向简单化。消落区是陆生生态系统由水库蓄水调节转变而来的。生态系统类型的转变导致植被类型发生变化，原来适应于陆地生态系统的物种逐渐消失，部分只适应水生环境的物种会因消落区季节性出露而死亡，因此整个消落区的植物种类将较以前的陆生环境大为减少，群落结构简单，功能多样性单一。

（4）消落区作为陆域重金属、面源污染等环境污染物流向水库的最后生态屏障，环境污染负荷容量有限，承载压力大。消落区作为陆地与水域生态系统的过渡地带，是物质输移和转化的活跃地带，消落区生态系统同时受到来自水陆两个界面的交叉污染。消落区的屏障作用赋予其的截留污染物的能力会造成氮、磷及重金属污染物的累积。当水位降低时，由于水体流动能力减弱，大量污染物滞留在消落区并形成污染带。再加上人为因素的干扰，消落区污染物含量明显高于其他地区。另外，人类在消落区旅游休憩时产生的大量未经处理的垃圾直接遗留在消落区，也加重了环境污染。

（5）消落区生态修复缺乏系统的理论支持，修复成功的案例较少。针对消落区生物多样性降低、水土流失加剧、生态服务功能下降等生态环境问题，国际上实施了一系列消落区生态修复工程，但这些生态修复工程大多基于湿地生态系统、河岸生态系统等传统生态系统修复的理论和技术，忽略了消落区这一水库水域与陆域生态系统交错过渡带的演变过程及规律，修复成功的案例较少。

四、消落区保护及治理意义

作为水库水域与陆地生态系统的过渡地带，消落区在水体与陆岸之间形成了巨大的生态屏障。消落区由于其自身的多样性、动态变化、复杂性等特征，在维持库岸生态系统平衡、稳定水库水质等方面发挥着强大的生态服务功能（李姗泽等，2019）。消落区的保护直接关系到流域的水环境和生态安全，对提升生态系统质量和稳定性、实现人类可持续发展至关重要。

（1）减缓水土流失与地质灾害。消落区水位周期性涨落容易诱发水土流失和滑坡等自然灾害，周期性的出露和淹没以及水位涨落冲刷和泥沙淤积导致消落区地形、土壤和水文条件发生一系列的变化。保护好消落区可有效缓解消落区脆弱程度，降低水土流失频度与强度，减少泥沙淤积等；同时提高植被覆盖率和坡岸稳定性，能有效减少滑坡、崩塌和泥石流等自然灾害的发生。

（2）保障区域水质安全。系统开展消落区的保护与治理工作，结合“自然恢复为主、人工干预为辅”的主导方针，可有效减缓消落区污染物和重金属的累积与沉淀，以及局部水环境恶化；此外，水位的涨落会改变消落区内部土壤的物理性质和化学性质，使得土壤营养成分发生极大变化，从而影响土壤质量。有效的保护与治理可提升消落区及其所在生态区水质安全保障，在促进水陆生态系统可持续发展和维持区域生态系统平衡等方面具有巨大的生态服务价值。

（3）提高生物多样性。陆生生态系统向消落区生态系统的转变，打破了原有自然生态系统群落的构建过程与自然演变规律，导致生物多样性丧失、生态系统结构改变和功能下降。通过制定消落区保护与修复政策，探索出自然修复、乔灌草结合、基塘工程等多种生态修复模式，可为提高生物多样性与初级生产力、降低消落区生态脆弱性，以及统筹制定不同生态区的生态保护措施提供参考与示范。

（4）有利于推进生态优先、绿色发展之路。消落区存在生物多样性和植被覆盖度下降、库岸土壤侵蚀和边坡失稳、局部区域水环境恶化、污染物和重金属加速累积等生态环境问题，备受各界广泛关注，出现了多元化的认识、成果。为此，系统地开展消落区的综合研究和生态修复实践，践行生态优先、绿色发展思路，可为全面评估消落区生态环境现状及演变提供理论依据，也可为科学、系统地回应重大水利工程生态环境影响提供有力的科技支撑。

党的二十大报告作出推动绿色发展，促进人与自然和谐共生的战略部署，提出必须牢固树立和践行绿水青山就是金山银山的理念，站在人与自然和谐共生的高度谋划发展。习近平总书记明确指出要以“共抓大保护、不搞大开发”为导向，以生态优先、绿色发展为引领，推动长江经济带高质量发展。2019 年 4 月，习近平总书记在重庆考察并发表重要讲话，强调了“要抓好三峡库区后续工作，统筹推进‘三水共治’，减轻重点生态功能区域环境负荷，深刻领悟坚持绿色发展、从源头上减少污染，加大消落区治理力度”。以坚持“自然恢复为主，人工干预为辅”的生态修复基本方针为主导，系统开展三峡水库消落区治理和制定保护管理策略，可为长江大保护提供重要科学支撑，进一步为推进长江经济带绿色发展、筑牢长江上游重要生态屏障、构建国家生态安全格局、促进人与自然和谐共生提供重要指示作用。

五、本书内容

三峡工程对生态环境的影响及其对策论证中未涉及消落区的内容，随着三峡工程建设的推进，尤其是 2003 年三峡水库一期蓄水和 2006 年二期蓄水之后，三峡水库消落区的问题逐步凸显。2008 年伊始，在三峡工程基本建成之初，国务院三峡工程建设委员会委托中国工程院组织实施“三峡工程论证及可行性研究结论的阶段性评估”工作，正式将消落区生态环境问题纳入评估专题中，形成了三峡水库消落区问题的初步评估报告。

三峡水库已正式运行十余年，国家相关部门投入了大量的人力、物力和财力，全方位开展了消落区问题及治理对策研究，并取得了一定的成效。但争议未止，至今学术界及社会公众对消落区问题的某些方面仍未形成统一的认识。一些消落区形成之初的问题逐渐消失，但一些始料未及的新问题又出现，部分长期存在的问题也暂时未能找到切实可行的解决方案。三峡水库水位涨幅之大，淹没和出露时间之长，加上反自然的枯洪规律，更加重了人们对消落区问题的担忧。

作为三峡水库的官方管理机构，重庆市水利局联合中国科学院重庆绿色智能技术研究院等单位自三峡水库正式运行以来，便持续地开展三峡水库消落区的监测和研究，实时跟踪消落区生态环境变化，积累了长期的观测数据和监测结果。面对学术界及社会公众对消落区问题的困惑，重庆市水利局联合中国科学院重庆绿色智能技术研究院等单位对长期观测结果、研究结论和认识进行了整理，从地质、水文、植被、土壤、动植物等专题，系统地梳理了三峡水库消落区生态环境的特征和变化规律，形成了《三峡水库消落区生态环境状况报告（2024 年）》。本书分为上中下三篇，共十一章。上篇介绍三峡水库消落区概况，由三峡水库消落区、基本现状、保护与管理三方面组成。中篇介绍三峡水库消落区生态环境状况，包括气象水文、地质环境、土壤环境、动植物等生态要素及生态系统组分、结构与功能和环境污染。下篇介绍三峡水库消落区生态环境认识及展望，根据上篇和中篇的结果，得出基本认识，以及针对三峡水库消落区生态环境保护与治理提出对策和对未来的展望。

上篇　三峡水库消落区概况

第一章　三峡工程及三峡水库消落区

第一节　三 峡 工 程

一、三峡工程建设背景

长江是世界第三、我国第一大河，发源于青藏高原的唐古拉山，干流全长 6300 余 km，流域面积约 180 万 km^2，约占我国国土面积的 18.8%。长江是中华民族的母亲河，是中华民族发展的重要支撑。长江以其庞大的河湖水系、独特完整的自然生态系统、强大的生态服务功能，维护了我国的生态安全，2017 年全流域承载了 4.59 亿人口，孕育了灿烂的长江文明，在经济社会发展中发挥了重要作用。

尽管如此，长江在历史上仍是洪水灾害严重的大河，其处在亚热带季风气候区，降水年内分配不均，导致水资源供应不均衡，尤其是在干旱季节无法为下游提供稳定的水源。相反，长江上游流域面积广、支流多，在雨季受双重季风影响，降水多且集中，夏季多暴雨，干支流汛期长、径流量大，导致长江流域洪水频发。此外，长江还是中国内陆通往沿海口岸的黄金水上通道，三峡作为东西部航运的重要关口，是关乎长江流域经济发展的命脉，长江经济带的统筹发展涉及 11 个省市，以 20%左右的区域面积承载了全国 40%以上的人口，其地区生产总值占国内生产总值（GDP）的 40%以上。长江三峡的泄滩、青滩、崆岭滩为三峡著名的三大险滩，会对往来船舶的通航产生极大威胁。只有打通这条黄金水道，才能实现长江经济带发展道路的畅通无阻。

二、三峡工程概况

1992 年，第七届全国人民代表大会第五次会议决定在湖北省宜昌市秭归县长江西陵峡段与葛洲坝之间建设长江三峡水利枢纽工程，采用“一级开发、一次建成、分期蓄水、连续移民”的实施方案。在经过了勘测、设计、论证和准备工作后，三峡水库于 1994 年正式开始施工。

三峡工程的修建过程可分为三个阶段：第一阶段是导流施工阶段，除准备工程外，该阶段主要完成了一期围堰填筑、左岸永久船闸修建、左岸电站工程、导流明渠建设等工作。第一阶段工程在 1997 年 11 月大江截流后完成，将三峡水库水位从 68 m 提高到 88 m。第二阶段是截流施工阶段，该阶段不仅完成了三峡工程大江截流、二期围堰合龙项目工程、三峡永久船闸及高边坡近 4000 万 m^3 的花岗岩开挖工程，还完成了永久船闸北线一闸首人字门吊装和三峡右岸地下电站进水口洞挖工程，以及左岸大坝的电站设施建设及机组安装等，自此，左岸电站及永久船闸可投入运用。2003 年 6 月，三峡工程按期蓄水与试通航，实现了第一批机组发电和永久船闸通航，三峡水库水位由 106 m 上升至 135 m，并于 11 月蓄水至 139 m。第三阶段是竣工阶段，该阶段完成了右岸大坝和电站的施工，左右岸的 26 台机组全部完成安装，实现了全部机组的发电投产和枢纽工程全部完建。

三峡工程建设完成后，其总体工程包括一座钢混结构的重力式大坝、泄水闸、堤后式水电站、通航船闸和升船机，是跨世纪的特大型水利水电工程，是一个以防洪为主，发电、航运为辅的综合水利枢纽设施工程。大坝坝顶总长 3035 m，坝高 185 m，正常蓄水位为 175 m，水库全长 600 余公里，水面平均宽度为 1.1 km，总面积达 1084 km^2。

三峡水库是一座典型的季调节水库，在每年汛期到来之前，三峡水库会逐渐释放并腾出库容，并在 6 月 10 日前消落至约 145 m 的防洪限制水位。汛期之后，三峡水库则会利用天然来水进行“蓄丰补枯”的调度。一般在每年 9 月中旬开始蓄水，通常到十月下旬就能达到工程设计的 175 m 正常蓄水位。

三、兴建三峡工程的意义

三峡大坝作为国家重大水利枢纽工程，其首要任务是防洪，“万里长江，险在荆江”，三峡工程的防洪作用主要体现在荆江河段，可有效防止荆江地区发生毁灭性洪涝灾害。自三峡枢纽工程投入使用以来，其在防洪抗旱方面的功能和作用极为显著。三峡的设计总体库容量为 393 亿 m^3，其中用于防洪应急的防洪库容为 221.5 亿 m^3，能够有效降低长江上游洪水泛滥对下游人民生命财产安全造成的风险，保障了江汉平原和洞庭湖湖区 2300 多万亩耕地和 1500 多万人的安危。在长江中下游的抗旱协调方面，每年枯水期三峡枢纽工程都为长江中下游及时供水和补水，截至 2022 年 6 月，已累计为长江中下游调节补水 3332 亿 m^3，保证了长江中下游地区的通航效率，有效地改善了长江中下游沿线的生产、生活和生态用水需求。

三峡工程投入使用后，其经济效益主要来自发电、航运、人文旅游等方面。在发电方面，起初，三峡大坝的发电量是 847 亿 kW·h，约占全国总发电量的 3%；2018 年突破 1000 亿 kW·h，刷新单座水坝发电量纪录，每年直接创造经济效益 200 亿元人民币；截至 2019 年底，三峡电站累计发电量达 1.29 万亿 kW·h，相当于替代燃烧标准煤 3.96 亿 t，减少了 10.83 亿 t CO_2、25.8 万 t SO_2 的产生，节能减排效益显著。在航运方面，三峡枢纽工程上接重庆，下接葛洲坝水利工程，有效减缓了繁重的航运负担，增加了船只的承载能力，万吨级货轮在重庆与汉口和上海之间实现了无阻力航行，以至于重庆至汉口年单向下水通过能力超过 1 亿 t，过坝下水货运量达到 5000 万 t 位级，逆流到重庆港也由年单向通航能力 1000 万 t 提高到 5000 万 t，间接为航运行业增加了 200 多亿元的经济效益。在人文旅游方面，雄伟壮阔的三峡工程、气势磅礴的三峡大坝引来了每年百万级的客流量，间接创造的旅游业相关收入超过 500 亿元。三峡水库是长江航运的纽带，三峡工程的兴建使中西部航运蓬勃发展。长江作为一条巨大的水上交通大动脉，三峡工程的兴建直接关系到云、黔、川、渝、鄂等省（市）的经济发展和社会安定。

尽管三峡工程在发电、航运、节能减排和防洪抗旱等方面发挥了巨大综合作用，但由于水库调度，每年周期性水位的涨落在库区沿岸形成了超过 30 m 垂直高差的水库消落区，截至 2017 年年底，三峡水库消落区总面积达 284.65 km^2。由于水位高差大、季节性气候反差大，水库消落区的生态环境极其脆弱，其治理和修复效果直接关系到三峡水库的生态安全。

第二节　三峡水库消落区

一、三峡水库消落区形成过程

人为调控水库水位涨落，水库水位会发生季节波动，导致水体岸边的土地交替出现淹没和出露现象，其最高水位线与最低水位线之间的土地区域称为水库消落区，亦称为消落带、消涨带、涨落区等，目前水库消落区一词逐渐成为主流。

为了减少水库泥沙淤积，综合发挥三峡大坝防洪、航运和发电等的综合作用，三峡水库在论证和初步设计阶段就由国内 20 余家单位进行了大量研究，在水库规模和运行方式等的论证中，专家们借鉴了三门峡水库泥沙处理的经验，对三峡水库的初步设计采用了“蓄清排浑”的运行方式，水库坝前水位按 175 m—145 m—155 m 运行，即正常蓄水位为 175 m、防洪限制水位为 145 m、汛前消落期航运控制水位为 155 m，如图 1-1 所示。根据三峡水库调度运行方案，水库坝前水位在 145～175 m 波动，则位于坝前到库尾 145～175 m 的区域叫作三峡水库消落区。

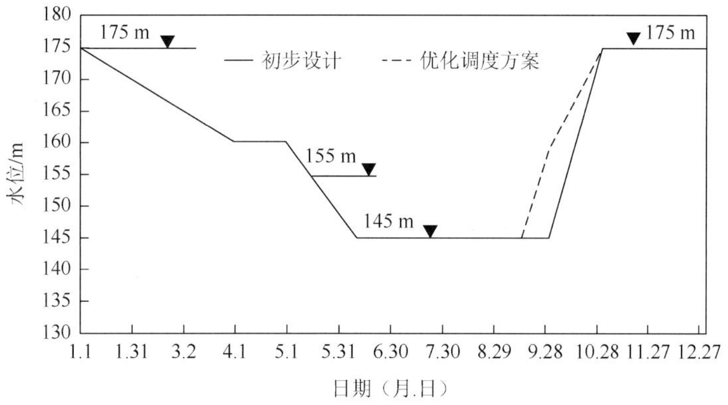

图 1-1　三峡水库水位调度

根据三峡水库的运行历程，消落区逐渐形成。为了跟踪观察并研究水库泥沙淤积问题，三峡水库蓄水位采取逐步抬高的运行方式，按蓄水位分别为 135 m、156 m 和 175 m 三个阶段运行，监测分析水库泥沙淤积情况，确保水库安全。自 2003 年水库蓄水运用以来，在初步设计的水库“蓄清排浑”运行方式的基础上，根据入库水沙变化等情况，对三峡水库的调度运行水位进行了逐步优化调整：2003 年 6 月，三峡水库开始 135 m 蓄水运用，11 月蓄水至 139 m，进入围堰发电期；2006 年 10 月，三峡水库蓄水至 156 m，较初步设计提前了 1 年进入初期运行期，运行水位为 144～156 m；2008 年汛后，三峡水库实施了 175 m 试验性蓄水，较初步设计提前了 5 年；2009 年汛期开始，三峡水库实施了《三峡水库优化调度方案》，汛期水位上浮至 146.5 m，汛后蓄水时间由初步设计的 10 月 1 日提前至 9 月 15 日；2010 年汛期开始，三峡水库实施中小洪水调度，对汛期水位进行上浮调度，汛末蓄水时间进一步提前至 9 月 10 日，并首次蓄水至 175 m。三峡水库水位蓄至 175 m，标志着三峡水库消落区的正式形成（图 1-2）。

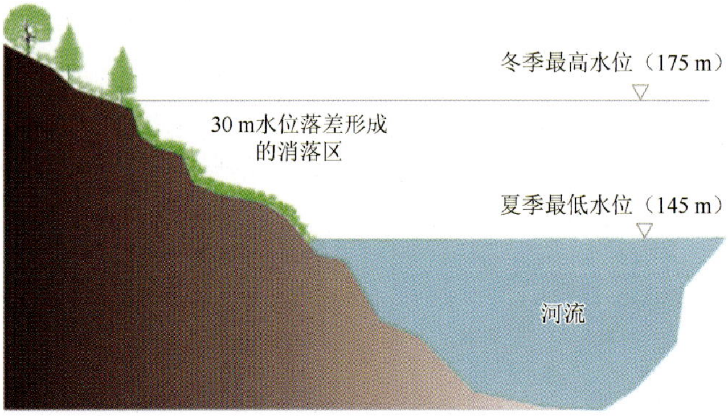

图 1-2　三峡水库消落区的形成

三峡水库具有调节枯水期下游供水、航运、提高发电效率和减少汛期水库泥沙淤积等功能。枯水期向下游补水时段（12 月～次年 3 月），水库水位缓慢消落。4 月，出入库基本保持平衡水位。之后，三峡水库迎来水库水位汛前集中消落时段，一般情况下，每年自 5 月 25 日开始，视长江中下游来水情况，三峡水库从枯水期的低水位 155 m 均匀消落水库水位，6 月 10 日消落到防洪限制水位 145 m。6 月已进入汛期，实时调度时，应视水库上下游来水情况，在基本达到地质灾害防治及库岸稳定对水库水位日下降速率要求的条件下，相继、均匀地泄放水量，避免加重下游河段防洪压力；不需要因满足防洪要求拦蓄洪水时，原则上水库水位应按防洪限制水位 145 m 控制运行。实时调度时，在满足《三峡水库优化调度方案》确定的条件下，水库水位可在 144.9～146.5 m 变动，其中变动上限须经国家防汛抗旱总指挥部批准。当水库水位在防洪限制水位之上允许的变动幅度内运行时，若预报三峡水库上游或者长江中游河段将发生洪水，应及时、有效地采取预泄措施，将水库水位降低至防洪限制水位，保证需要水库拦蓄洪水时的起调水位不高于 145 m。

汛末开始兴利蓄水的时间不早于 9 月 15 日，具体时间经国家防汛抗旱总指挥部批准后执行。当沙市站、城陵矶站水位均低于警戒水位（分别为 43.0 m、32.5 m）且预报短期内不会超过警戒水位的情况下，方可实施提前蓄水方案。一般情况下，9 月 25 日水位不超过 153.0 m，9 月 30 日水位不超过 156.0 m（在对防洪风险、泥沙淤积等情况进一步分析的基础上，通过加强实时监测，9 月 30 日蓄水位视来水情况，经防汛部门批准后可蓄至 158.0 m），10 月底可蓄至汛后最高蓄水位。在蓄水期间，当预报短期内沙市站、城陵矶站水位将达到警戒水位，或三峡水库来水流量达到 35000 m^3/s 并预报可能继续增加时，水库暂停兴利蓄水，按防洪要求进行调度。

二、三峡水库消落区基本特征

在三峡工程阶段性评估报告中，水库消落区的定义为由于水库季节性水位涨落而使周边被淹没土地周期性地出露于水面的一段特殊区域，是水生生态系统和陆生生态系统交替控制的过渡地带，是一类特殊的湿地生态系统。根据消落区的定义及三峡水库的运行调度特征，我们总结出其特点如下：①该类生态系统是一种生态交错带，具体来说是水陆交错带（干湿交错带），具有水域和陆地双重属性，长期或者阶段性的水位涨落导致其反复淹没和出露，是长期为水分梯度所控制的自然综合体。根据生态交错带理论，此类生态系统的抗干扰能力表现为明显的脆弱性，且作为水生生态系统和陆生生态系统的物质、能量交换通道，对于维持相邻水陆生态系统的动态平衡具有重要作用。②受相邻生态系统影响，新生季节性的湿地生态系统水位涨落频繁，且水位落差大，淹水时间长、有固定的节律，由于水位涨落，消落带交替受水生和陆生生态系统的控制，呈现出一定的脆弱性、边缘性与过渡性。③反季节水文情势的影响。我国处在季风气候区，汛期在夏季，雨量较多，因此我国的河岸带表现为“夏淹冬陆”，而三峡水库的水位受人为调节表现为“夏陆冬淹”。

如图 1-3 所示，选取 2013～2022 年为代表年份，分析得出三峡水库坝前实际水位情况如下：8 月底可达到 150 m，9 月中旬可达到 160 m，10 月上旬末可达到 170 m，10 月底或 11 月初可达到 175 m；次年 1 月，水位在 170 m 以上运行，1 月底（或 2 月初）降至 170 m 附近，4 月底或 5 月初一般降至 160 m，5 月底降至 150 m 以下，直至汛期结束。按此统计，每个自然年度内，各水位区间运行平均时间一般为 170 m 以上 113 天，160～170 m 115 天，150～160 m 75 天，150 m 以下 62 天。

对比三峡水库蓄水前后水位降落情况，依据三峡工程蓄水影响程度，长江干流三峡水库消落区可分为以下 3 个运行水文特征不同的区域：①巫山县城（距坝里程约为 100 km）下游区域：土地征收线高程为 175 m，消落区水位运行区间为 145～175 m。②巫山县城—大塘坝（距坝里程约为 574 km）：消落区高水位由 175.1 m 逐渐抬高至 180.7 m，在涪陵区石沱镇（距坝里程约为 514 km）水位抬升显著；消落区下边线水位由巫山县的 145.5 m 抬高至大塘坝处的 165.4 m。③大塘坝上游区域：消落区高水位为汛后土地征收线（176.5～184.7 m），消落区下边线水位从 165.4 m 逐渐抬高至江津区羊角滩（距坝里程为 662.9 km）处的 180.9 m。

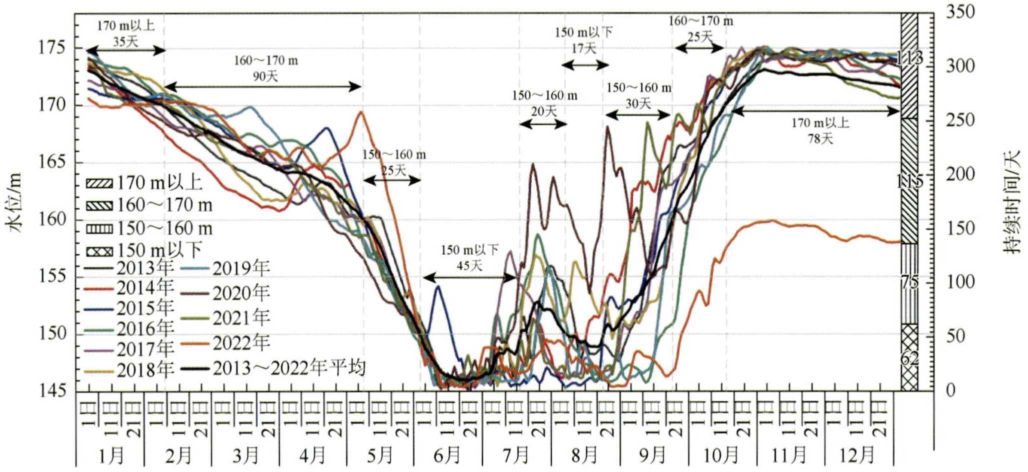

图 1-3　2013～2022 年三峡水库坝前水位运行规律

第二章　三峡水库消落区的基本现状

第一节　消落区的范围

三峡水库消落区，是指三峡水库库岸因大坝水位调度运用（坝前水位在 175 m 和 145 m 之间波动）而出现的临时性淹没或出露的区域。按此定义，由于水力梯度等因素，消落区上下边界在水库不同位置有所差异，如图 2-1 所示。

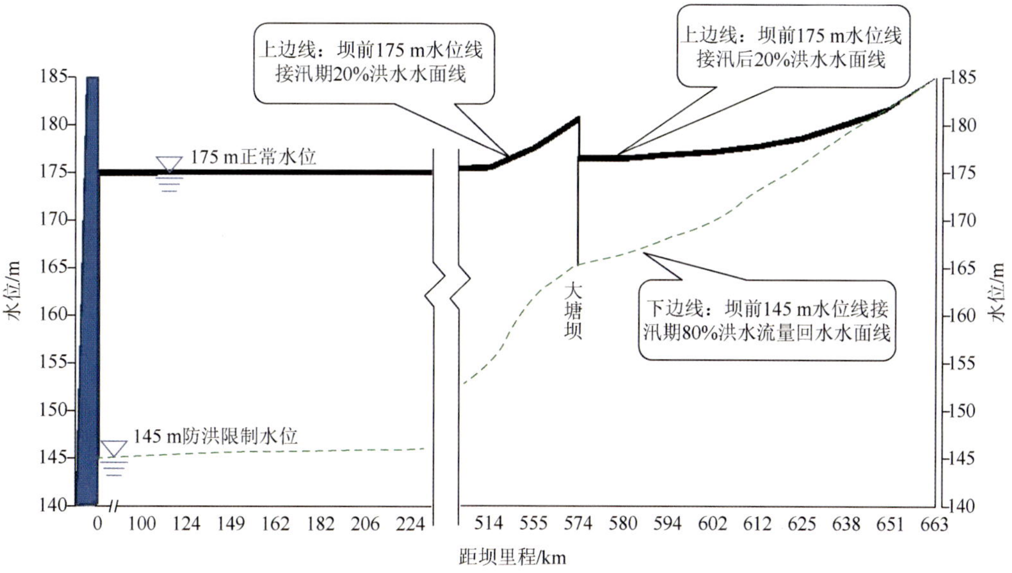

图 2-1　三峡水库长江干流消落区范围界定示意图

消落区上边界的范围界定如下：针对长江干流，大塘坝以下区域以坝前正常蓄水位 175 m 接汛期 5 年一遇设计洪水回水水面线为界，大塘坝以上区域以坝前正常蓄水位 175 m 接汛后 20%洪水水面线为界，详见附表 1。针对库区支流，即香溪河、大宁河、梅溪河、磨刀溪、汤溪河、小江、龙河、渠溪河、御临河、乌江、嘉陵江共 11 条主要支流，按相应设计洪水回水水面线界定，详见附表 2；其他无回水计算的支流，以汇口处干流相应设计洪水回水位向支流上游平推与水边线相交为止。

消落区下边界的范围界定如下：针对长江干流，为防洪限制水位 145 m 接汛期 80%洪水流量回水水面线。针对库区支流，以汇口处干流水位平推与水边线相交为止，详见附表 3。

第二节　消落区的自然现状

一、消落区的空间分布

消落区的空间分布范围包括三峡水库干支流，涉及行政区域包括湖北省 4 区县（夷陵区、秭归县、兴山县、巴东县）和重庆市 22 区县[巫山县、巫溪县、奉节县、云阳县、万州区、开州区、忠县、石柱土家族自治县、丰都县、涪陵区、武隆区、长寿区、重庆主城九区（渝北区、渝中区、南岸区、江北区、沙坪坝区、北碚区、大渡口区、九龙坡区、巴南区）和江津区]，各区县位置示意如图 2-2 所示。

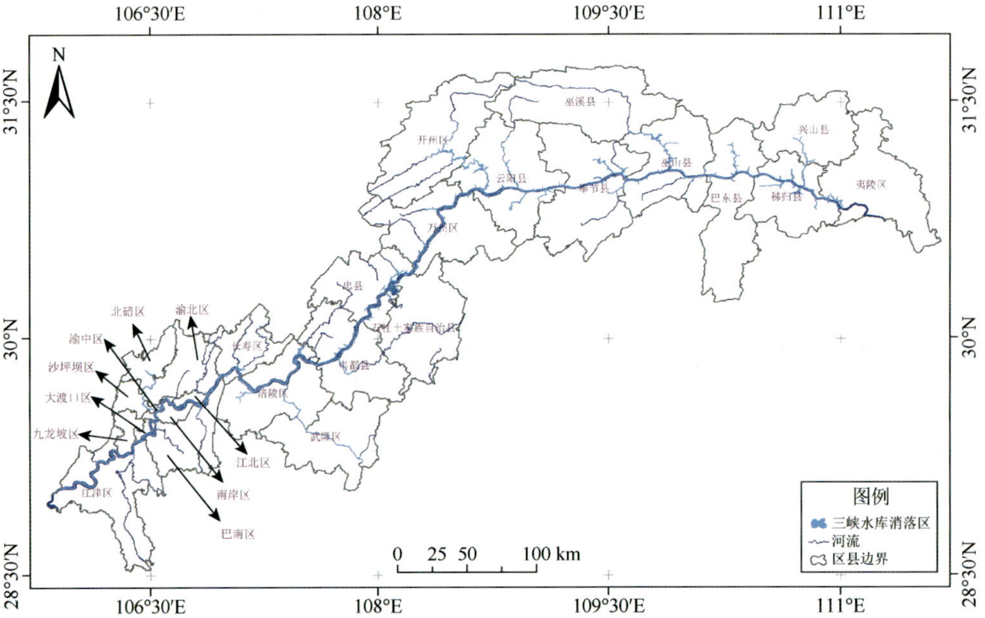

图 2-2　三峡水库消落区涉及行政区县位置

二、消落区的出露特征

消落区的出露时间与水位波动密切相关。由于三峡水库为河道型水库，不同位置的水位波动特征存在差异，因而消落区的出露特征也表现出显著的空间差异。三峡大坝、万县站、清溪场站、寸滩站分别代表了库首、库中、常年回水区末端、库尾消落区的水位波动情况。通过统计 2011～2021 年四个水文站点的日平均水位（图 2-3），计算出各站附近消落区在不同高程带的平均出露时间（表 2-1）。

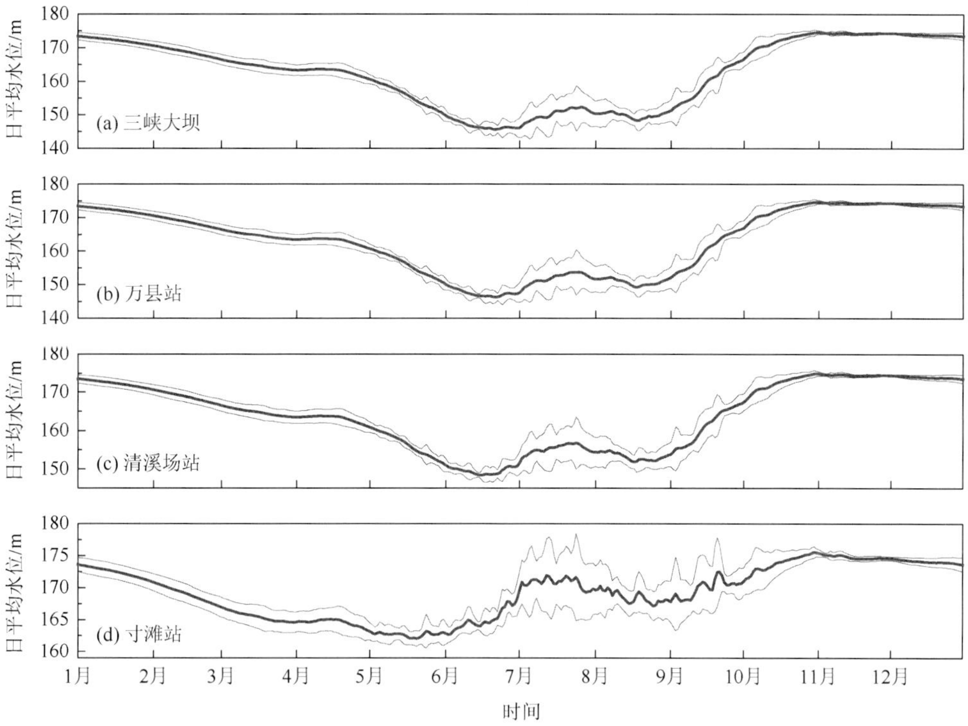

图 2-3　不同水文站附近消落区日平均水位（2011～2021 年）

表 2-1　不同水文站附近消落区在不同高程带的平均出露时间

高程带/m	三峡大坝	万县站	清溪场站	寸滩站
145～150	11.40±4.72	9.50±2.65	9.50±2.12	—
150～155	11.40±7.99	15.00±5.61	14.00±7.35	—
155～160	4.20±0.45	4.20±0.84	8.60±4.93	—
160～165	12.20±10.26	12.20±10.85	11.80±10.43	28.33±14.01
165～170	9.40±2.19	9.40±1.82	10.00±2.35	21.60±7.37
170～175	24.40±14.64	24.60±15.18	24.80±15.25	31.40±11.3
175～180	—	—	—	15.00

注：“11.40±4.72”表示“平均值±标准差”，单位为天。

三峡大坝附近消落区年均最低水位为 145.59 m，该站点水位年均值为 145～175 m，其中 145～150 m 内平均出露时间为 11.40 天，150～155 m 内平均出露时间为 11.40 天，155～160 m 内平均出露时间为 4.20 天，160～165 m 内平均出露时间为 12.20 天，165～170 m 内平均出露时间为 9.40 天，170～175 m 内平均出露时间为 24.40 天。

万县站附近消落区年均最低水位为 146.30 m，该站点水位年均值为 146.3～175 m，其中 145～150 m 内平均出露时间为 9.50 天，150～155 m 内平均出露时间为 15.00 天，155～160 m 内平均出露时间为 4.20 天，160～165 m 内平均出露时间为 12.20 天，165～170 m 内平均出露时间为 9.40 天，170～175 m 内平均出露时间为 24.60 天。

清溪场站附近消落区年均最低水位为 148.37 m，该站点水位年均值为 148～175 m，其中 145～150 m 内平均出露时间为 9.50 天，150～155 m 内平均出露时间为 14.00 天，155～160 m 内平均出露时间为 8.60 天，160～165 m 内平均出露时间为 11.80 天，165～170 m 内平均出露时间为 10.00 天，170～175 m 内平均出露时间为 24.80 天。

寸滩站附近消落区年均最低水位为 162.07 m，该站点水位年均值为 162～176 m，其中 160～165 m 内平均出露时间为 28.33 天，165～170 m 内平均出露时间为 21.60 天，170～175 m 内平均出露时间为 31.40 天，175～180 m 内平均出露时间为 15.00 天。

三、消落区的面积和长度特征

经测算，三峡水库消落区总面积为 284.65 km^2，总岸线长度为 5425.93 km。下面按不同划分标准统计分析，以全面反映消落区的面积和长度特征。

1. 按行政区域划分

湖北库区消落区面积为 37.14 km^2（占比 13.05%），岸线长为 847.25 km（占比 15.61%），其中消落区面积大小排序为秭归县＞巴东县＞夷陵区＞兴山县，岸线长度排序为秭归县＞巴东县＞兴山县＞夷陵区；重庆库区消落区面积为 247.51 km^2（占比 86.95%），岸线长为 4578.68 km（占比 84.39%），其中消落区面积排名前三的区县依次为云阳县、涪陵区和重庆主城九区，岸线长度排名前三的区县依次为重庆主城九区、云阳县和涪陵区。如图 2-4 所示。

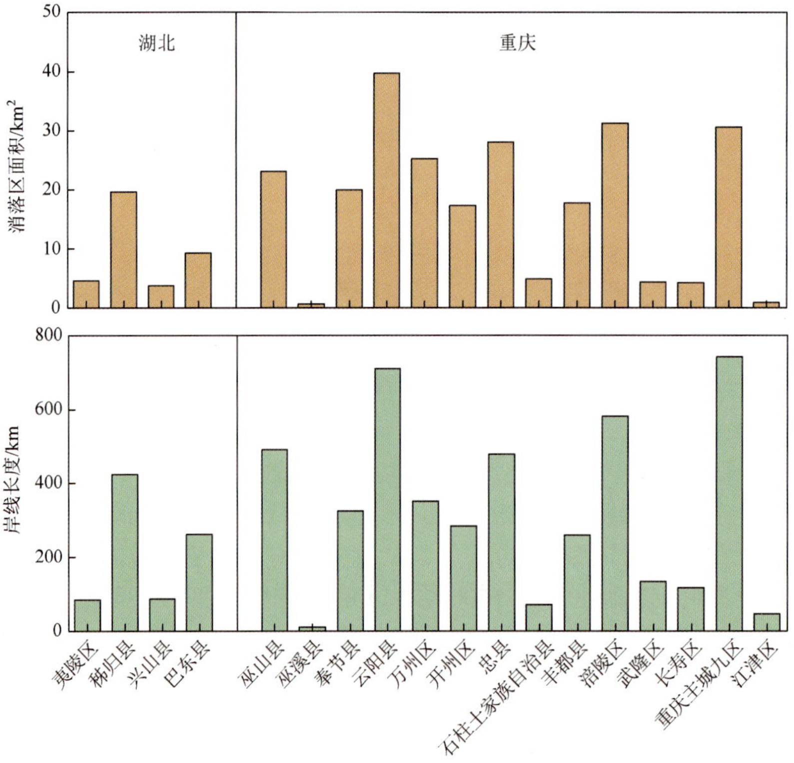

图 2-4　三峡水库消落区面积和岸线长度（按行政区域划分）

2. 按干支流划分

长江干流消落区面积为 117.60 km^2（占比 41.31%），岸线长为 1885.66 km（占比 34.75%）；支流消落区面积为 167.05 km^2（占比 58.69%），岸线长为 3540.27 km（占比 65.25%）。其中主要支流消落区面积比较大的河流为小江、大宁河、乌江，这三条河流的岸线长度也较长。如图 2-5 所示。

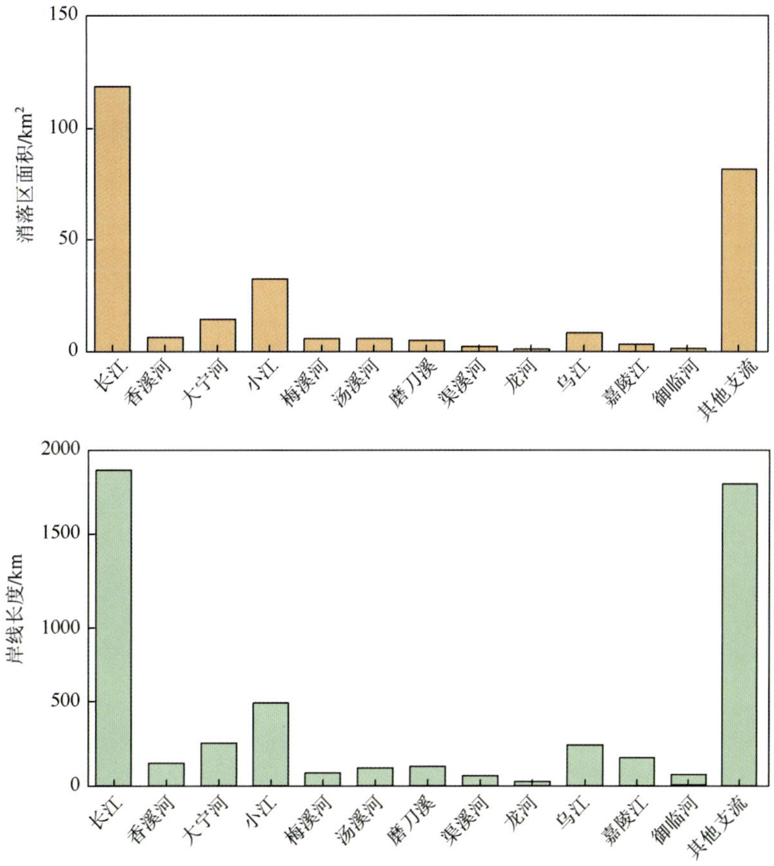

图 2-5　三峡水库消落区面积和岸线长度（按干支流划分）

3. 按城镇、农村划分

城镇消落区面积为 67.53 km^2（占比 23.72%），岸线长为 1299.67 km（占比 23.95%），其中湖北库区城镇消落区面积大小排序为秭归县＞巴东县＞兴山县＞夷陵区，岸线长度排序为巴东县＞秭归县＞兴山县＞夷陵区；重庆库区城镇消落区面积排名前三的区县依次为重庆主城九区、涪陵区和云阳县，岸线长度排名前三的区县也为重庆主城九区、涪陵区和云阳县。农村消落区面积为 217.12 km^2（占比 76.28%），岸线长为 4126.26 km（占比 76.05%），其中湖北库区农村消落区面积大小和岸线长度排序均为秭归县＞巴东县＞夷陵区＞兴山县；重庆库区农村消落区面积大小排名前三的区县依次为云阳县、忠县和涪陵区，岸线长度排名前三的区县依次为云阳县、巫山县和涪陵区。如图 2-6 所示。

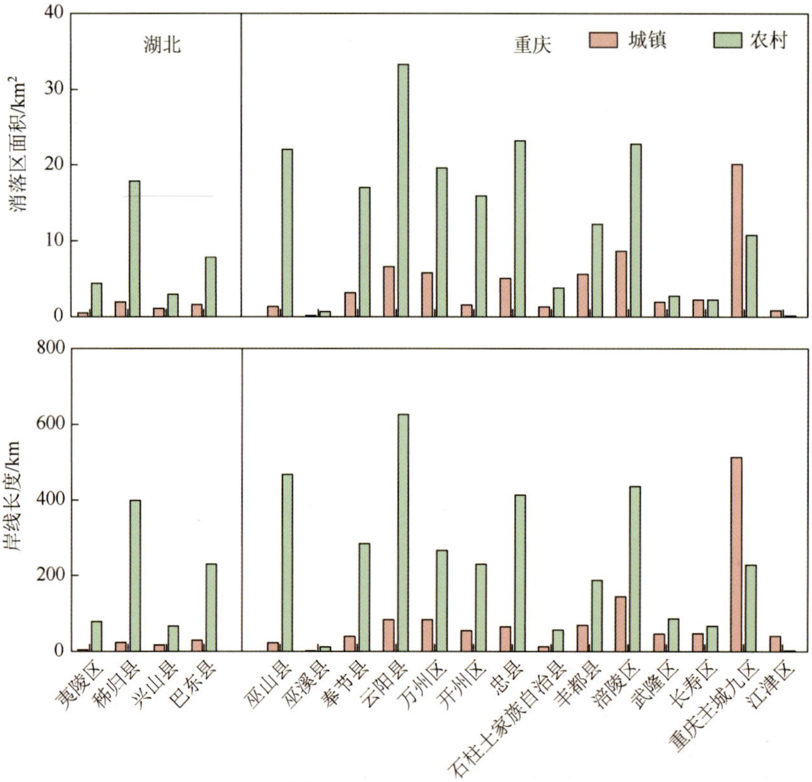

图 2-6　三峡水库消落区面积和岸线长度（按城镇、农村划分）

4. 按岸段坡面形成情况划分

自然边坡岸段消落区面积为 250.54 km^2（占比 88.02%），岸线长为 4792.08 km（占比 88.32%），其中湖北境内区县自然边坡类型消落区面积大小和相应岸线长度排序均为秭归县＞巴东县＞夷陵区＞兴山县；重庆境内自然边坡类型消落区面积排名前三的区县依次为云阳县、涪陵区和忠县，岸线长度排名前三的区县依次为云阳县、重庆主城九区和涪陵区。人工边坡岸段消落区面积为 34.11 km^2（占比 11.98%），岸线长为 633.85 km（占比 11.68%），其中湖北境内区县人工边坡消落区面积大小排序为秭归县＞巴东县＞兴山县＞夷陵区，岸线长度排序为兴山县＞巴东县＞秭归县＞夷陵区；重庆境内人工边坡消落区面积排名前三的区县依次为奉节县、重庆主城九区和万州区，岸线长度排名前三的区县依次为重庆主城九区、开州区和万州区。如图 2-7 所示。

5. 按坡度划分

由于人工边坡岸段所涉及的消落区未细分坡度，仅统计自然边坡岸段的消落区坡度情况。

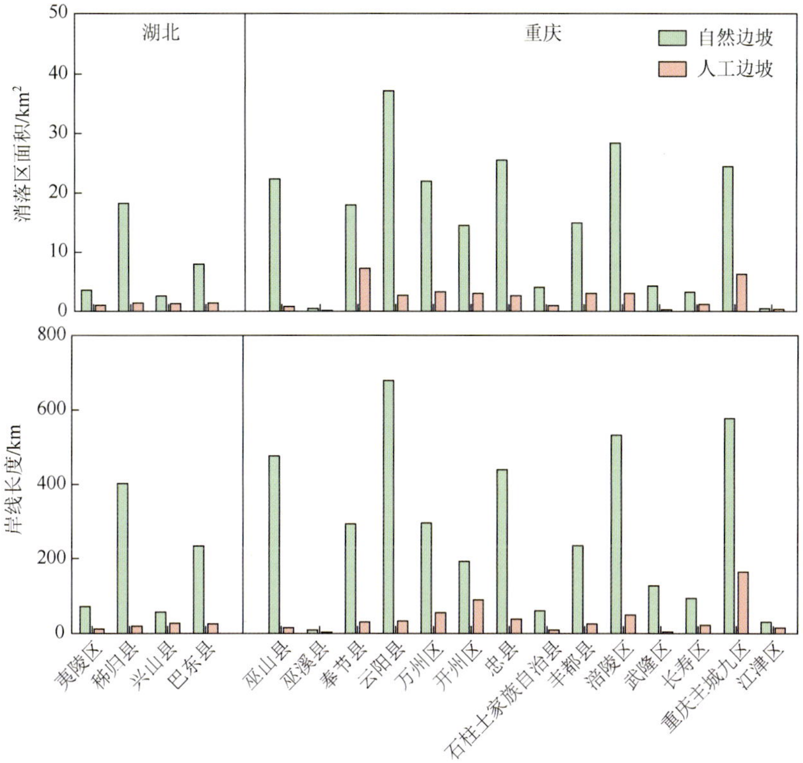

图 2-7 三峡水库消落区面积和岸线长度（按岸段坡面形成情况划分）

由前可知，三峡水库消落区总面积为 284.65 km^2，扣除人工边坡岸段消落区面积（34.11 km^2）后，自然边坡岸段消落区面积为 250.54 km^2，其中缓坡区（小于 15°）、中缓坡区（15°～25°）和陡坡区（大于 25°）的消落区面积分别为 147.3 km^2（占比 58.79%）、60.22 km^2（占比 24.04%）和 43.02 km^2（占比 17.17%）。其中湖北界内区县农村自然边坡缓坡区、中缓坡区和陡坡区消落区面积大小排序均为秭归县＞巴东县＞夷陵区＞兴山县；重庆界内农村自然边坡缓坡区消落区面积排名前三的区县依次为云阳县、巫山县和开州区，中缓坡区消落区面积排名前三的区县依次为云阳县、巫山县和忠县，陡坡区消落区面积排名前三的区县依次为忠县、涪陵区和万州区。此外，湖北界内区县城镇自然边坡缓坡区和中缓坡区消落区面积大小排序均为秭归县＞巴东县＞夷陵区＞兴山县，陡坡区消落区面积大小排序为巴东县＞秭归县＞夷陵区＞兴山县；重庆界内城镇自然边坡缓坡区消落区面积排名前三的区县依次为重庆主城九区、云阳县和涪陵区，中缓坡区消落区面积排名前三的区县依次为重庆主城九区、万州区和丰都县，陡坡区消落区面积排名前三的区县依次为涪陵区、重庆主城九区和丰都县，如图 2-8 所示。

6. 按高程划分

由于人工边坡岸段所涉及的消落区未细分高程，仅统计自然边坡岸段的消落区高程分布情况。

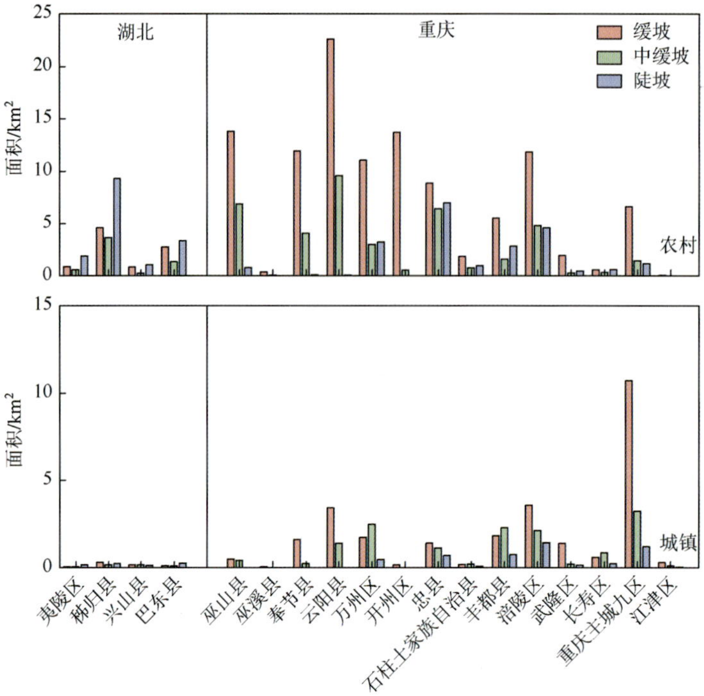

图 2-8　三峡水库消落区自然边坡面积汇总（按坡度划分）

自然边坡岸段消落区面积为 250.54 km^2，其中 150 m 以下、150～160 m、160～170 m、170～175 m 和 175 m 以上消落区的面积分别为 30.14 km^2（占比 12.03%）、75.12 km^2（占比 29.98%）、89.27 km^2（占比 35.63%）、41.24 km^2（占比 16.46%）和 14.77 km^2（占比 5.90%）。其中湖北界内区县高程 150 m 以下、150～160 m、160～170 m 和 170～175 m 消落区的面积大小排序均为秭归县＞巴东县＞夷陵区＞兴山县，无 175 m 以上区域；重庆界内不同高程消落区面积排名前三的区县如下：150 m 以下依次为云阳县、巫山县和奉节县，150～160 m 依次为云阳县、涪陵区和忠县，160～170 m 依次为云阳县、涪陵区和忠县，170～175 m 依次为重庆主城九区、涪陵区和忠县，175 m 以上依次为重庆主城九区、涪陵区和武隆区。如图 2-9 所示。

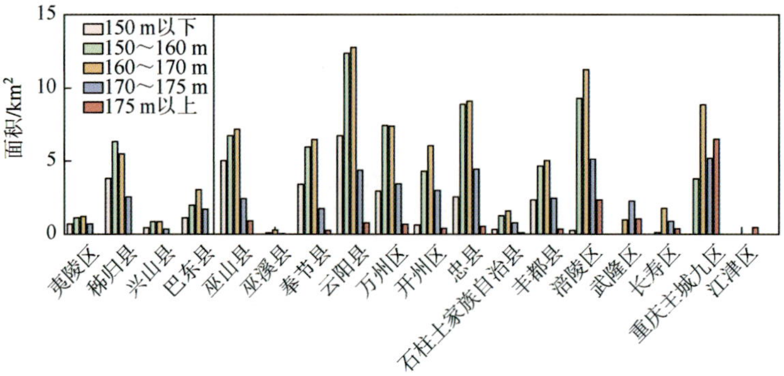

图 2-9　三峡水库消落区自然边坡面积汇总（按高程划分）

第三节　消落区的人类活动

三峡水库消落区内存在多类型的人类活动，主要包括对消落区的开发利用活动（如港口码头、取排水口等）和对消落区的干扰活动（如农业种植、放牧活动和游憩活动）。

一、对消落区的开发利用活动

以《长江岸线保护和开发利用总体规划》为基础，通过现场收集水利（务）、港航、交通等部门资料，结合影像图及现场查勘情况，分析岸线利用项目情况。

1. 开发利用类型

涉及利用三峡水库消落区岸线的项目共1072个（不包括为确保库岸稳定开展的地质灾害治理、库岸综合整治和防洪护岸工程），下面按照不同分类依据进行统计分析。主要包括港口码头、取排水口、跨（穿）江设施、生态景观工程及其他利用方式，其中以港口码头为主，占59.05%；其次为取排水口，占19.78%；跨（穿）江设施占17.82%；生态景观工程和其他类占3.35%。详见表2-2和图2-10。

表2-2　三峡水库消落区岸线利用项目分类统计　（单位：个）

省市	区域	港口码头	取排水口	跨（穿）江设施	生态景观工程	其他	总计
湖北	库区	70	12	5	0	2	89
	其中，城镇	24	10	0	0	0	34
重庆	库区	563	200	186	22	12	983
	其中，城镇	422	158	113	14	11	718
	全库	633	212	191	22	14	1072
	其中，城镇	446	168	113	14	11	752

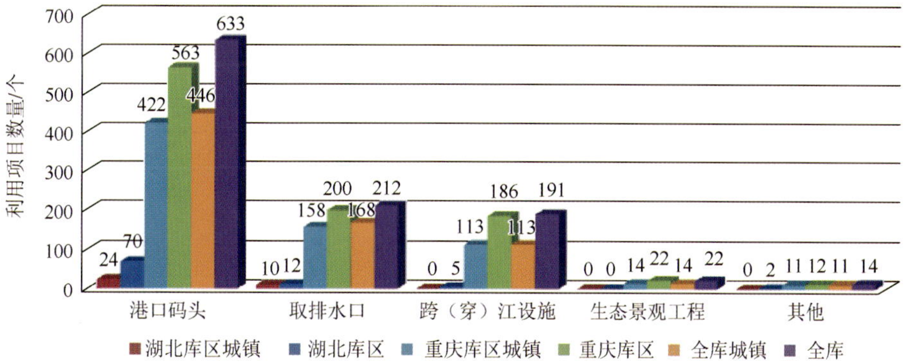

图2-10　三峡水库消落区岸线利用项目分布统计

1）按城镇农村区域

752 个项目分布于城镇岸段，占 70.15%。其中，港口码头 446 个，取排水口 168 个，跨（穿）江设施 113 个，生态景观工程 14 个，其他类型岸线利用项目 11 个。

320 个项目分布在农村岸段，占 29.85%。其中，港口码头 187 个，取排水口 44 个，跨（穿）江设施 78 个，生态景观工程 8 个，其他类型岸线利用项目 3 个。

2）按岸线功能区

位于《长江岸线保护和开发利用总体规划》中已划定岸线功能区（长江、乌江和嘉陵江干流）的项目共 883 个，详见表 2-3 和图 2-11。

保护区有 69 个项目，其中，港口码头 15 个，取排水口 36 个，跨（穿）江设施 17 个，生态景观工程 1 个。

保留区有 150 个项目，其中，港口码头 99 个，取排水口 29 个，跨（穿）江设施 21 个，生态景观工程 1 个。

控制利用区有 451 个项目，其中，港口码头 324 个，取排水口 59 个，跨（穿）江设施 54 个，生态景观工程及其他项目 14 个。

开发利用区有 213 个项目，其中，港口码头 117 个，取排水口 56 个，跨（穿）江设施 36 个，生态景观工程及其他项目 4 个。

表 2-3　各岸线功能区内利用项目统计表　（单位：个）

省市	岸线功能区	港口码头	取排水口	跨（穿）江设施	生态景观工程	其他	总计
湖北	保护区	0	0	0	0	0	0
	保留区	9	3	0	0	0	12
	控制利用区	42	3	0	0	1	46
	开发利用区	0	0	0	0	0	0
	合计	51	6	0	0	1	58
重庆	保护区	15	36	17	1	0	69
	保留区	90	26	21	1	0	138
	控制利用区	282	56	54	6	7	405
	开发利用区	117	56	36	1	3	213
	合计	504	174	128	9	10	825
	保护区	15	36	17	1	0	69
	保留区	99	29	21	1	0	150
	控制利用区	324	59	54	6	8	451
	开发利用区	117	56	36	1	3	213
	全库总计	555	180	128	9	11	883

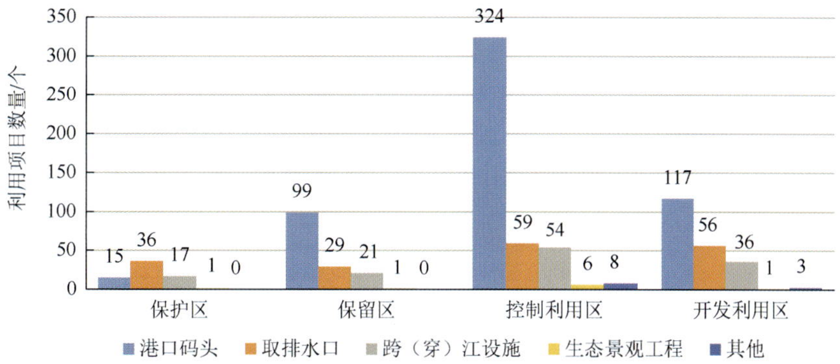

图 2-11　各岸线功能区内岸线利用项目分布统计

2. 开发利用长度

依据航拍正射影像图，结合现场查勘情况和收集的相关资料，量算得到岸线利用项目占用的岸线长度共计 329.89 km，占消落区岸线总长的 6.08%，其中，湖北库区利用岸线长度为 16.44 km，重庆库区利用岸线长度为 313.45 km。详见表 2-4 和表 2-5。

表 2-4　三峡水库消落区岸线利用长度汇总表

省市	区域	岸线长度/km	其中，已利用岸线长度/km						岸线利用率/%
			港口码头	取排水口	跨（穿）江设施	生态景观工程	其他	合计	
湖北	库区	847.25	9.88	0.88	1.52	0.00	4.16	16.44	1.94
	其中，城镇	75.63	4.39	0.66	0.00	0.00	0.00	5.05	6.68
重庆	库区	4578.68	134.90	82.44	35.39	52.08	8.64	313.45	6.85
	其中，城镇	1224.07	105.76	63.73	21.53	33.72	8.62	233.36	19.06
	全库	5425.93	144.78	83.32	36.91	52.08	12.80	329.89	6.08
	其中，城镇	1299.70	110.15	64.39	21.53	33.72	8.62	238.41	18.34

表 2-5　三峡水库消落区岸线利用长度分区县统计表

省市	区县	岸线长度/km	其中，已利用岸线长度/km						岸线利用率/%
			港口码头	取排水口	跨（穿）江设施	生态景观工程	其他	合计	
湖北	夷陵区	82.63	0.90	0.23	0.00	0.00	4.16	5.29	6.40
	秭归县	420.95	4.38	0.33	1.42	0.00	0.00	6.13	1.46
	兴山县	84.71	3.31	0.16	0.08	0.00	0.00	3.55	4.19
	巴东县	258.97	1.29	0.16	0.02	0.00	0.00	1.47	0.57
	合计	847.25	9.88	0.88	1.52	0.00	4.16	16.44	1.94

续表

省市	区县	岸线长度/km	其中，已利用岸线长度/km						岸线利用率/%
			港口码头	取排水口	跨（穿）江设施	生态景观工程	其他	合计	
重庆	巫山县	489.48	8.33	0.06	0.53	1.26	0.00	10.18	2.08
	巫溪县	12.23	0.00	0.00	0.00	0.00	0.00	0.00	0.00
	奉节县	322.90	3.83	0.31	0.13	0.00	0.00	4.27	1.32
	云阳县	708.30	12.88	2.50	1.02	0.00	0.00	16.40	2.32
	万州区	349.29	13.46	0.00	2.47	0.00	1.56	17.49	5.01
	开州区	282.60	0.43	0.00	0.78	0.25	0.18	1.64	0.58
	忠县	476.97	6.57	2.65	1.02	1.20	6.50	17.94	3.76
	石柱土家族自治县	68.56	2.50	1.31	0.30	0.00	0.00	4.11	5.99
	丰都县	257.70	11.66	0.21	0.80	0.00	0.00	12.67	4.92
	涪陵区	580.07	22.84	6.65	4.19	0.00	0.40	34.08	5.88
	武隆区	131.46	0.39	0.06	5.05	0.00	0.00	5.50	4.18
	长寿区	114.49	4.71	0.04	0.67	0.00	0.00	5.42	4.73
	重庆主城九区	740.48	43.37	62.61	14.73	29.45	0.00	150.16	20.28
	江津区	44.16	3.93	6.04	3.70	19.92	0.00	33.59	76.06
	合计	4578.68	134.90	82.44	35.39	52.08	8.64	313.45	6.85
全库总计		5425.93	144.78	83.32	36.91	52.08	12.80	329.89	6.08

按分布区域统计，位于城镇岸段的岸线利用长度为 238.41 km，占已利用岸线长度的 72.27%，占城镇岸段岸线总长度的 18.34%，如图 2-12 所示。总体而言，重庆主城九区及江津区的岸线利用率较高，均超过对应区县岸线总长度的 15.00%，其中江津区消落区范围内的沿江滨江生态景观工程占用岸线长度大，岸线利用率达 76.06%。

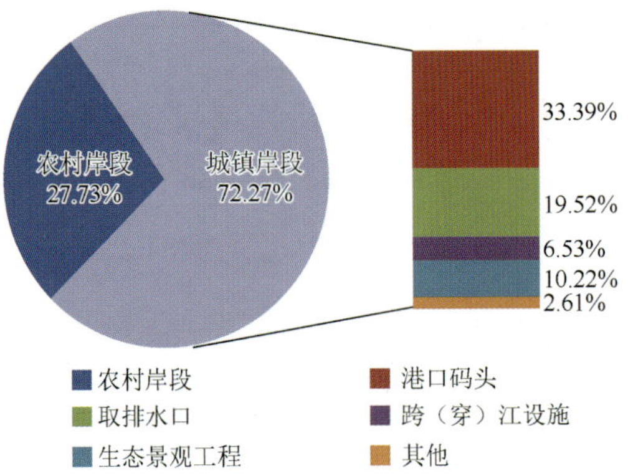

图 2-12　三峡水库消落区岸线利用率

二、对消落区的干扰活动

1. 农业种植

1）耕作行为整体较少且多分布于 175 m 水位线附近

三峡水库消落区自发耕种行为整体并不多见，90%的农户知晓在消落区耕种农作物属于违法行为。调查数据统计显示，存在耕作行为的消落区总面积仅为 86.68 亩。违规种植行为多发生在 175 m 水位线附近：较多表现为 175 m 水位线以上种植大片作物，有一部分作物向下延伸至 175 m 水位线以下消落区[图 2-13（a）]，在消落区低海拔区域没有发现种植行为，但是在海拔较高的支流河床发现有大面积水稻种植现象[图 2-13（b）]。表 2-6 给出了不同区县消落区的种植面积情况，其中种植面积较大的区县依次为万州区、开州区、巫山县、忠县和涪陵区，耕作面积共 73.28 亩，占三峡水库消落区总耕作面积的 84.54%。北碚区、江津区、南岸区、渝北区则没有发现耕作行为。

(a) 175 m水位线种植　(b) 集中大面积种植

(c) 零星小地块种植　(d) 种植多样化

图 2-13　耕作典型景观

表 2-6　各区县消落区人为干扰情况统计（基于 2022 年开展的 204 个样点）

区县	样点数量/个	种植面积/亩	牛数量/头	羊数量/只	游憩人数/人
巴南区	11	6.60	18	80	173
北碚区	2	0.00	7	0	10
丰都县	27	2.4	63	54	62

续表

区县	样点数量/个	种植面积/亩	牛数量/头	羊数量/只	游憩人数/人
奉节县	10	0.60	82	75	11
涪陵区	27	9.45	36	0	45
江津区	21	0.00	0	1	31
开州区	12	16.80	9	5	38
南岸区	1	0.00	0	0	100
石柱土家族自治县	12	2.00	70	0	0
万州区	21	25.15	31	54	157
巫山县	10	11.78	0	5	0
武隆区	4	0.30	2	0	10
渝北区	1	0.00	1	0	5
云阳县	10	0.30	48	60	52
长寿区	6	1.20	26	0	14
忠县	29	10.10	115	36	65

2）耕作地块规模小且作物种类多样

消落区内的种植地块普遍较小，绝大多数地块面积不超过 0.2 亩[图 2-13（c）]。农户种植作物具有多样化的特点[图 2-13（d）]，共发现红薯、南瓜、玉米、水稻、高粱、芋头、花生、丝瓜、豇豆、芝麻、姜、藕 12 种农作物。将其归为 8 类作物进行统计（图 2-14），发现玉米、蔬菜和水稻的种植面积明显大于红薯、高粱、花生、芝麻和豆类，前三者的种植面积占总种植面积的 77%。玉米、花生和红薯是三峡水库各区县较为普遍的种植作物，水稻种植行为则相对集中于万州区、开州区、忠县和丰都县，其中万州区和开州区种植的水稻面积占消落区水稻总种植面积的 96.94%。

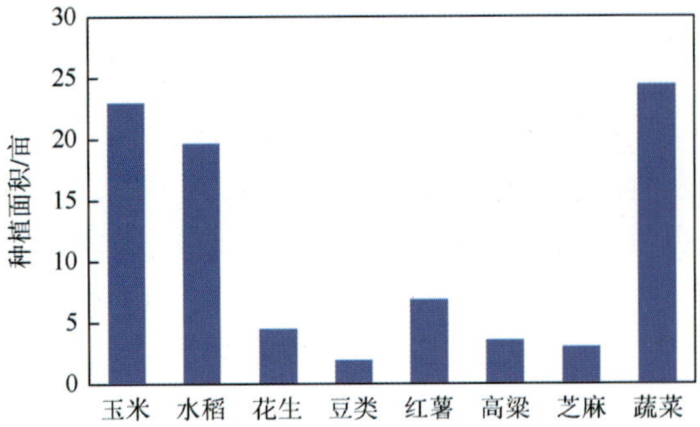

图 2-14　消落区不同作物的种植面积统计（基于样点）

3）耕作行为多见于支流且部分区域存在集中连片种植现象

三峡水库干流消落区种植行为较少见，已发现的种植地块多出现在支流汇入干流的入河口向支流上游延伸的区域，其中有两个典型的集中连片区：在万州区苎溪河流域下游耕地种植行为较为普遍，作物多为水稻、花生、红薯等；在开州区白家溪流域上游存在大面积的水稻种植行为，该区域是当前发现的规模最大的水稻种植区域。此外在巫山县大宁河下游也存在较大面积种植行为，作物多为南瓜、花生及高粱等。

4）耕作区的田间管理程度普遍偏低

消落区种植的农作物田间管理强度不够：化肥投入方面，多施以少量复合肥或有机肥；几乎不喷农药；作物秸秆大多弃置田间；几乎不用地膜，在少数使用地膜的种植案例中，地膜一般以弃置原地处理。

5）消落区种植行为多是长期行为

种植收获多作为农户自己及牲畜的口粮，经济效益不高，但是大多农户选择继续种植，也并无扩大规模的打算。

2. 放牧活动

1）放牧行为较为普遍且区域聚集性明显

调查显示，虽然有 95%的农户知晓消落区禁止放牧，但在消落区放牧的行为仍较为普遍，这与放牧活动具有的自由、灵活的特征有很大关系。放牧的禽畜以牛和羊为主，2022 年共调查统计有 508 头牛和 399 只羊，禽类统计有 90 只鹅、66 只鸭和 30 只鸡。因此，对消落区生态环境造成影响的主要为对牛和羊的放牧行为。表 2-6 给出了不同区县牛和羊的放牧数量，可以看出忠县、奉节县、石柱土家族自治县、丰都县和云阳县的放牧牛数量较多，占总放牧牛数量的 74%，江津区、南岸区和巫山县则没有发现放牧牛的现象。放牧羊数量较多的区县为巴南区、奉节县、万州区、云阳县、丰都县和忠县，该 6 区县放牧羊总数占消落区放牧羊总数的 90%，其他区县则相对稀少。

2）放牧形式多为自由放牧

消落区放牧牛极少出现围栏放牧，绝大多数无人看守，放牧时长一天长达 8～12h。放牧牛的规模大小不一，小规模的有 1～2 头[图 2-15（a）]，多则 30 余头[图 2-15（b）]，以小规模放牧居多。3 头以下的小规模放牧一般是农户自己家里散养，占比 41%；3～10 头规模的放牧行为占比 43%；10～20 头的中等规模放牧行为占比 10%；20 头以上的放牧行为占比 6%。放牧羊的形式几乎全部为自由放牧，极少出现围栏放牧，一般都会有人看守，放牧时间为 2～3 个小时。放牧羊的规模也大小不一，小于 3 只羊规模的放牧行为占比 28%，3～10 只规模的放牧行为占比 36%，10～20 只规模的放牧行为占比 7%，20 只以上规模的放牧行为占比 29%。从放牧规模上看，单次放牧羊的规模更容易超过单次牛的放牧规模。

3）牛和羊的放牧地点多在长江支流消落区，干流极为少见

这与绝大多数农户知晓消落区禁止放牧的条例有关，在长江支流流域实施放牧更不易被察觉。

4）销售盈利是放牧的主要驱动力

除大规模养殖放牧的牛和羊用于销售盈利以外，农户自己散养的小规模放牧的牛和羊多以销售为主，且经济收益可观，这也是消落区放牧行为较为普遍的主要原因之一，绝大多数农户表示会继续从事放牧行为。

(a) 散养放牧

(b) 较大规模养殖放牧

图 2-15　消落区放牧方式

3. *游憩活动*

人类在三峡水库的游憩行为多样化，对消落区生态环境的影响不容忽视。三峡水库消落区人类活动中的游憩行为较为常见，表现为观光、野餐、露营、垂钓、游泳等行为（图 2-16），其中较多的是垂钓行为。从游憩规模上看，100 人以上的游憩行为占比 7%，20～100 人规模的游憩行为占比 17%，5～20 人规模的游憩行为占比 44%，5 人以下规模的游憩行为占比 32%。较为典型的游憩场地如南坪坝草场[图 2-16（a）]，一次游憩规模可达上百人。游憩行为对消落区的影响多为随意丢弃的生活垃圾对消落区造成的环境污染，此类垃圾污染多源于消落区的垂钓行为。

(a) 露营及野炊行为

(b) 垂钓行为

(c) 郊游及游泳行为

(d) 游憩行为产生的垃圾

图 2-16　消落区人类游憩行为及其环境影响

第三章　三峡水库消落区的保护与管理

第一节　三峡水库消落区保护与管理机制和政策

三峡水库消落区形成以后，有关消落区的保护与管理方面的工作得到了国家和地方政府的高度重视，从国家到地方政府均有对应的部门制定消落区保护与管理的工作机制，并出台相关政策、法规。在 2018 年 3 月以前，主要由国务院、国务院三峡工程建设委员会和水利部颁布国家层面的有关政策和法规。其中，国务院三峡工程建设委员会组织制定并颁布专门针对消落区管理的政策性文件较多。2018 年 3 月后，主要由国务院和水利部共同颁布相关政策。目前，三峡水库消落区主要由国务院、水利部及其下属有关部门共同管理，水利部长江水利委员会（简称长江委）是流域管理机构，其编制了《三峡工程后续工作总体规划》等专门用于三峡水库消落区保护与管理的政策文件。

具体到各省市，三峡水库消落区主要由其所属的行政区域进行管理。重庆市人民政府、市发展和改革委员会等出台相应政策和法规保护和管理重庆市区域内的消落区。湖北省人民政府和各级水利厅（局）则负责湖北省区域内消落区的保护与管理，并颁布相关政策和法规等，具体如图 3-1 所示。这些部门共同努力，根据消落区的演变特征出台了相应的政策和法规，用于指导消落区的保护与管理工作。

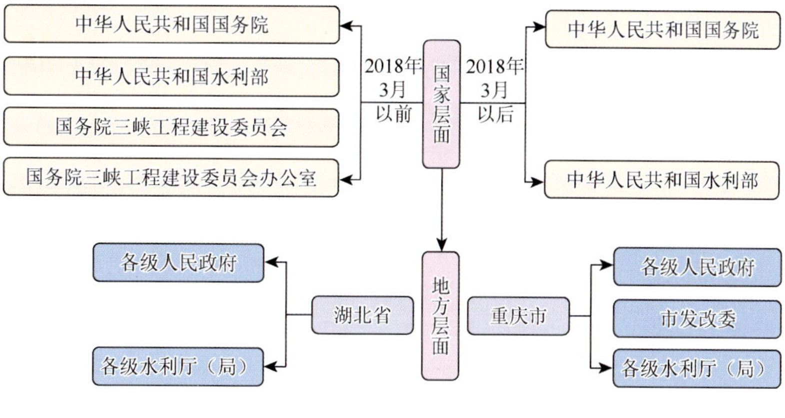

图 3-1　消落区保护与管理决策机构示意图

一、三峡水库消落区保护与管理工作机制

1. 三峡水库管理领导小组

三峡水库管理领导小组办公室负责三峡水库消落区的日常管理。重庆市在市水利局

下设三峡库区工作服务中心，负责三峡工程（重庆库段）后续工作规划的协调、实施、综合监管及相关工作。重庆市各区县也成立了相应工作领导小组，负责三峡水库消落区各方面的综合管理，工作组成员为相关部门主要领导。

湖北省采取三峡水库管理机构综合管理及相关部门监督指导相结合的工作机制对三峡水库消落区进行综合保护和管理。同时省水利厅下设三峡工程管理处，承担三峡工程（湖北库段）后续工作规划的实施、协调、监督管理，以及政策提议、运行、支援工作等。同时，各区县设立三峡水库管理工作领导小组，共同做好省内三峡水库消落区的保护与管理工作。

2. 河湖长制

河湖长制在三峡水库消落区的管理上同样发挥了重要的作用。河湖长制是由各级党政主要负责同志担任河湖长，通过构建责任明确、协调有序、监管严格、保护有力的河湖管理保护机制，维护河湖健康生命、实现河湖功能永续利用的生态文明建设制度。长江委全面深入推进河湖长制工作，促进了流域管理与河湖长制工作的深度融合，形成了流域统筹、区域协作、部门联动的河湖管理保护格局。

2020 年重庆市出台总河长令，明确了河长在消落区四乱问题管理与治理中的重要作用。重庆市各区县也要求严格落实河湖长制，推动形成一级带一级、层层抓落实的河湖长制工作氛围。深入推进“一河一策”实施，严厉打击各种涉河违法行为和消落区违法耕种行为，使河道“清四乱”常态化。

湖北省构建了层级清晰、责任明确、推进有力的河湖长制体系，对河湖统筹管理，开展相关保护项目，坚持“上下同步”，全面落实消落区巡查保洁，共同推动三峡水库消落区日常监管常态化、规范化。

二、三峡水库消落区保护与管理政策

三峡水库消落区是水陆缓冲区、生态环境敏感区、地灾易发区，是三峡库区生态建设与环境保护的重点区域。针对不同类型消落区的地质条件、生态环境现状、城集镇岸坡防护问题，应分类制定保留保护、生态修复、卫生防疫、水库清漂和岸线环境综合整治措施。为此，国家和长江流域相关各省市纷纷出台三峡水库消落区保护与管理的相关政策和法规等。

1. 国家层面的政策与管理措施

当前国家层面出台的相关政策主要集中于消落区土地利用、作物种植、肥料使用、监督管理及生态环境保护方面，要求各种活动都要在保障消落区生态功能的前提下进行，见表 3-1。

表 3-1　国家层面的政策与管理措施

序号	政策标题	政策内容
1	2001 年《长江三峡工程建设移民条例》(2011 年修订）第三章第三十二条	首次指出三峡水库消落区的土地属于国家所有，在不影响水库安全、防洪、发电和生态环境保护的前提下，可以通过当地县级人民政府优先安排给当地农村移民使用
2	《关于加强三峡工程建设期三峡水库管理的通知》（国办发〔2004〕32 号）	单独一部分明确三峡水库消落区土地使用管理，即消落区土地使用者必须承担保护环境、恢复生态、防治污染、防治地质灾害及保护文物的责任。因蓄水给使用该土地的移民造成损失的，国家和三峡水利枢纽管理单位不予补偿
3	《国务院三峡工程建设委员会关于加强三峡工程初期蓄水期水库消落区管理的通知》（国三峡委发办字〔2007〕6 号）	对三峡工程建设期间三峡水库消落区土地使用管理、生态环境监测等方面提出了明确规范和要求
4	《三峡水库调度和库区水资源与河道管理办法》（2008 年 11 月 3 日水利部令第 35 号）	三峡水库消落区的利用，应当服从三峡水库的防洪安全和工程安全，满足库区水土保持、水质保护和生态与环境保护的需要
5	《国务院三峡办关于进一步加强三峡工程实验性蓄水期水库管理的通知》（国三峡办发库字〔2010〕68 号）	针对三峡水库消落区的管理进一步指出，在水库水位上涨和消落期间，要做好消落区垃圾清理和卫生防疫工作。同时确保消落区正在实施的治理工程的安全生产和工程质量
6	《国务院三峡办关于进一步加强三峡水库消落区土地耕种监督管理的通知》（国三峡办发库字〔2011〕22 号）	对消落区耕种无序和化肥、农药滥用等问题提出明确要求。明确消落区为化肥、农药的禁施区，禁止高秆农作物种植。做好消落区土地耕种区域的环境监测，掌握其对消落区生态环境的影响，对造成环境污染的行为要严格处罚
7	《国务院三峡工程建设委员会关于加强三峡后续工作阶段水库消落区管理的通知》（国三峡委发办字〔2011〕10 号）	除明确消落区保护与治理、土地管理、库容管理等内容外，还明确了生态修复区位置。在生态修复区可根据环境状况和水文特征，在 170～175 m 高程之间种植耐淹植物，构建乔灌草相结合的湿地生态系统
8	《国务院三峡办关于加强三峡水库生态屏障区造林绿化工作的意见》（国三峡办发库字〔2012〕30 号）	明确提出了护岸林布局范围，通过种植乔灌草从而减少库岸冲刷、保土固土、改善消落区景观
9	《关于加强三峡后续工作阶段三峡库区土地资源管理意见》（国土资发〔2013〕62 号）	强化消落区土地管理，进一步规范土地利用行为
10	2020 年《全国重要生态系统保护和修复重大工程总体规划（2021—2035 年）》	提出关注库区及周边天然林保护和公益林建设，稳步推进退耕还林还草、防护林建设和森林质量精准提升。加大水土流失治理力度，加强自然保护地建设，保护库区野生动植物及生物多样性
11	2020 年《中华人民共和国长江保护法》	指出需要因地制宜实施退耕还林还草，加强库区水土保持和地质灾害防治工作，落实消落区的生态环境保护和修复
12	2021 年《加强三峡工程运行安全管理工作的指导意见》	加强三峡水库消落区保护与管理，坚持以保留保护和生态修复为主、工程治理措施为辅，加强消落区生态环境保护和修复；禁止违法利用、占用三峡水库岸线，严禁造成消落区生态环境破坏、水土流失、水体污染的行为；严禁种植高秆作物和施用化肥、农药；加强消落区清漂保洁

以上政策和法规根据水库运行及消落区演变过程中的实际情况进行了补充和完善，国家层面出台的这 12 项相关政策，对消落区土地利用、作物种植、肥料使用、保留保护、生态修复、卫生防疫、水库清漂、岸线环境综合整治、关键技术研究与示范等方面进行

了统筹规划。从三峡工程建设早期主要发布的工程管理和移民管理政策，到 2001 年消落区的土地权属被首次提出，明确指出属于国家所有；再到对土地使用管理进行了进一步规范，如在不影响水库安全、防洪、发电和生态环境保护的前提下可优先安排给当地农村移民使用。2009 年三峡工程全面完工前期，出台的相关政策主要涉及三峡工程蓄水初期水库消落区的管理，包括消落区土地归属、使用管理和利用要求等方面。2009 年 9 月三峡工程启动 175 m 试验性蓄水形成消落区，之后的政策则主要针对消落区垃圾清理、卫生防疫和综合治理工程等内容。进入三峡后续工作规划实施期，国家陆续发布相关政策，规范三峡水库消落区农作物种植情况。明确消落区为化肥、农药的禁施区，掌握消落区土地可耕种面积，科学划定允许农村移民季节性耕种的范围，规范消落区土地种植行为。引导推荐适合消落区的种植作物，禁止高秆农作物种植。明确提出护岸林布局范围，通过种植乔灌草从而减少库岸冲刷、保土固土、改善消落区景观。随着生态文明建设的加强，三峡库区管理政策更多地关注人与自然和谐共生及库区生态环境质量，着重推进污染防治工作。

2. 地方层面的政策与管理措施

为了响应国家政策，更好地加强消落区的保护，维持水清岸绿的水生态系统，长江流域相关省市结合各自实际情况纷纷出台加强三峡水库消落区保护与管理的有关法律法规和政策。重庆市和湖北省结合当地实际情况分别出台了相应的政策加强行政区域内消落区的保护与治理，规定了消落区内的违禁行为，明确了卫生防疫、生态环境、灾害防治等相关方面的保护机制，具体见表 3-2。其中，由于三峡水库消落区在湖北省分布地相对较少，湖北省颁布的相关政策和法规也较少，对消落区的管理主要依据 2019 年出台的《湖北省人民政府办公厅关于加强三峡水库消落区管理的通知》（鄂政办函〔2019〕1 号）进行，省水利厅负责三峡工程运行安全及监督管理等工作。

表 3-2　地方层面的政策与管理措施

序号	政策标题	政策内容
1	2002 年《重庆市实施〈长江三峡工程建设移民条例〉办法》	三峡水库消落区的土地属于国家所有，任何单位和个人未经批准不得擅自使用
2	《三峡工程重庆库区消落区治理与保护项目暂行管理办法》（渝移发〔2008〕22 号）	明确了消落区项目的实施及管理办法
3	《重庆市人民政府关于切实加强三峡水库重庆库区消落区管理的通知》（渝府发〔2009〕73 号）	对消落区生态、库容保护、水域、土地利用、孤岛保护和利用等做了详细规定。同时指出了消落区日常保洁和生态恢复等工作的重要性
4	2012 年《重庆市三峡水库消落区管理暂行办法》（重庆市人民政府令第 267 号）	明确了三峡水库消落区的管理机制，制定了消落区管理、保护和使用的相关规定。在 2021 年发布的《重庆市三峡水库消落区管理办法（征求意见稿）》中，将农业种植由该暂行办法中原规划的限制性行为转变为禁止行为
5	《重庆市三峡水库管理局关于进一步加强三峡水库库容管理的通知》（渝三峡库发〔2013〕1 号）	进一步规范了消落区库容管理工作

续表

序号	政策标题	政策内容
6	《重庆市三峡水库消落区管理暂行办法实施细则》（渝三峡库发〔2014〕14 号）	详细制定了消落区管理、保护及使用等方面的规划
7	《重庆市三峡水库管理局关于进一步加强三峡水库库容管理的通知》（渝三峡库发〔2016〕9 号）	强调要严格制止消落区乱搭乱建、乱堆乱倒、乱挖乱填、乱耕乱种等违法行为
8	2020 年，重庆市颁布第 2 号总河长令	开展“三乱”专项整治行动，重点清理整治长江干流岸线违规项目和违法行为等，确保河道面貌焕然一新
9	2023 年《重庆市三峡水库消落区管理办法》（重庆市人民政府令第 358 号）	制定消落区管理、保护、治理原则，鼓励单位和个人参与消落区保护。消落区内禁止围垦，毁草开垦，种植阻碍行洪的林木和高秆作物；禁止排污和使用化肥、农药
10	2014 年《湖北省人民政府办公厅关于进一步深化三峡库区对口支援促进移民安稳致富工作的意见》（鄂政办发〔2014〕15 号）	指出要加强消落区整治、污染源控制和地质灾害防治，促进库区生态功能恢复
11	2019 年《湖北省人民政府办公厅关于加强三峡水库消落区管理的通知》（鄂政办函〔2019〕1 号）	规定了三峡水库消落区土地的使用管理
12	2021 年《湖北省生态环境保护“十四五”规划》	提出开展消落区生态修复研究，逐步恢复长江岸线生态功能

此外，重庆市下辖的与消落区相关的各级政府也出台了相应的政策来加强行政区域内消落区的保护与治理。2015 年，重庆市 8 个区县（奉节县、万州区、涪陵区、武隆区、石柱土家族自治县、长寿区、渝北区、巴南区）均出台了符合各区（县）实际情况的三峡水库消落区管理实施细则，规范了区（县）内消落区的管理体系，明确了各职能部门的职责。同时，规定了消落带内的禁止行为和限制行为，明确了卫生防疫、水污染防控、地质灾害防治等相关方面的保护机制。

由于三峡水库消落区大部分分布在重庆市，重庆市出台的相关政策较多，频次也较高，政策出台时间分布较为均匀。三峡成库初期，相关政策主要强调消落区土地使用、消落区治理与保护项目管理、消落区生态保护和消落区污染防治等。2012 年底，重庆市人民政府出台政策对消落区的管理、保护及使用等方面进行了详细规划，2021 年又对该办法实施修编并公开征求意见和建议。2023 年 2 月 11 日，重庆市人民政府正式印发《重庆市三峡水库消落区管理办法》（渝府令〔2023〕358 号）。该办法自 2023 年 5 月 1 日起施行，进一步明确了消落区的管理应坚持保护优先、科学规划、合理利用、系统治理和服从三峡水库调度的原则，并强化了三峡水库管理部门的综合管理职能，明确了各部门职权，规定了地方政府的职责，使消落区管理制度化、规范化。在管理办法下，目前已经设立专门的组织机构来负责三峡水库消落区管理工作，形成了分级管理的组织结构及其相应职能。

第二节　消落区保护与管理方法措施

三峡水库消落区是水生与陆地生态系统间物质转化、能量传输、信息传递的过渡地带，其在库岸稳定、水质净化、生物多样性保育、拦截坡面侵蚀泥沙、消纳面源污染物、保障水库系统健康等方面具有不可替代的作用。同时，三峡水库消落区也是流域坝库系统中的生态脆弱区，存在着一些生态环境问题。因此，消落区的保护与治理受到越来越多的关注，保护和治理力度也越来越大。三峡水库消落区的保护与治理应以“近自然恢复”为重要指导思想，基于生态学理论，通过科学有效的人工辅助和管理措施，依靠自然生态过程，将消落区恢复到健康稳定的状态，从而实现恢复后生态系统的生物多样性、结构和功能的完整性、稳定性和可持续性。同时，消落区的保护与治理应该从多角度和多层次，将宏观性和微观性相结合、阶段治理和长期维护相结合，融合生态学、水利工程学、环境学、社会经济学等多个学科的知识，坚持以保护优先、科学规划、合理利用、分区治理、系统治理、因地制宜、安全生态和服从三峡水库调度的原则进行三峡水库消落区的保护与治理。

一、项目和资金支持

党中央、国务院立足全局、着眼长远，编制了《三峡后续工作规划》（以下简称《规划》），实施时间为 2011～2020 年，总投资 1238 亿元，重点解决库区移民安稳致富、生态环境建设与保护、地质灾害防治三大问题。截至 2018 年底，中央财政共安排三峡后续资金 618 亿元，三峡后续项目有力促进了三峡库区的经济社会发展，提升了三峡库区生态环境质量，维护了三峡库区移民和社会稳定，取得了重要的阶段性成果。但对照《规划》目标，当前仍有一些问题还未得到妥善解决，因此《三峡后续工作规划》实施年限被适当延长 5 年，即 2025 年实施完毕。

截至 2021 年底，重庆市消落区生态环境保护类别累计安排实施项目 195 个，累计下达专项资金近百亿元。2011～2021 年，湖北省各库区区县累计实施三峡后续工作库岸环境综合整治项目 20 个，累计下达三峡后续工作专项资金数十亿元。资金来源为《三峡后续工作规划》专项资金。其中，用于消落区地质灾害防治的项目有 584 项（重庆市 515 项，湖北省 44 项，自然资源部 25 项），项目实施后均取得了显著的成效。

二、生态修复措施

三峡水库消落区每年“冬水夏陆”交替型生境的转变，会导致植被多样性下降、基岩裸露，以及大量泥沙在缓平地区淤积，由此造成生态环境条件和地理景观格局发生了巨大变化，消落带生态系统功能及景观质量显著下降。为改善消落区生态环境质量，多地实施了消落区生态修复工程并取得了一定的成效。据不完全统计，三峡水库消落区生态修复示范样点（即项目）共约 195 个，遍布库区。其中重庆主城九区有 30 个，数量最多；其次是开州区（26 个），江津区最少（1 个）。从空间分布来看，三峡水库中段（忠县至奉节县），每个区县的项目数量均超过 10 个，高于库首和库尾，如图 3-2 所示。

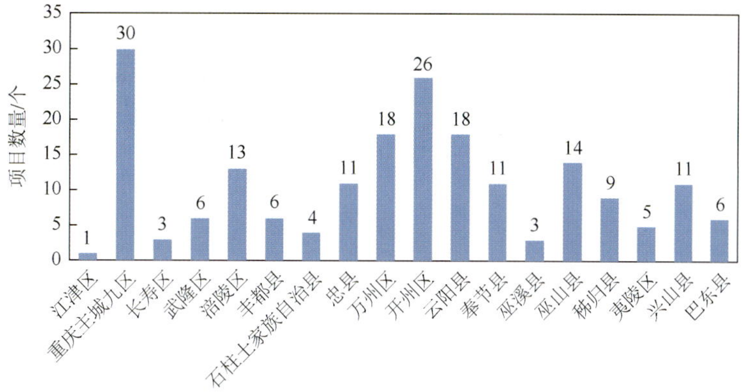

图 3-2　三峡水库消落区生态修复项目数量分布

现存的生态修复示范区整体地势较为平坦，土壤侵蚀程度为轻度，为植被定植生长提供了较好的立地条件。三峡水库消落区生态修复模式主要包括基塘模式、生态经济模式和生态效益林模式等。

1. 基塘模式

基塘模式是根据夏季出露、冬季深淹的环境特点，从库区的多功能需求和整体生态系统设计的角度出发，依托消落区的自然地形和环境特点，在位于水库消落区平缓区域的坡面上构建大小、深浅、形状各异的基塘，并在塘内种植适应消落区水位变化的经济植物和观赏植物，充分利用消落区自身丰富的营养物质，形成多功能的消落区基塘系统。如在开州区澎溪河湿地自然保护区，根据消落区自然地形和生态特点建设了大小不一的基塘，在基塘内种植了耐水淹的莲（*Nelumbo nucifera*）、欧菱（*Trapa natans*）、欧洲慈姑（*Sagittaria sagittifolia*）、菰（茭白）（*Zizania latifolia*）、水蕹（*Aponogeton lakhonensis*）等水生植物。已有结果显示，在经历了多年的冬季深水淹没后，基塘内的植物存活状况良好，兼具生态和经济效益。因此，基塘工程在解决平缓消落区的生态环境问题方面具有较高的推广价值。

2. 生态经济模式

生态经济模式是指在消落区为实现一定的经济效益而进行的有限生态修复活动，主要包括种植桑树、速生竹柳等。沧海桑田便是以消落区桑树种植为基础建立的一种“冬为沧海，夏为桑田”的生态经济模式，即在 170～175 m 高程区域内营造水陆两栖的饲料桑林。这种“冬水夏桑”的生态修复模式将消落区的治理和土地资源的利用结合起来，充分发掘三峡库区特有的土地、环境、农村劳力等资源，在三峡库区形成了种植-养殖-加工-营销饲料桑产业链。竹柳是一种生长周期短、抗逆性强、经济效益高的优良速生用材树种，可为纸浆、板材、型材和生物燃料等行业提供良好的原材料。在 165～175 m 高程区域种植的速生竹柳，即使经过 4 个月的全淹浸泡，存活率也能超过 90%。尽管以桑树和速生竹柳为代表的生态经济模式在消落区取得了一定成效，但后期仍需投入大量的抚育管护成本，因此该模式的长效运行还有待进一步改善。

3. 生态效益林模式

消落区 165～175 m 高程区域淹水时间比较短，深度也相对较浅（0～10 m），可尝试栽植一些耐水淹的乔木，提升消落区景观品质，形成生态效益林。目前较多选取耐淹乔木进行栽植，如落羽杉（*Taxodium distichum*）、中山杉（*Taxodium* '*Zhongshanshan*'）和水桦（*Betula nigra*）等。根据对不同消落区出露季节的多次实地调研发现，170 m 高程以下区域乔灌植被在经多轮次水淹没顶后，整体存活率偏低，生存状况不容乐观；而在 170 m 高程以上的生态修复区，大部分人工栽植的物种长势较好。

总体而言，生态修复工程的实施在短期内对消落区环境质量改善和景观提升具有一定的积极作用。但在周期性水淹的反复影响下，后期生态修复工程仍需要大量的人力、物力来进行持续维护。因此，从长远来看，其成效还有待进一步提升。

三、工程治理措施

在人类活动、受降雨冲刷和水库调度的综合影响下，三峡水库消落区失稳，威胁着库区人民的生命和财产安全。为改善消落区生态环境，增强消落区的地质灾害防御能力，自三峡水库运行至今，已对三峡水库沿岸城区开展了较多的岸线综合整治，据不完全统计，2023 年共开展了 134 余处（图 3-3）。对于易发生滑坡、崩塌等地质灾害的库岸，采取加固措施，如建设挡土墙、护坡桩等，以及以框格防护、干砌片石护坡、浆砌片石护坡、喷射混凝土护坡为主的工程防护措施。结合资料和实地调研可知，截至 2023 年 12 月，消落区修复示范总面积约为 39.61 km^2，其中工程治理面积约 33.94 km^2，占修复区总面积的 85.69 %。其中开州区的工程数量最多，其次是重庆主城九区，最少的是江津区。

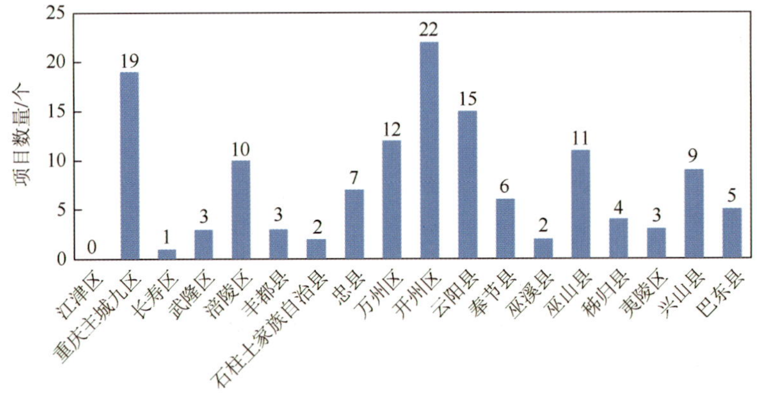

图 3-3　三峡水库消落区综合治理修复工程数量分布

尤其是在 2017 年之后，为了确保三峡水库消落区的地质安全、生态安全、城镇安全和满足三峡库区城市经济社会发展，对三峡水库消落区实施了大量的整治与改造工程，新增人工边坡总面积达到 5.50 km^2，相较于之前增长了 16.12%，主要涉及库岸综合整治、地质灾害防治和生态修复等工程项目。新增的库岸治理发生了一定变化，主要是因为随着库区经济社会发展，库周移民对滨水景观的需求不断提升，人工边坡的治理方式也在逐渐转变，从单一的工程硬质防护变为生态植物护坡。这种治理方式在提高河道防洪能力、保障库周移民居住安全的同时，也提升了滨水岸线生态景观，促进了当地旅游业发展。

四、移民和宣传教育措施

1. 移民措施

三峡水库成库后，重庆市在长江干流及其支流拥有共 127 个江心岛，总面积超 5 万亩（其中面积大于 100 亩的有 23 个；120 个位于三峡库区）。作为独具特色的生态资源，江心岛不仅成为重庆市国土生态空间网络的重要组成部分，也是保障水域生态廊道功能完整性的关键节点，对于维护河流生态系统健康、提升河道稳定性、保护流域生物多样性、优化城乡人居环境质量水平均有重要作用。以前岛上村民们过度耕作，导致岛上土壤退化、生物群落结构改变、生态承载力降低，因此为了减少村民生产生活对孤岛生态的影响，可对有必要的孤岛做出迁出岛上村民的保护措施，以保护和修复孤岛生物群落。

2. 宣传教育措施

根据消落区的保护原则，通过设立界碑、界桩、标牌、标志标语等进行提醒；通过实行河长巡河制或购买机动巡护车船、无人机等通信和观测设施设备，进行检查与宣传教育，推动当地社区居民参与保护区管理，建立合作机制，共同维护保护区的生态环境。采取的措施如下。

（1）制定宣传教育计划：制定详细的宣传教育计划，包括内容、方式、时间等，确保宣传工作有计划、有组织地进行。设定明确的宣传目标，如提高社区居民对生态环境保护的认识、激发他们的参与热情等。

（2）利用多种宣传途径：如举办宣传展览、开展主题讲座、制作宣传册、发布宣传视频等，吸引社区居民的注意。利用社交媒体平台、社区广播、户外广告等现代媒体手段，扩大宣传范围，强化宣传效果。

（3）开展教育活动：组织生态环境保护知识培训班、讲座等活动，提高社区居民的环保意识和知识水平。定期开展生态环境保护主题的文艺演出、义务劳动等活动，增强社区居民的参与感和责任感。

（4）设立奖励机制：设立生态环境保护奖励机制，如表彰优秀志愿者、设立环保奖学金等，鼓励社区居民积极参与保护区管理。建立奖励机制可以激发社区居民的积极性，促进其主动地参与保护区管理。

（5）建立社区合作机制：成立社区生态环境保护委员会或志愿者组织，组织社区居民参与生态环境保护工作，形成合力。建立社区与保护区管理机构的沟通渠道，促进信息共享和合作，共同维护保护区的生态环境。

第三节　现有保护与管理政策和措施下取得的成效

自 2008 年 9 月三峡工程开始 175 m 正常设计水位试验性蓄水以来，每年都因防汛调度形成高差达 30 m 的水位涨落消落区。由于长期处于冬季蓄水、夏季出露的干湿交替生境，消落区原有的生态系统遭受破坏、河岸带及土壤遭受侵蚀。此外，库岸周边的人类活动也加剧了消落区土壤及水环境的污染问题。为了解决三峡水库消落区生态环境问题，党中央、国务院及地方各级政府和相关部门高度重视并全力支持，开展了一系列的生态修复与治理工作，取得了积极的成效。消落区生态环境逐渐改善，物种多样性提升、岸线稳定得到保障、水土流失减少。这些生态问题的改善和解决为消落区生态修复和长江特有珍稀物种回归奠定了坚实的基础，也降低了地质灾害对库区人民生命和财产安全的危害，促进了库区及长江经济带的社会稳定和持续发展。与此同时，消落区修复与治理也产生了一定的间接经济效益和社会效益。首先，提高了人们的自然保护意识，使人们了解了保护湿地及其野生动植物、保护自然生态环境的重要性，为进一步加强湿地保护的宣传教育工作创造了良好的条件。其次，促进了社会的稳定和发展，改善了人们的生存环境。此外，三峡水库消落区保护与利用的协调发展，也将促进湿地资源的可持续利用和当地社会经济的发展。

一、提升了生态系统稳定性

1. 植被恢复成效

本书将重点生态修复区植被类型、群落等情况分别与保留保护区、工程治理区进行对比，评价重点生态修复区修复情况。2022 年实地调查显示，消落区三种类型修复区内总物种数为 134 种，不同类型修复区内植物物种数具有明显差异（图 3-4）。其中，生态修复区物种数最高，为 94 种，比保留保护区和工程治理区分别高 18.9%和 27.03%。工程治理区物种数最低，为 74 种。植物群落样方调查显示，三类修复区植物群落物种丰富度平均 6.09 种。其中，消落区工程治理区植物群落物种丰富度最高，为 6.38 种，而保留保护区物种丰富度则最低，为 5.66 种。

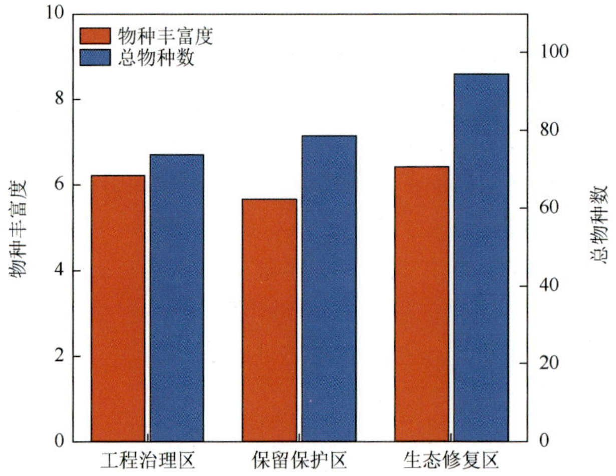

图 3-4　消落区不同修复方式区域植物群落物种丰富度和总物种数

2. 土壤保育成效

2022 年，消落区样方土壤总磷含量为 0.69 g/kg，与 2008 年正式蓄水前土壤总磷含量（0.63 g/kg）差异不大，但显著高于 2018 年三峡水库调查中的土壤总磷含量（0.45 g/kg）。土壤总磷含量主要表现在垂直梯度上的差异性，与 175 m 高程以上部分相比较，消落区土壤总磷含量随高程降低而不断增加，且支流消落区总磷含量（0.56 g/kg）小于干流消落区总磷含量（0.67 g/kg）。近年来，三峡水库消落区土壤重金属呈现显著的时空动态变化特征，与 2017 年以前调查中的相关重金属结果相比较，其中铅（Pb）、铜（Cu）和砷（As）含量降低，铬（Cr）、锌（Zn）、汞（Hg）、镉（Cd）含量有一定的增加趋势。

与未淹水区段相比较，水淹导致的消落区部分区段不断沉积、植物残体的不断输入，以及中游地区频繁农业活动的输入使得消落区土壤总磷含量不断增加。另外，支流消落区因水流速度较慢且坡度较小，泥沙沉积增加，常年累积和输入造成支流消落区总磷含量在中间高程的累积。

细粒泥沙颗粒很容易吸收重金属，周期性的水位变动导致粉黏粒沉积的区域容易累积重金属，且上游部分区段消落区的农业活动也会使消落区土壤重金属如铬（Cr）、锌（Zn）、汞（Hg）、镉（Cd）有一定程度的累积。三峡水库消落区表层土 7 种重金属（As、Cr、Cu、Pb、Zn、Hg、Ni）含量均低于国家农用地土壤污染风险筛选值，说明消落区土壤主要重金属含量未超过国家土壤环境质量标准。

总之，随着消落区保护与管理的推进，人类活动对环境的干扰减少，岛上部分区域形成了比较明显的荒野景观，并逐渐演变为原生态湿地。生态与工程措施的结合治理使得消落区生态景观逐步恢复、生物多样性迅速增加、生境质量得到明显提升，周边水域水质得到明显改善，生态系统稳定性得到稳步提升。

二、保障了岸线安全

三峡库区地质灾害防治工作领导小组自 2001 年成立以来，针对三峡水库消落区地质灾害防治开展了地质灾害工程治理、监测预警和群测群防等工作，累计完成崩滑体治理 560 余处、库岸防护近 300 段，使得威胁人民群众生命财产安全和交通航运安全的地质灾害得到了有效防治；构建了三峡库区地质灾害监测预警体系，如湖北省和重庆市分别建成“四位一体”和“四重网格”的群测群防管理体系，共建成区县级监测站 26 个，成功避免 550 亿元经济损失，灾害防治“零死亡”纪录已保持 20 年之久；同时还开展了地质灾害成因机理与监控技术等科学研究工作。总体而言，当前库区地质环境逐渐趋于达到新的平衡，地质灾害发生频率呈现逐年下降的趋势，居住安全受影响的人口数量总体逐年减少，受影响的设施数量处于低水平波动状态，土地损毁数量总体呈下降趋势，库区地质灾害防治工作成效显著，具体如下。

截至 2024 年，已经开展了超过 250 处滑坡崩塌危岩体工程治理，治理项目的实施提升了移民居住地的地质安全程度，有效保护了受滑坡崩塌危岩体威胁的超过 16.5 万人的生命财产安全，进一步提高了当地群众赖以生存的地质环境的稳定性。同时，受地质灾害威胁的港口、码头、长江航运安全等也得到了保护，而长江黄金水道的正常航运则进一步促进了地方经济发展和保障了社会稳定。与此同时，地质灾害工程防治与移民迁建城镇的市政工程建设相结合，支持了当地经济发展规划，美化了库区城市环境，兼顾社会效益、环境效益和经济效益，最大程度地发挥了投资效益。

除对地质灾害的有效治理以外，湖北省和重庆市还从专业监测预警、群测群防和信息系统三方面着手，建立了较为完善的覆盖消落区乃至整个库区的专业监测预警和群测群防监测预警体系，可以实时掌握灾害点的变形动态趋势，及时部署防灾减灾工作；积极开展了地质灾害巡查调查工作、专业监测和群测群防技术交流及培训，总结并相互交流工作经验与教训；建立了专业地质灾害防治队伍和专家驻守区县的制度，协助指导开展地质灾害隐患排查、应急培训演练、灾（险）情处置等，使得区县地质灾害防治科技支撑水平得到进一步提升。

湖北省、重庆市先后推行实施了“四位一体”和“四重网格”化的群测群防管理模式，该模式具有很强的时效性，及时发现了有变形迹象的地质灾害点千余处，成功预警了数十处崩塌滑坡险情，保护了数万人的生命和财产安全，为防灾减灾做出了突出贡献。

截至 2024 年底，共建成超过 223 处自动化专业监测的地质灾害监测预警网络，多次成功预警地质灾害，及时转移避让群众，保护了超过 51 万人的生命和财产安全。监测预警使得三峡水库消落区崩塌滑坡和塌岸变形破坏得到了有效监控，极大地降低了地质灾害造成的损失。同时，按照《三峡后续工作规划》要求，开展了监测预警标准化建设，专业监测自动化和信息化建设目标也基本实现；为库区地质环境监测机构配置了地质灾害防治应急车辆、全站仪、GPS、报警装置、激光测距仪、罗盘等专业设备，有力支撑了监测预警和应急处置工作；组织地质灾害监测预警技术交流与培训，提升监测预警管理和技术人员的技术水平，进而准确实行远程指挥及提供应急响应支撑，极大提高了应急管理水平和时效性；建成了监测预警网络且该网络处于良好运行状态中。

总而言之，三峡水库消落区地质灾害工程防治措施为移民迁建城集镇、移民复建设施、长江航道和航运，以及库区经济社会的可持续、高质量发展提供了地质安全保障，保障了大国重器三峡工程的安全运行。

三、改善了环境质量

在众多项目的支持下，三峡库区新建污水处理设施和配套污水收集管网、污泥稳定化处理设施，以及垃圾收集、处置等设施，新增污水和垃圾日处理规模分别达 99.62 万 t 和 13.75 万 t，实现了三峡生态屏障区城镇污水、垃圾处理设施全覆盖，消落区的污染来源明显减少。库区绝大部分区县工业污水处理率超过 95%，船舶油污水、生活污水、生活垃圾上岸处理率基本达到 100%，三峡水库消落区污染防治能力大幅提升，水环境质量得到明显改善。

系统治理了库区典型支流的污染，目前已建设水库清漂设施 27 项，累计清漂量超百万吨；建设增殖放流站 4 处，人工增殖放流 0.92 亿尾；建设种质资源保护中心 3 个、重点渔港 5 个。通过加强三峡库区生态屏障区建设，三峡库区生态屏障区森林覆盖率超过

50%，生态屏障区生物多样性显著增加、碳汇增强，较为稳定的防护林生态系统初步形成，自然生态系统得以有效恢复。生态屏障区农村居民饮用水合格率、农户卫生厕所普及率、村庄道路硬化通达率均达到100%，农村人居环境明显改善，由此使得生态屏障区人为活动造成的消落区水体和土壤污染大幅减少。随着清漂机械化作业程度的提高，基本实现辖区范围内漂浮物不出境、辖区水域“江清岸洁”的目标。水生生物生境逐步恢复，水生生物群落结构得到进一步优化，植被长势良好的消落区水体透明度高，总磷含量平均降低了14～31个百分点，总氮含量降低了7～19个百分点，水质得到了提高。因此，库区及上游江段“四大家鱼”产卵规模呈增加趋势，水生态系统新的平衡正在形成。此外，三峡水库消落区“天窗”和“断带”现象得到根除，保土保水能力和隔离功能得到进一步修复，库区拦污治污“最后一道防线”得到加强，消落区卫生防疫能力显著提升。

四、增强了公众观念意识

通过对消落区保护的宣传教育，公众对消落区保护的重要性有了深刻的认识，主人翁意识得到显著提升；通过规范居民的不正当行为，减少和避免了人类活动对消落区的过多干扰，促进了消落区自然发育，增加了消落区生境和生物多样性，保护了库岸原有植被，逐年减少水土流失，维持了消落区地形地貌稳定，提升了三峡水库水质，具体如下。

（1）环境教育和意识提升：居民参与保护区管理将促进环境教育和意识的提升，增强对生态环境的认识和保护意识。通过参与管理，社区居民能更深入地了解生态系统的重要性，形成更加积极的环保态度，为长期的可持续管理奠定基础。

（2）合作与沟通更加紧密：居民参与保护区管理将促进社区与管理者之间的合作与沟通，使二者建立更加紧密的关系，形成共建共享的管理理念。有效的沟通和合作还有助于解决管理中的问题和矛盾，推动管理工作的顺利进行，增强管理的可持续性和稳定性。

中篇　三峡水库消落区生态环境状况

第四章　三峡水库消落区气象水文状况

第一节　三峡水库气象特征

基于三峡库区及周边23个国家气象监测站逐日降雨量、气温、相对湿度、日照时间数据（日照时数），进行三峡水库气象要素变化分析。数据来源于中国气象数据网（http://data.cma.cn/），气象站点的空间分布情况如图4-1所示。年平均值为当年12个月的算术平均值，四季按气象划分法，以3月至5月为春季，6月至8月为夏季，9月至11月为秋季，12月至来年2月为冬季。

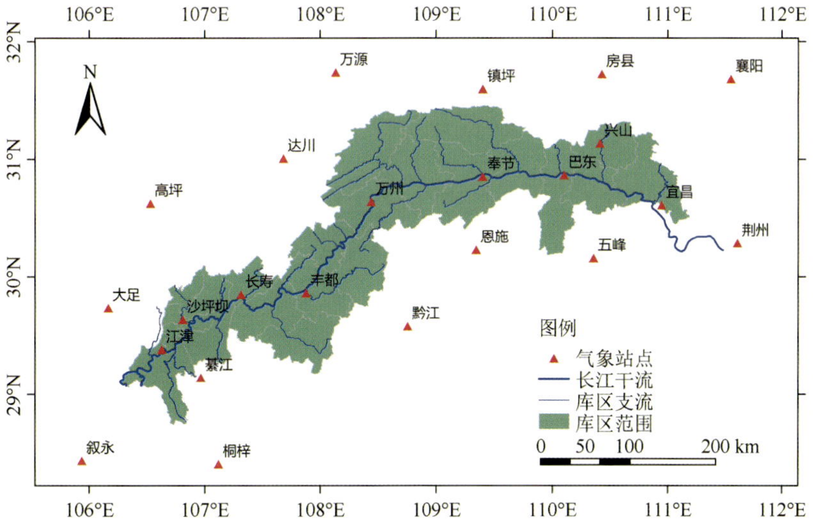

图4-1　气象站点的空间分布情况

一、降雨量

以1960～2002年为三峡建库前、2003～2019年为三峡建库后，分析三峡库区年均降雨量变化趋势，结果如图4-2所示。1960～2002年，三峡库区年降雨量均值为1111.6 mm，年最大降雨量为1409.1 mm，年最小降雨量为833.8 mm；2003～2019年，三峡库区年降雨量均值为1088.3 mm，年最大降雨量为1334.7 mm，年最小降雨量为850.8 mm。与建库前相比，建库后三峡库区年降雨量均值减少了23.3 mm，降幅为2.1%。三峡库区不同季节降雨量占全年降雨量的比值呈现夏季＞春季＞秋季＞冬季的特点，建库前后夏季降雨量分别占全年降雨量的42.4%和41.1%；春季占比分别为27.4%、28.3%；秋季占比分别为24.8%、25.5%；冬季降雨量占全年降雨量的比值最低，建库前后分别为5.4%和5.1%。由上可知，建库前后三峡库区不同季节降雨量占比未发生显著变化。

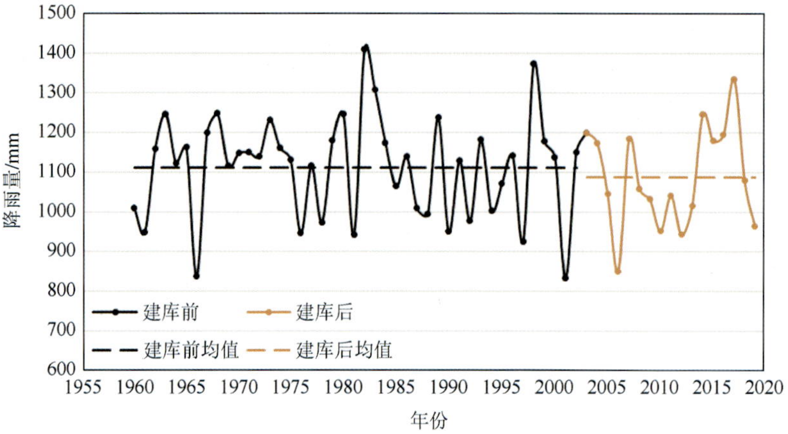

图 4-2　三峡库区年均降雨量变化趋势

三峡库区年均降雨量空间分布如图 4-3 所示。由于三峡库区山地广布、地形崎岖，库区降雨量空间分布不仅受到大气环流影响，还受到局部地形和海拔的制约，库区降雨量空间分布不均匀。1960～2002 年，库区年均降雨量为 932.0～1454.2 mm，奉节县、巫山县、巴东县和宜昌市的降雨量相对较高，江津区、巴南区、丰都县、兴山县年均降雨量较低，库区右岸降雨量略高于左岸。2003～2019 年，库区年均降雨量为 875.0～1384.9 mm，较建库前下降约 60 mm。建库后库区降雨量空间分布与建库前基本相同。

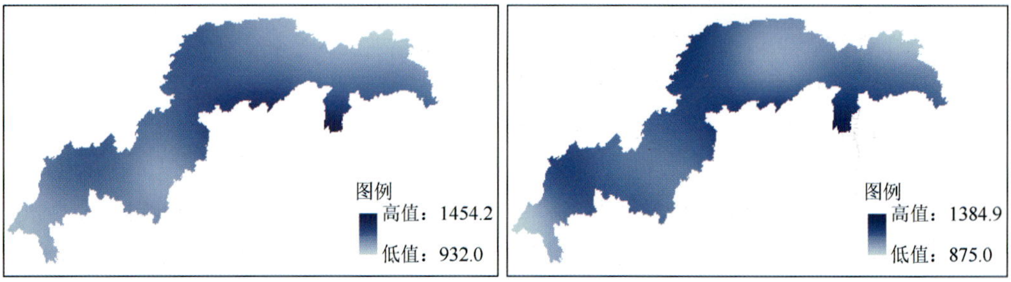

(a) 1960～2002年年均降雨量空间分布　　(b) 2003～2019年年均降雨量空间分布

图 4-3　三峡库区年均降雨量空间分布

二、气温

建库前，三峡库区年均气温最大值为 18.3℃，最小值为 16.8℃，均值为 17.4℃。2003～2019 年，三峡库区年均气温最大值为 18.8℃，最小值为 17.4℃，均值为 18.1℃，较建库前年均气温上升了 4%（图 4-4）。1960～2002 年三峡库区春季平均气温略低于 2003～2019 年库区春季平均气温，两者均值分别为 17.2℃和 18.1℃，增加幅度为 5%。建库前后，三峡库区夏季平均气温变化范围分别为 25.3～28.7℃、26.2～29.0℃，夏季多年平均气温分别为 26.7℃和 27.2℃，上升了 0.5℃；秋季多年平均气温分别为 18.0℃和

18.7℃，上升了 0.7℃。1960～2002 年，三峡库区冬季平均气温在 5.7～9.1℃变化，而 2003～2019 年，三峡库区冬季平均气温波动范围升高至 6.9～9.3℃，冬季气温均值从 7.6℃上升至 8.3℃，增加了 0.7℃。

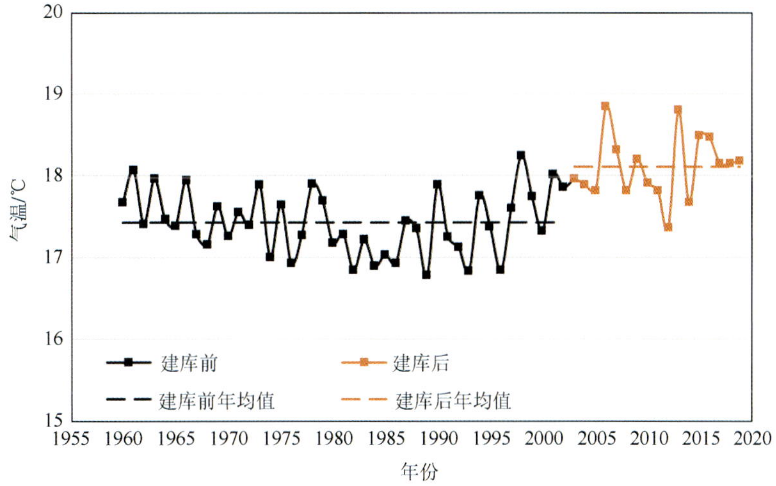

图 4-4　三峡库区年均气温变化趋势

三峡库区年均气温空间分布如图 4-5 所示。三峡库区气温空间分布不均匀，总体呈现库区西部气温较高、东部气温较低的特点。1960～2002 年，三峡库区年均气温为 15.0～18.4℃，年均气温自西向东逐渐降低，最高气温出现在巴南区、渝北区、长寿区、涪陵区。2003～2019 年，库区年均气温波动范围有所上升，为 16.2～18.7℃，且气温空间分布不均的特点更显著，江津区至云阳县、奉节县的气温较高，在巫山县气温开始快速下降，经过短暂过渡后在巴东县、秭归县、宜昌市达到新的较稳定值。随着社会和经济的发展，巴南区、渝北区、长寿区等区域的人类活动（如工业生产、汽车尾气排放等）增强，导致区域内气温上升，而三峡蓄水则导致秭归县、宜昌市等区域水面面积增加，对温度的调节能力增强，因而该区域气温变化更平稳。

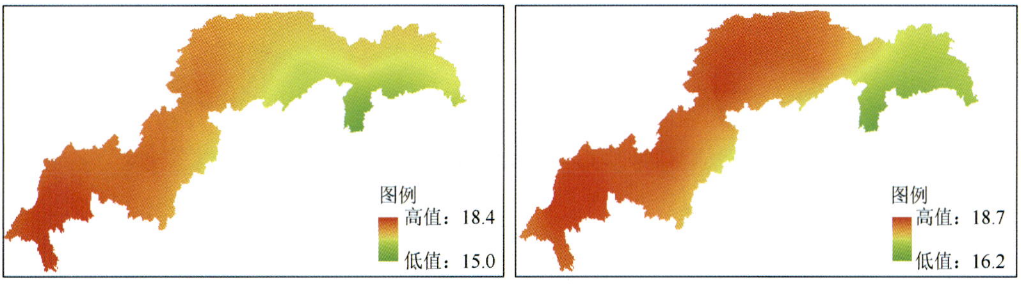

(a) 1960～2002年年均气温空间分布　(b) 2003～2019年年均气温空间分布

图 4-5　三峡库区年均气温空间分布

三、相对湿度

由图 4-6 可知，三峡建库后，三峡库区年均相对湿度有所降低。1960～2002 年，三峡库区年均相对湿度最大值为 80.5%，最小值为 74.9%，平均值为 77.8%；2003～2019 年，库区年均相对湿度最大值为 78.1%，最小值为 71.3%，平均值为 75.4%。2003～2019 年相对湿度均值较 1960～2002 年下降了 2.4 个百分点，降幅为 3.1%。其中，1960～2002 年，三峡库区春季相对湿度均值为 75.8%，建库后均值降低了 2.7 个百分点，为 73.1%。建库前后夏季相对湿度均值分别为 76.6%和 73.4%，且三峡库区夏季相对湿度的波动要明显强于春季，这与库区降雨主要集中在夏季有关。建库前后秋季三峡库区相对湿度均值分别为 80.4%和 79.2%，为四个季节最高。冬季库区相对湿度均值则略微降低，分别为 78.3%和 76.1%。

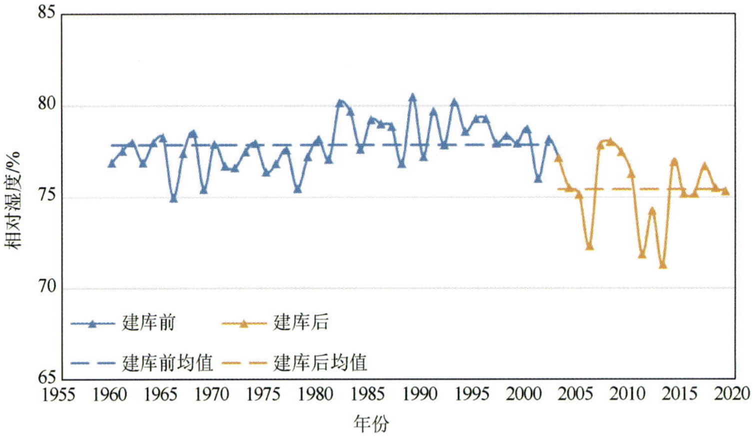

图 4-6　三峡库区年均相对湿度变化趋势

三峡库区年均相对湿度空间分布如图 4-7 所示。三峡库区年均相对湿度总体呈现库区西高东低的特点，三峡建库前变化范围为 69.1%～83.7%。江津区至万州区相对湿度较高，自云阳县、奉节县向东，相对湿度逐渐降低。2003～2019 年，库区相对湿度较 1960～2002 年的波动范围更窄，可能因为三峡水库开始蓄水后，库区水面增加，从而提高了库区相对湿度的稳定性。

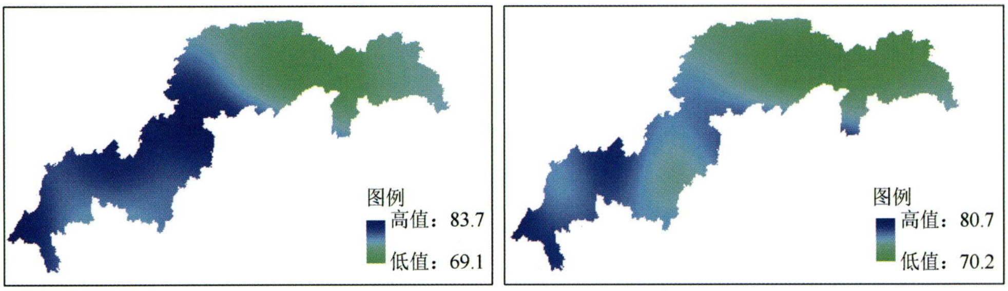

(a) 1960～2002年年均相对湿度空间分布　　(b) 2003～2019年年均相对湿度空间分布

图 4-7　三峡库区年均相对湿度空间分布

四、日照时数

1960～2002年，三峡库区年日照时数均值为1329.8 h，年日照时数最大值为1637.1 h，最小值为1050.9 h；2003～2019年，三峡库区日照时数均值为1228.5 h，年日照时数最大值为1563.4 h，最小值为1043.6 h。与建库前相比，建库后三峡库区年均日照时数减少了101.3 h，降幅为7.6%。三峡库区不同季节日照时数呈现夏季＞春季＞秋季＞冬季的特点，夏季日照时数在全年日照时数中的占比最高，约为41%；其次为春季和秋季，两个季节的日照时数占比分别约为26%和21%；冬季日照时数占全年日照时数的比例最低，约为12%。建库前后三峡库区不同季节日照时数占比未发生显著变化（图4-8）。

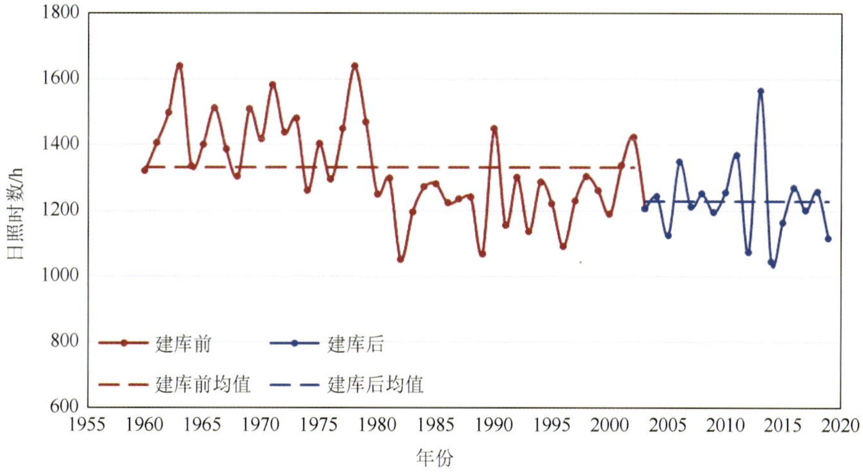

图4-8　三峡库区年日照时数变化趋势

三峡库区年日照时数空间分布如图4-9所示，总体呈现自西向东逐渐增加的变化趋势，越靠近三峡坝址，日照时数越长，且建库前后库区日照时数的空间分布特征没有显著差别。巫山县、巴东县、兴山县、秭归县、宜昌市等区域日照时数相对较长，而巴南区、涪陵区、武隆区、长寿区、丰都县等区域日照时数相对较短。

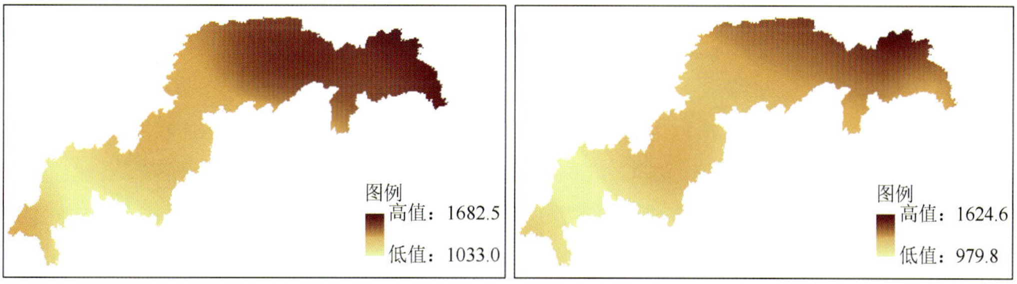

(a) 1960～2002年年日照时数空间分布　(b) 2003～2019年年日照时数空间分布

图4-9　三峡库区年日照时数空间分布

第二节　三峡水库水文特征

一、三峡水库水沙特性

1. 三峡水库沿程径流量

三峡水库沿程年径流量变化趋势总体一致。2003～2019 年，朱沱年径流量为 1900 亿～3100 亿 m^3，寸滩为 2500 亿～3900 亿 m^3，清溪场和万县站①为 2800 亿～4300 亿 m^3，年均径流量分别为 2579 亿 m^3、3317 亿 m^3、3764 亿 m^3 和 3731 亿 m^3（图 4-10）。2005 年和 2012 年是典型的丰水年，径流量总体大于 3000 亿 m^3，甚至超过 4000 亿 m^3；2006 年和 2011 年是典型的枯水年，径流量基本不超过 3000 亿 m^3。2003～2019 年，嘉陵江北碚站和乌江武隆站年径流分别为 380 亿～800 亿 m^3 和 280 亿～570 亿 m^3，均小于 1000 亿 m^3。

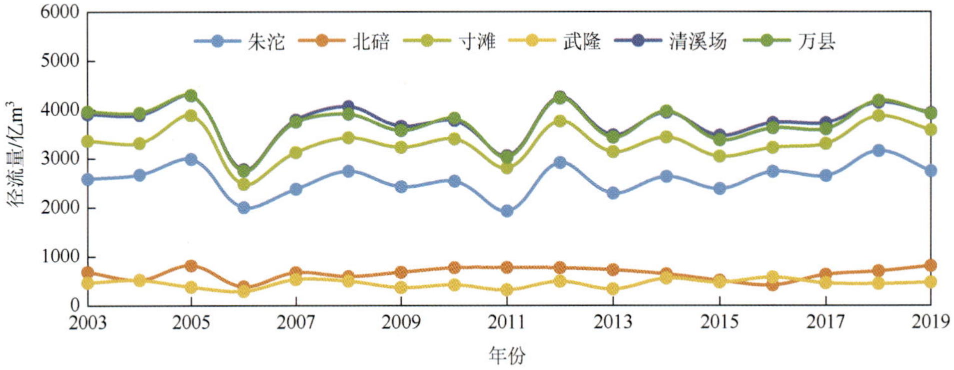

图 4-10　三峡水库沿程年径流量

沿程年径流量变化总体表现为朱沱＜寸滩＜清溪场（万州），同一年份清溪场和万县站径流量差异较小。朱沱至寸滩河段存在主要支流嘉陵江来水输入，同一年份寸滩径流量明显大于朱沱。寸滩至清溪场河段存在乌江来水输入，同一年份清溪场径流量大于寸滩。清溪场至万州河段无较大的区间支流来水输入，因此同一年份清溪场和万县站径流量无明显变化。

三峡水库沿程月均径流量变化具有季节特性，干流来水主要集中在汛期（6～9 月），如图 4-11 所示。朱沱、寸滩、清溪场和万县各站在 2003～2019 年、2003～2012 年和 2013～2019 年三个时段的月均径流量无明显变化。清溪场和万县汛期月均径流量明显大于朱沱和寸滩，而非汛期四者月均径流量差异较小，故汛期径流量是导致三峡沿程年径流量出现差异的主要因素。北碚汛期月均径流量为 50 亿～150 亿 m^3，非汛期月均径流量为 10 亿～70 亿 m^3；武隆汛期月均径流量为 40 亿～80 亿 m^3，非汛期月均径流量为 10 亿～60 亿 m^3，可见嘉陵江总体来流大于乌江。

① 本章中“万县站”为重庆市万州区的一个水文站点名称，以下“万县”均指“万县站”。

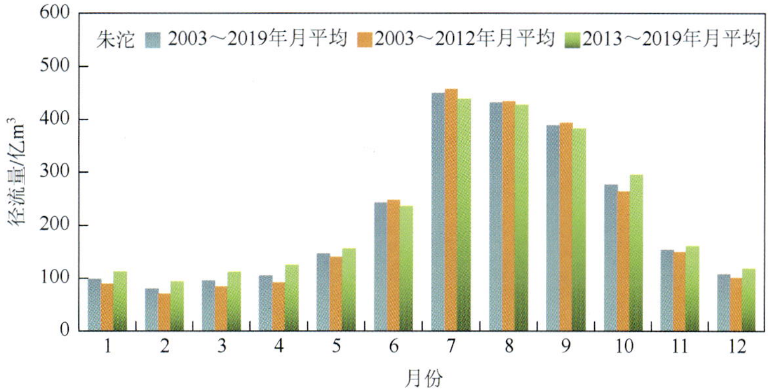
朱沱
2003～2019年月平均
2003～2012年月平均
2013～2019年月平均
径流量/亿m³
0
100
200
300
400
500
600
1 2 3 4 5 6 7 8 9 10 11 12
月份

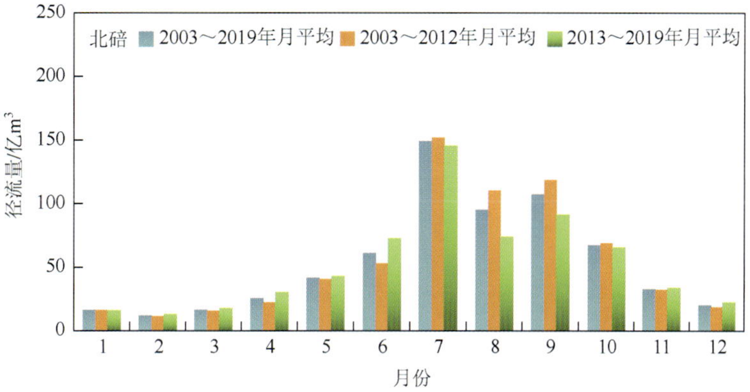
北碚
2003～2019年月平均
2003～2012年月平均
2013～2019年月平均
径流量/亿m³
0
50
100
150
200
250
1 2 3 4 5 6 7 8 9 10 11 12
月份

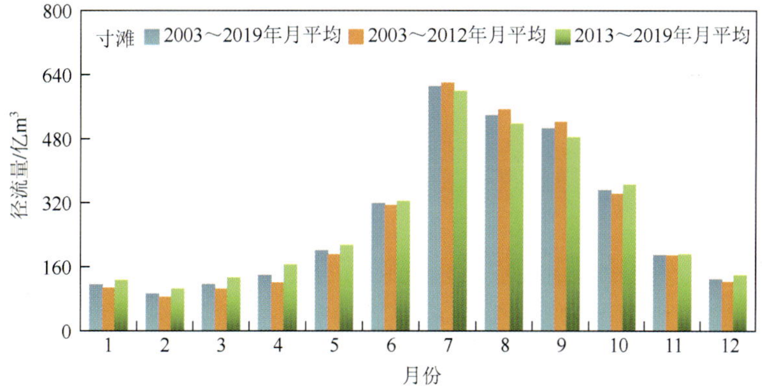
寸滩
2003～2019年月平均
2003～2012年月平均
2013～2019年月平均
径流量/亿m³
0
160
320
480
640
800
1 2 3 4 5 6 7 8 9 10 11 12
月份

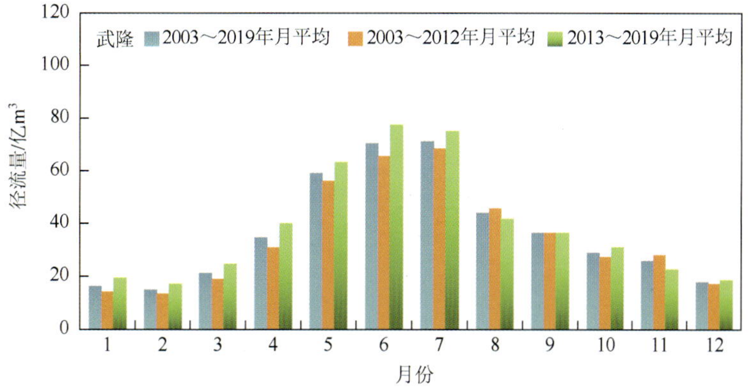
武隆
2003～2019年月平均
2003～2012年月平均
2013～2019年月平均
径流量/亿m³
0
20
40
60
80
100
120
1 2 3 4 5 6 7 8 9 10 11 12
月份

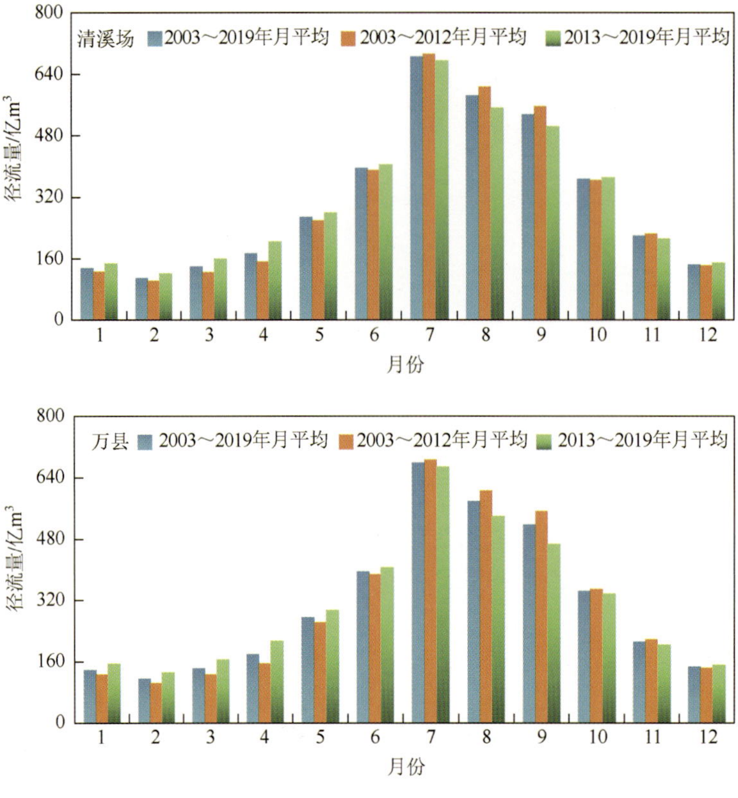

图 4-11　三峡水库沿程月均径流量

2. 三峡水库沿程输沙量

三峡水库沿程年际间输沙量变化明显（图 4-12），从年均输沙量来看，沿程年均输沙量呈先增大后减小的趋势，万县较清溪场年均输沙量明显减少，减少约 37%。朱沱最大年输沙量和最小年输沙量对应年份分别为 2005 年和 2015 年，寸滩最大年输沙量和最小年输沙量对应年份分别为 2005 年和 2015 年，清溪场最大年输沙量和最小年输

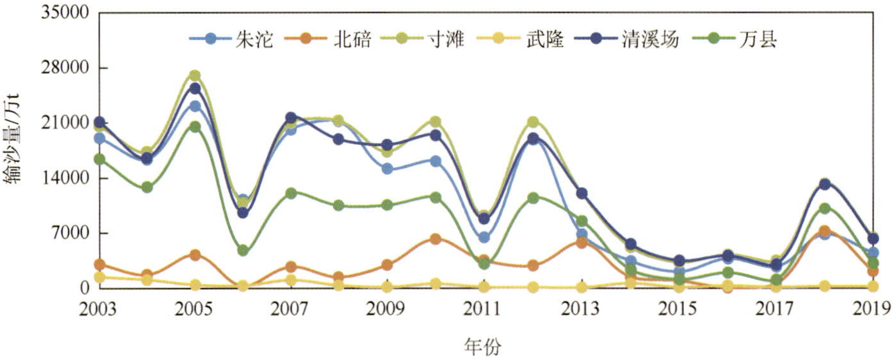

图 4-12　三峡水库沿程年输沙量

沙量对应年份分别为 2005 年和 2017 年，万县最大年输沙量和最小年输沙量对应年份分别为 2005 年和 2017 年。2005 年是典型的多沙年，各站沿程输沙量均大于 20000 万 t；2015 年和 2017 年是典型的少沙年，各站输沙量仅为 1000 万～3500 万 t。2012 年以后，由于受三峡上游梯级水库蓄水拦沙的影响，三峡水库沿程输沙量明显减少，各站输沙量基本不超过 10000 万 t（2018 年除外）。尽管三峡干流寸滩至清溪场河段有乌江的泥沙输入，但是由于乌江泥沙输入量较小，因此同一年份寸滩和清溪场输沙量差异较小；而万县较清溪场输沙量明显减少，表明清溪场至万县河段存在一定程度泥沙淤积。2003～2019 年，北碚站输沙量为 100 万～7200 万 t，武隆站输沙量为 90 万～1400 万 t，小于 10000 万 t，总体来看，嘉陵江来沙大于乌江。

三峡水库沿程月均输沙量仍呈现出季节特性，干流输沙主要集中在汛期（6～9 月），如图 4-13 所示。朱沱、寸滩、清溪场和万县各站在 2003～2019 年、2003～2012 年和 2013～2019 年三个时段的月均输沙量变化明显，沿程各站 2013～2019 年汛期和非汛期月均输沙量都较 2003～2012 年明显减少。嘉陵江北碚站 6 月和 7 月输沙量呈现与干流站点相反的特征，2013～2019 年 6 月和 7 月的月均输沙量大于 2003～2012 年，其余月份仍表现为 2003～2012 年月均输沙量大于 2013～2019 年月均输沙量的趋势。乌江武隆站汛期月均输沙量为 8 万～180 万 t，非汛期为 0.4 万～90 万 t，2003～2012 年汛期月均输沙量明显大于 2013～2019 年。

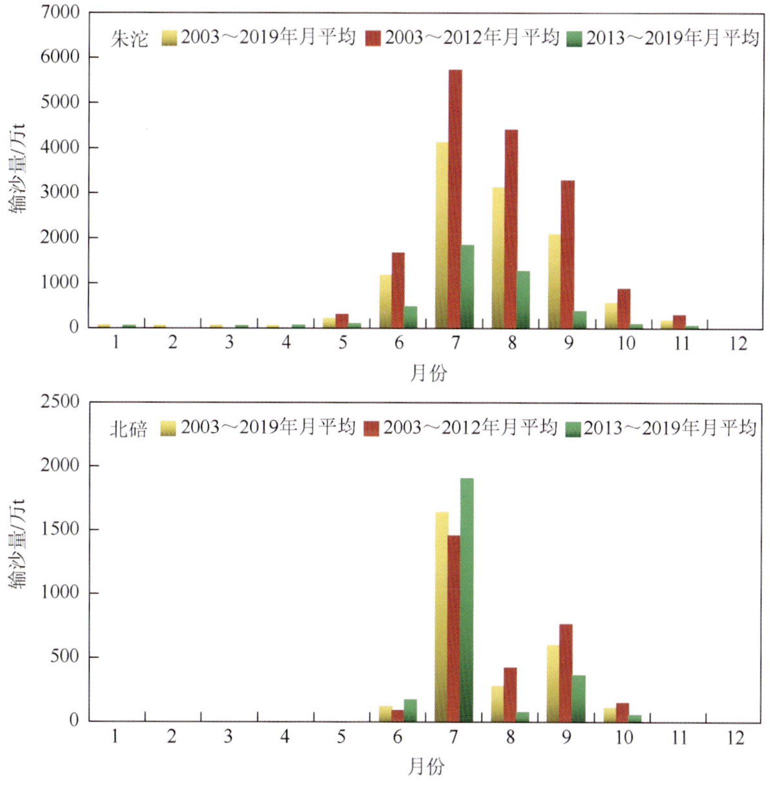

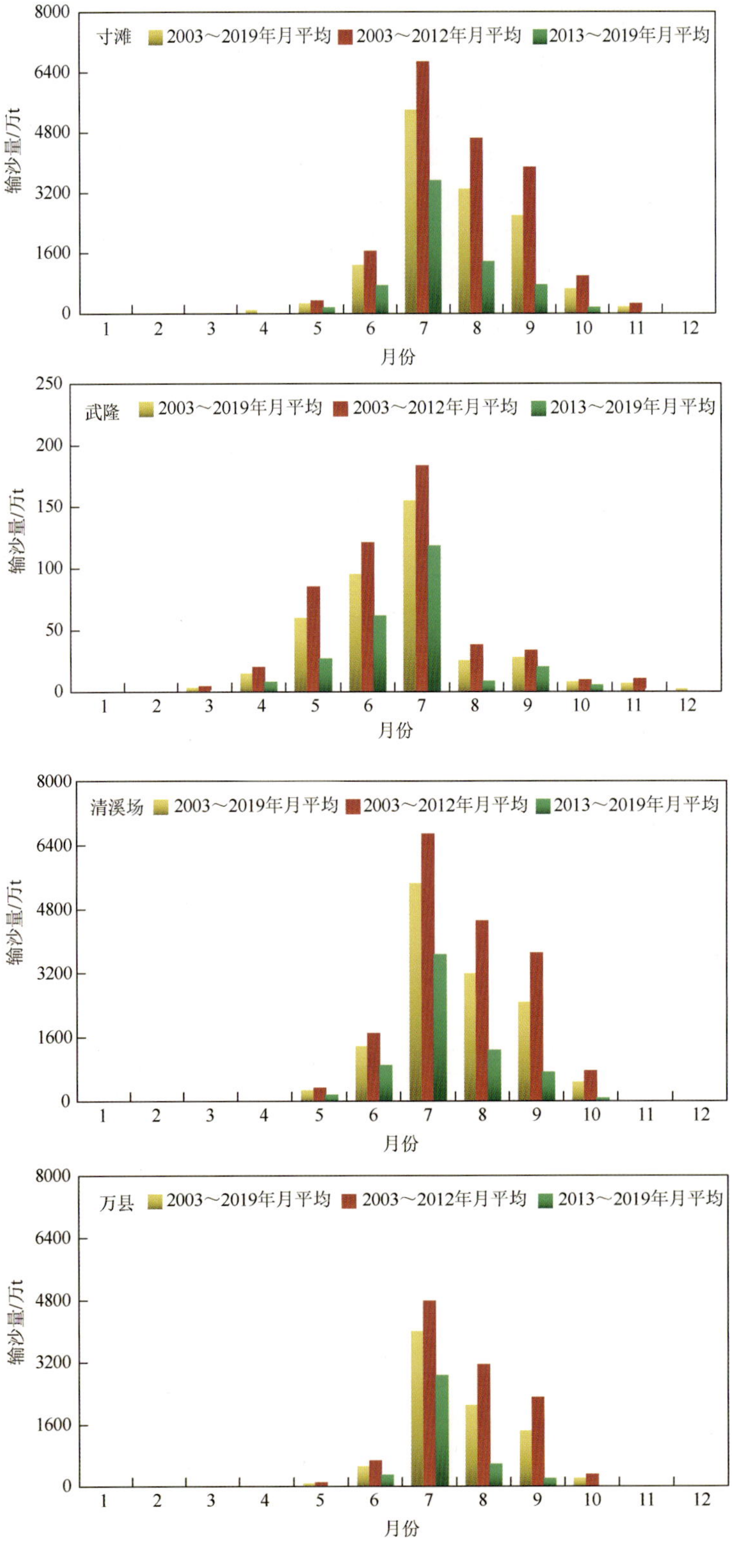

图 4-13　三峡水库沿程月均输沙量

3. 三峡水库入库水沙量

三峡水库蓄水前，1956～1990 年和 1991～2002 年年均入库径流量分别为 3843.1 亿 m^3 和 3737.01 亿 m^3；蓄水后，2003～2012 年和 2013～2019 年年均入库径流量分别为 3687.9 亿 m^3 和 3754.4 亿 m^3，2003～2019 年为 3718.7 亿 m^3，见表 4-1。从月过程来看，不同时段同一月的月均入库径流量变化较小，如图 4-14 所示。由此可见，三峡水库运行前后年径流量和月径流量变化不明显。三峡水库汛期（6～9 月）来流较大，入库径流量为 378.7 亿～718.6 亿 m^3；非汛期来流相对较小，为 83.3 亿～419.5 亿 m^3，2 月和 3 月三峡水库来水总体偏枯。

表 4-1　三峡水库不同时期入库径流量

时段	多年均值/亿 m^3				
	1956～1990 年	1991～2002 年	2003～2012 年	2013～2019 年	2003～2019 年
1 月	100.4	107.3	125.1	148.2	135.2
2 月	83.3	90.6	98.4	123.8	109.5
3 月	98.7	106.9	123.9	154.4	137.3
4 月	144.4	147.8	152.6	195.5	171.3
5 月	261.5	243.6	248.5	262.2	254.5
6 月	428.9	442.6	378.7	386.6	381.9
7 月	707.5	718.6	683.3	659.8	673.6
8 月	637.5	665.6	591.7	543.4	571.8
9 月	608.5	505.9	552.9	510.4	535.4
10 月	419.5	367.6	370.4	392.3	379.4
11 月	217.3	205.4	220.1	218.1	219.3
12 月	135.6	135.1	142.3	159.7	149.5
全年	3843.1	3737.01	3687.9	3754.4	3718.7

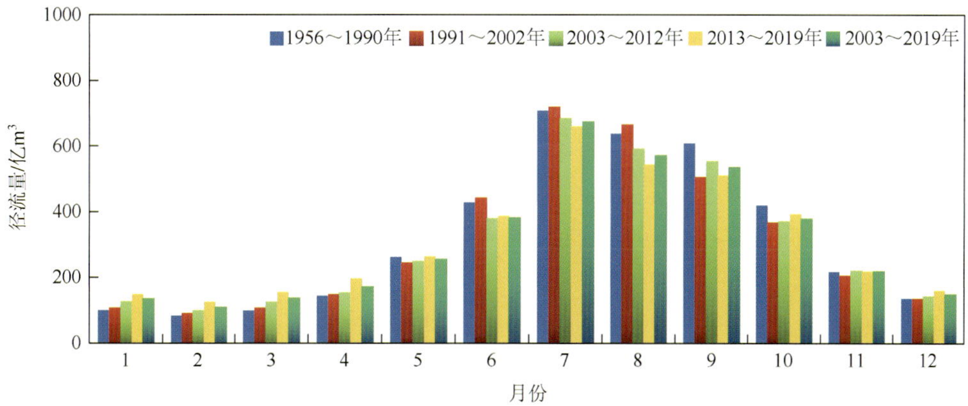

图 4-14　三峡水库不同时期入库径流量

从年过程来看，三峡水库蓄水前，1956～1990 年和 1991～2002 年年均入库沙量分别为 48546.2 万 t 和 35126.9 万 t；蓄水后，2003～2012 年和 2013～2019 年年均入库沙量分别为 19067.7 万 t 和 7173.6 万 t，2003～2019 年为 14161.11 万 t，见表 4-2。2003～2012 年年均入库沙量较 1956～1990 年和 1991～2002 年分别减少 60.7%和 45.7%，2013～2019 年年均入库沙量较 1956～1990 年和 1991～2002 年分别减少 85.2%和 79.6%，2003～2019 年年均入库沙量较 1956～1990 年和 1991～2002 年分别减少 70.8%和 59.7%。三峡水库蓄水后入库泥沙量明显减少，尤其是三峡上游梯级水库陆续运行后，三峡入库泥沙量较蓄水前减少约 80%。

表 4-2　三峡水库不同时期入库输沙量

时段	多年均值/万 t				
	1956～1990 年	1991～2002 年	2003～2012 年	2013～2019 年	2003～2019 年
1 月	37.1	41.0	44.8	16.3	32.31
2 月	25.4	30.0	27.5	10.9	20.27
3 月	41.8	36.4	40.9	20.2	31.87
4 月	295.0	194.0	98.7	48.3	76.68
5 月	1770.0	722.0	382.3	146.6	279.19
6 月	5990.0	4470.0	1723.8	716.8	1309.12
7 月	15600.0	11800.0	6895.0	3869.6	5649.24
8 月	12200.0	9980.0	4580.5	1362.9	3255.62
9 月	9370.0	5520.0	3925.6	770.1	2626.27
10 月	2750.0	1820.0	985.8	162.7	646.88
11 月	383.0	421.0	304.3	33.5	192.78
12 月	83.9	92.5	58.5	15.7	40.88
全年	48546.2	35126.9	19067.7	7173.6	14161.11

从月过程来看，三峡入库泥沙主要集中在汛期（6～9 月），汛期入库沙量为 3869.6 万～15600.0 万 t，非汛期来沙较少，为 10.9 万～2750.0 万 t。此外，同一月份不同时段三峡水库的汛期入库沙量变化较大（图 4-15），2 月和 3 月三峡水库来沙偏枯。

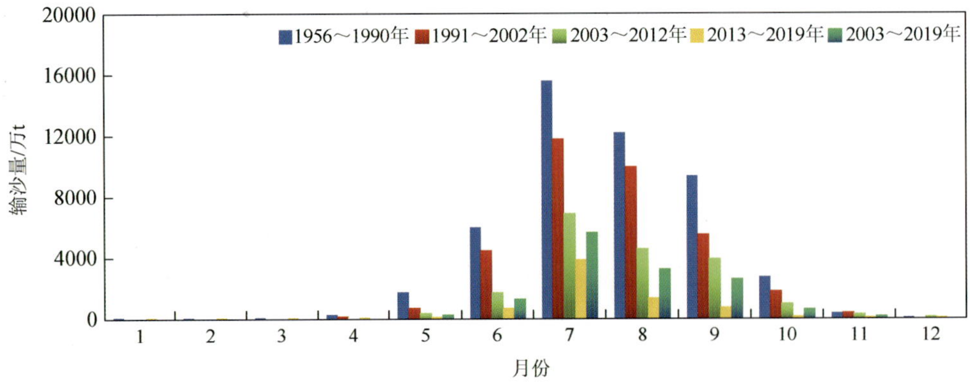

图 4-15　三峡水库不同时期入库沙量

4. 三峡水库出库水沙量

以黄陵庙站和宜昌站分别作为出库控制站分析三峡水库蓄水前（1950～2002 年）和蓄水后（2003～2019 年）的出库流量变化。从年过程来看，黄陵庙站 2018 年和 2019 年年径流量分别为 4716.6 亿 m^3 和 4440.7 亿 m^3，2003～2019 年年均径流量为 4083.7 亿 m^3，见表 4-3。宜昌站 2018 年和 2019 年年径流量分别为 4738.4 亿 m^3 和 4466.3 亿 m^3，1950～2002 年和 2003～2019 年年均径流量分别为 4367.0 亿 m^3 和 4114.6 亿 m^3，见表 4-4。从月过程来看，三峡水库泄流主要集中在汛期，7 月和 8 月是三峡水库泄流量大的月份，如图 4-16 和图 4-17 所示。宜昌站月均出库流量总体略大于黄陵庙站，个别月份黄陵庙站月均出库流量大于宜昌站，如图 4-18 所示。

表 4-3　黄陵庙站年内径流量

时段	径流量/亿 m^3		
	2018 年	2019 年	2003～2019 年
1 月	215.6	226.4	160.1
2 月	195.5	166.9	140.3
3 月	212.7	225.5	169.2
4 月	248.8	272.4	212.4
5 月	452.9	450.8	344.7
6 月	422.0	509.6	444.7
7 月	946.0	664.0	719.3
8 月	740.6	666.9	620.3
9 月	410.3	406.4	522.9
10 月	409.3	386.5	343.9
11 月	275.8	271.9	239.2
12 月	187.1	193.4	166.7
全年	4716.6	4440.7	4083.7

表 4-4　宜昌站年内径流量

时段	径流量/亿 m^3			
	2018 年	2019 年	1950～2002 年	2003～2019 年
1 月	217.2	227.3	114.3	159.7
2 月	194.3	171.5	93.7	140.6
3 月	209.4	229.9	115.6	170.5
4 月	254.1	273.2	171.3	216.6
5 月	459.3	439.3	310.4	349.3
6 月	427.4	514.8	466.5	450.4
7 月	949.8	669.9	804.0	722.7
8 月	744.6	671.5	734.1	624.5
9 月	413.9	410.3	657.0	525.0
10 月	415.4	386.5	483.2	347.1

续表

时段	径流量/亿 m^3			
	2018 年	2019 年	1950～2002 年	2003～2019 年
11 月	269.3	271.9	259.7	240.7
12 月	183.7	200.2	157.2	167.5
全年	4738.4	4466.3	4367.0	4114.6

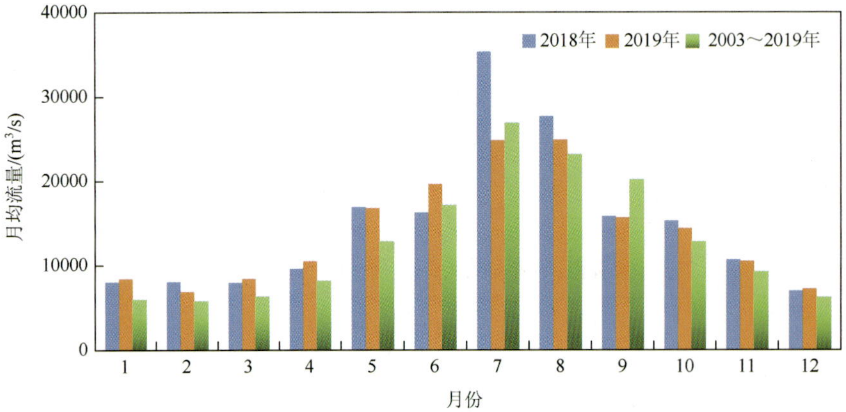

图 4-16　黄陵庙站月均流量

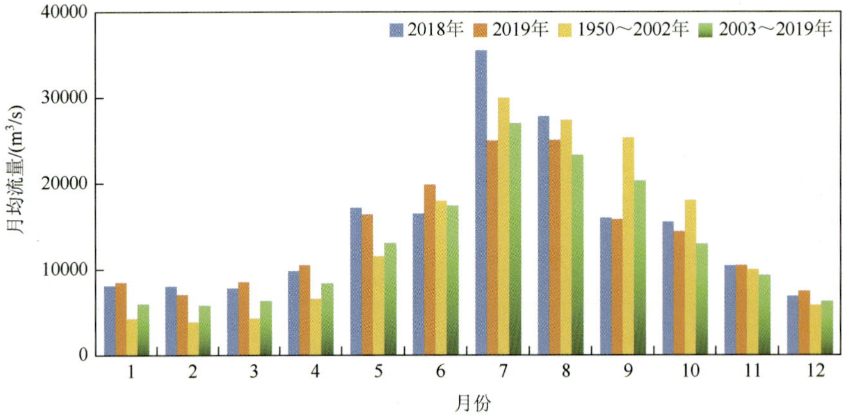

图 4-17　宜昌站月均流量

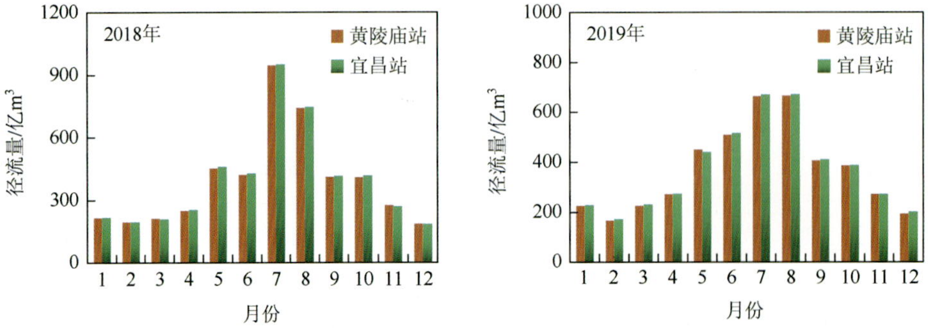

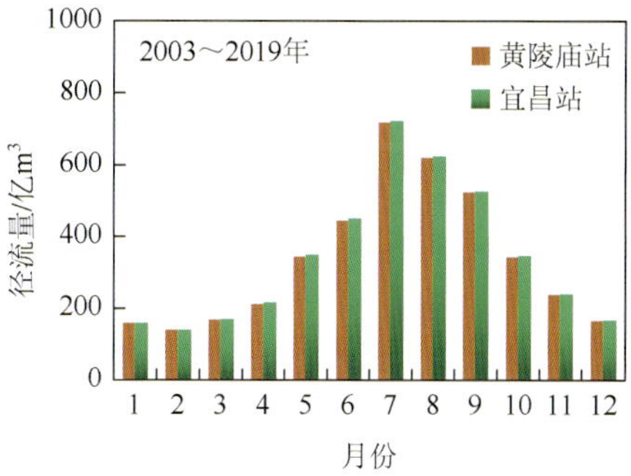

图 4-18　黄陵庙站和宜昌站月径流量比较

从年过程来看，黄陵庙站 2018 年和 2019 年年输沙量分别为 3880.93 万 t 和 937.23 万 t，2003～2019 年年均输沙量为 3388.50 万 t，见表 4-5。宜昌站 2018 年和 2019 年年输沙量分别为 3629.5 万 t 和 878.3 万 t，1950～2002 年和 2003～2019 年年输沙量分别为 49101.1 万 t 和 3423.9 万 t，见表 4-6。三峡水库蓄水后，宜昌站输沙量显著减少，2003～2019 年月均输沙量较 1950～2002 年减少 85.7%～98.8%，年均输沙量减少 93%。可见，三峡水库运行对泥沙具有一定的拦截效应，使得向下游的排沙减少。

从月过程来看，三峡水库排沙主要集中在汛期，7 月和 8 月是三峡水库排沙量较大的月份，如图 4-19 和图 4-20 所示。三峡水库黄陵庙站和宜昌站同一月份的输沙量差异较小，如图 4-21 所示。2018 年，黄陵庙站年内输沙量略大于宜昌站。2019 年，两站年内输沙量差异最小。2003～2019 年，汛期宜昌站输沙量略大于黄陵庙站。

表 4-5　黄陵庙站年输沙量

时段	输沙量/万 t		
	2018 年	2019 年	2003～2019 年
1 月	6.03	4.53	5.30
2 月	4.72	3.34	4.20
3 月	8.84	5.54	5.50
4 月	7.39	9.54	14.20
5 月	21.50	21.50	36.40
6 月	50.50	66.90	124.40
7 月	3290.00	242.00	1397.80
8 月	429.00	496.00	998.60
9 月	45.90	51.80	723.00
10 月	10.40	25.20	62.40
11 月	2.93	7.00	12.10
12 月	3.72	3.88	4.60
全年	3880.93	937.23	3388.50

表 4-6　宜昌站年输沙量

时段	输沙量/万 t				蓄水后较蓄水前输沙量减少百分比/%
	2018 年	2019 年	1950～2002 年	2003～2019 年	
1 月	4.4	4.6	55.6	5.2	90.6
2 月	3.9	3.7	29.3	4.2	85.7
3 月	4.2	6.9	81.2	5.5	93.2
4 月	5.1	6.4	449.0	9.4	97.9
5 月	12.1	23.3	2110.0	32.4	98.5
6 月	25.0	61.9	5230.0	116.6	97.8
7 月	3110.0	200.0	15500.0	1404.7	90.9
8 月	415.0	482.0	12400.0	1016.6	91.8
9 月	32.4	45.9	8630.0	745.3	91.4
10 月	8.3	29.7	3450.0	66.5	98.1
11 月	5.4	9.6	968.0	11.8	98.8
12 月	3.7	4.3	198.0	5.7	97.1
全年	3629.5	878.3	49101.1	3423.9	93.0

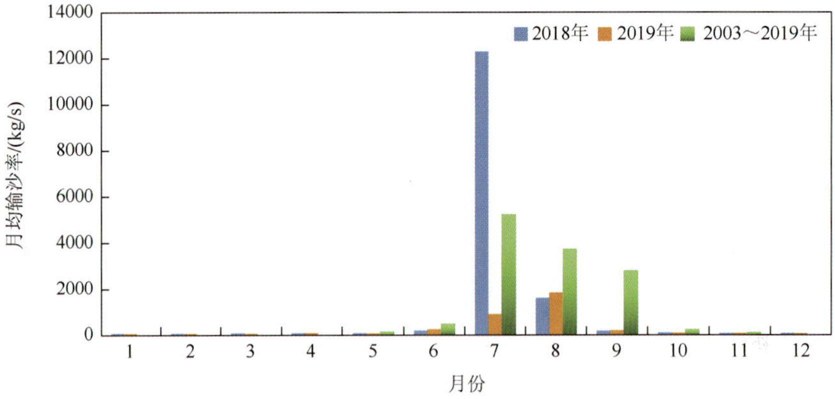

图 4-19　黄陵庙站月均输沙率

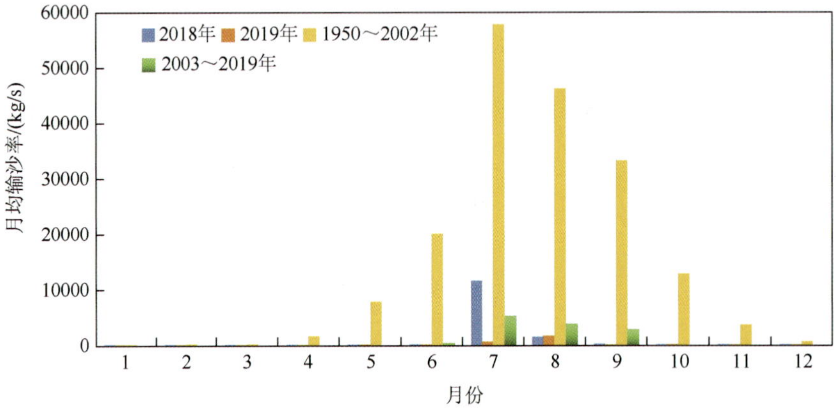

图 4-20　宜昌站月均输沙率

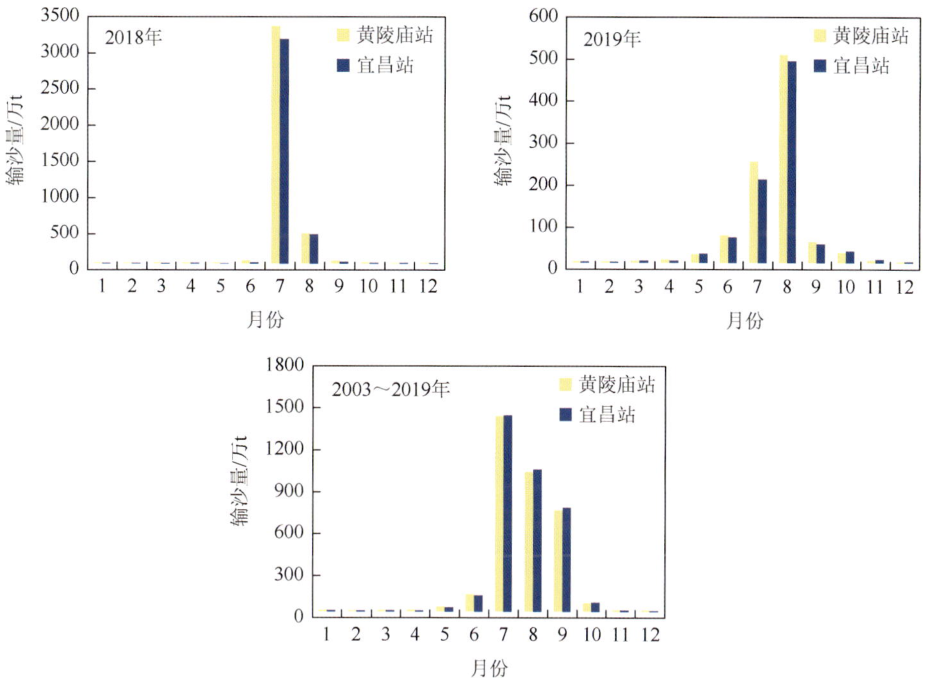

图 4-21　黄陵庙和宜昌站月输沙量比较

二、三峡水库水沙关系

为对比上游梯级水库蓄水前后三峡入库径流量和输沙量的变化，将三峡水库的水沙关系进行划时段分析，包括 2003～2012 年和 2013～2019 年两个时段。鉴于嘉陵江和乌江不受三峡上游梯级水库运行影响，北碚站和武隆站水沙关系分析不划分时段。

三峡水库入库水沙变化呈现一定的阶段性特征（图 4-22）。2003～2012 年，入库输沙量与入库径流量呈较好的正相关关系，整体呈现“大水带大沙，少水带少沙”的特点，入库输沙量受上游来水的影响较大。2013～2019 年，入库水沙情势发生了较大改变，入库输沙量与入库径流量无明显的正相关性，入库输沙量受上游来水的影响明显降低，入库输沙量明显减少。

2003～2012 年，三峡水库干流站点朱沱、寸滩、清溪场和万县的入库输沙量与入库径流量呈现较好的正相关关系，可见该时段三峡沿程输沙量随径流量增加（减少）而增加（减少），如图 4-23 所示。2013～2019 年，朱沱、寸滩、清溪场和万县的入库输沙量与入库径流量无明显的相关性，该时段沿程输沙量受径流量影响较小。此外，三峡干流沿程输沙量明显减少，朱沱和万县入库输沙量不超过 10000 万 t，寸滩和清溪场入库输沙量小于 15000 万 t，清溪场至万县干流河段输沙量明显减少，可见该河段存在一定程度泥沙淤积。嘉陵江北碚站入库输沙量与入库径流量呈现一定的正相关关系，而乌江武隆站入库输沙量与入库径流量则无明显的相关性，年际间输沙量变化较大。

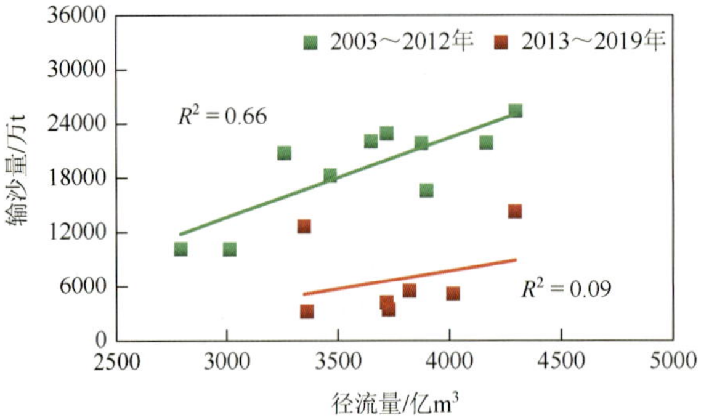

图 4-22　三峡水库入库水沙关系

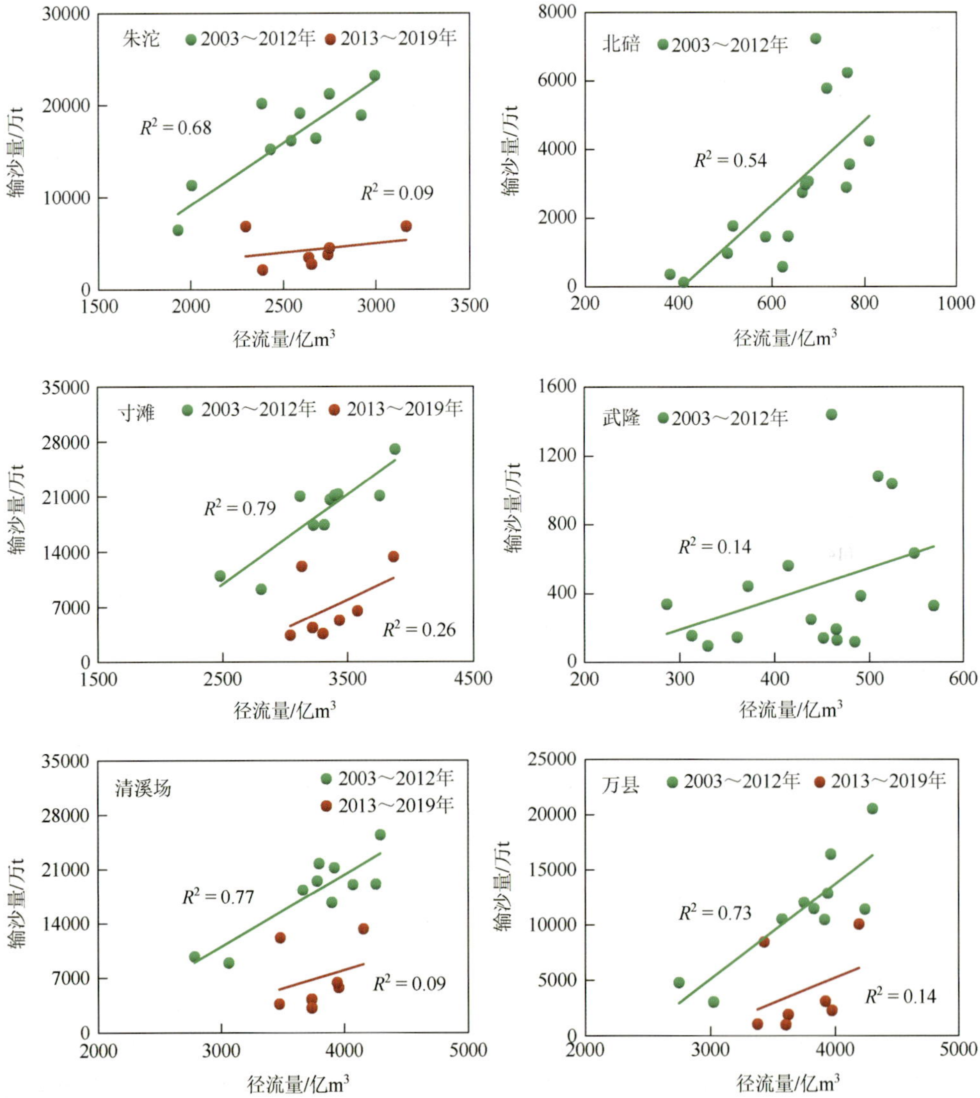

图 4-23　三峡水库主要站点水沙关系

三、三峡水库泥沙淤积特征

1. 季节特征

2012 年以后，受长江上游梯级库群蓄水拦沙作用影响，三峡水库不仅入库沙量大幅减少，库区泥沙淤积量也大为减少，见表 4-7。2003～2012 年、2013～2019 年和 2003～2019 年泥沙年均淤积量分别为 1.438 亿 t、0.564 亿 t 和 1.078 亿 t，汛期平均淤积量分别为 1.260 亿 t、0.527 亿 t 和 0.958 亿 t，汛期淤积量占年淤积量的百分比分别为 87.62%、93.44%和 88.87%。可见，三峡水库泥沙淤积主要发生在汛期，各时期汛期泥沙淤积占比均超过 80%。

表 4-7　三峡水库历年和汛期泥沙淤积量

年份	年（均）淤积量/亿 t	汛期（平均）淤积量/亿 t	汛期淤积量占年淤积量的百分比/%
2003	1.242	1.160	93.40
2004	1.023	0.840	82.11
2005	1.510	1.210	80.13
2006	0.932	0.720	77.25
2007	1.695	1.500	88.50
2008	1.856	1.540	82.97
2009	1.470	1.350	91.84
2010	1.962	1.800	91.74
2011	0.951	0.870	91.48
2012	1.737	1.610	92.69
2013	0.942	0.920	97.66
2014	0.449	0.420	93.54
2015	0.278	0.250	89.93
2016	0.334	0.290	86.83
2017	0.312	0.270	86.54
2018	1.042	0.99	95.01
2019	0.591	0.546	92.39
2003～2019 年	1.078	0.958	88.87
2003～2012 年	1.438	1.260	87.62
2013～2019 年	0.564	0.527	93.44

2. 空间分布特征

2003～2017 年，库区干流泥沙总淤积量约为 15.39 亿 m^3，其空间分布如图 4-24 所示。泥沙淤积主要发生在常年回水区，且淤积不连续，呈片状分布，重点淤积在大坝—官渡口及云阳—涪陵等宽谷河段[图 4-25（a）]，其淤积量分别为 35072 万 m^3 和 95232 万 m^3，分别占总淤积量的 22.79%和 61.88%。年内最严重淤积发生在大坝—官渡口河段，2003 年 3 月至 2004 年 10 月，该河段泥沙淤积量为 1.1 亿 m^3，约占 2003 年 3 月至 2017 年 10 月总淤积量的 7.15%。大溪—白帝城及涪陵—李渡镇等峡谷河段年际间伴有轻微的冲刷和淤积；关刀峡—云阳峡谷河段年际间冲淤较为明显，且交替发生。2003～2017 年，库区干流宽谷河段泥沙淤积量占总淤积量的 93.8%，而峡谷河段泥沙淤积量仅占总淤积量的 6.2%，如图 4-25（b）所示。

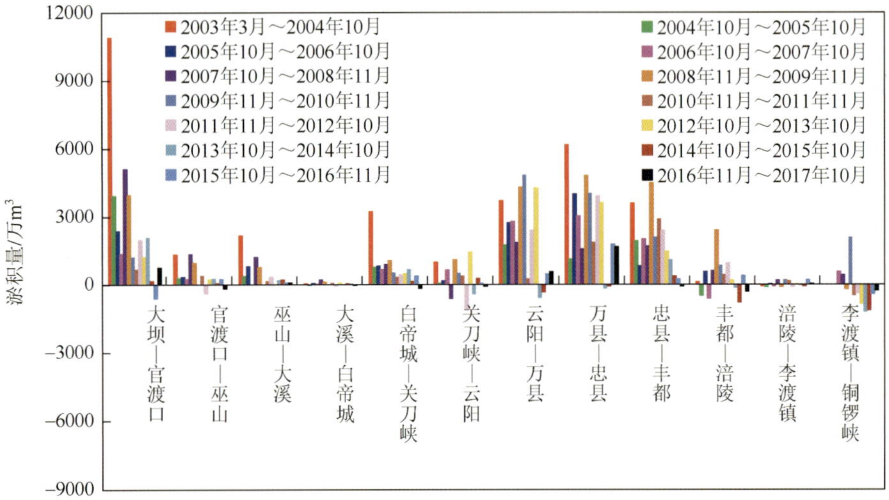

图 4-24　三峡库区干流泥沙淤积空间分布

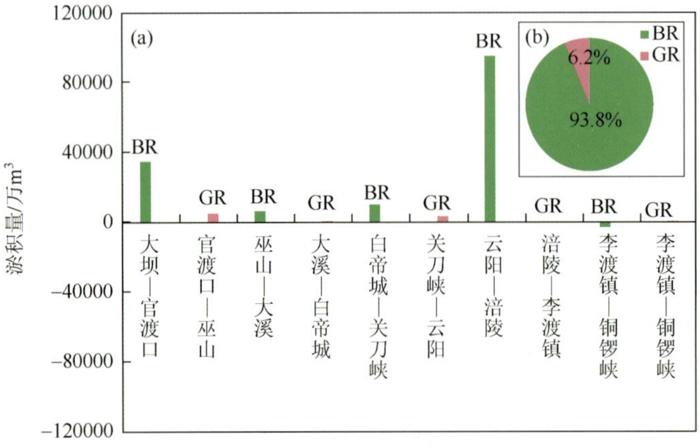

图 4-25　三峡库区干流宽谷（BR）和峡谷（GR）河段泥沙淤积量

三峡水库泥沙淤积主要分布在涪陵以下的常年回水区，变动回水区无大规模累积性淤积。基于库区实测地形资料统计，三峡水库运行 10 年，变动回水区和常年回水区分别淤积 0.196 亿 m^3 和 13.470 亿 m^3，常年回水区淤积量占整个库区淤积量的百分比高达 98.57%；2003～2018 年库区总淤积 15.559 亿 m^3，变动回水区整体则呈冲刷状态，累计冲刷–0.783 亿 m^3（表 4-8）。可见，三峡水库以 145～175 m 方案运行，库区实际淤积量均小于论证阶段预测淤积量（30 亿 m^3）。三峡水库纵向淤积具有不连续和片状分布的特点，且主要集中在常年回水区，与论证阶段认为的自变动回水区向常年回水区的连续三角洲淤积不同。

表 4-8　三峡水库不同时段变动回水区和常年回水区泥沙淤积量

时段	淤积量/亿 m^3			淤积百分比/%	
	变动回水区	常年回水区	三峡库区	变动回水区	常年回水区
2003 年 3 月～2012 年 10 月	0.196	13.470	13.666	1.43	98.57
2003 年 3 月～2018 年 10 月	–0.783	16.342	15.559	–5.03	105.03

注：负数表示冲刷，下同。

三峡水库试验性蓄水初期，变动回水区整体呈轻微淤积状态，随着蓄水进程的推进，受到一定程度的冲刷。变动回水区无累积性淤积和由淤转冲的淤积特点可能与多种因素有关。变动回水区包括江津—铜锣峡、铜锣峡—李渡镇和李渡镇—涪陵 3 个子河段，分别长 62.0 km、98.9 km 和 12.5 km。三峡水库运行至 2018 年 10 月，各子河段分别冲刷–0.590 亿 m^3、–0.220 亿 m^3 和淤积 0.026 亿 m^3（表 4-9）。

表 4-9　三峡水库变动回水区子河段泥沙淤积量

时段	河段名称	河段长/km	淤积量/亿 m^3
2008 年 10 月～2018 年 10 月	江津—铜锣峡	62.0	–0.590
2006 年 10 月～2018 年 10 月	铜锣峡—李渡镇	98.9	–0.220
2003 年 3 月～2018 年 10 月	李渡镇—涪陵	12.5	0.026

第三节　三峡水库消落区水文动态特征

一、三峡水库坝前水位变化

三峡水库于 2003 年 6 月正式下闸蓄水，至 2018 年底历时约 16 年，其蓄水进程分为围堰蓄水期（2003 年 6 月～2006 年 9 月）、初期蓄水期（2006 年 9 月～2008 年 9 月）、试验性蓄水期（2008 年 9 月～2018 年 12 月）三个阶段，如图 4-26 所示。围堰蓄水期按 135～139 m 运行，回水至涪陵；初期蓄水期按 144～156 m 运行，回水至铜锣峡；试验性蓄水期按 175～145～155 m 运行，2008 年三峡坝前水位最高达到 172.8 m，2009 年最高蓄至 171.43 m，2010 年 10 月坝前水位首次蓄水至 175 m，回水末端上延至江津。

三峡水库采用“蓄清排浑”的调度方式，由此形成库区水位季节性的周期变化。三峡水库正常蓄水位为 175 m，枯水期最低消落水位为 155 m，防洪限制水位为 145 m。

4 月末至 6 月上旬为三峡水库汛前消落期，在长江上游大洪水入库之前，为腾出防洪库容，三峡水库开始降低水位运行，至 6 月上旬坝前水位逐步降至防洪限制水位（145 m）；汛期（6～9 月）为丰水多沙季节，为减缓三峡库区泥沙淤积，汛期大坝开闸泄洪，促进水库排水排沙；10 月，三峡水库进入汛后蓄水期，坝前水位将逐步蓄至正常蓄水位（175 m）。12 月至次年 4 月为枯水期，为满足发电和航运需求，水库尽量维持在较高水位运行；4 月末坝前水位不低于枯水期最低消落水位（155 m），以保证发电和通航；5 月 25 日水位不高于 155 m。

三峡水库在 145 m 防洪限制水位和 175 m 正常蓄水位之间运行，形成了高差 30 m、面积约 350 km^2、岸线长度约 5500 km 的狭长型水库消落区。其中，高程在 145～155 m、155～165 m 和 165～175 m 的消落区面积占总面积的比例分别为 24.58%、33.40%和 42.02%。三峡水库消落区主要分布在涪陵区至奉节县区域，其面积约占总面积的 68%。库区消落区具有秋季蓄水-冬季淹水-春季泄水落干-夏季出露-秋季再蓄水的反季节水位涨落特点。三峡水库的水位从每年 4 月末开始明显下降，消落区逐渐出露；5 月至 9 月上旬三峡水库保持低水位运行，此时消落区出露面积最大；9 月下旬水位又迅速上升，消落区出露面积逐渐减小。

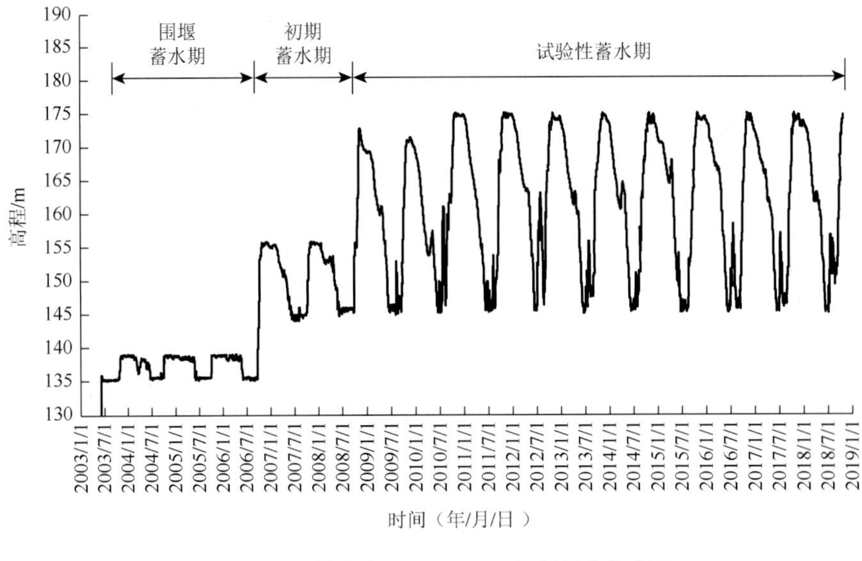

图 4-26　三峡水库 2003～2018 年坝前水位变化

二、三峡水库干流沿程河段水文动态变化

将三峡库区干流按照控制水文站位置划分为四个子河段，分别为江津朱沱至重庆寸滩河段、重庆寸滩至涪陵清溪场河段、涪陵清溪场至万州万县河段、万州万县至三峡坝前河段，如图 4-27 所示。基于朱沱、寸滩、清溪场、万县水文站和三峡坝前 2003～2018 年实测水位资料，从日、月、年和季节多尺度逐一分析以上子河段的水文动态变化特征。

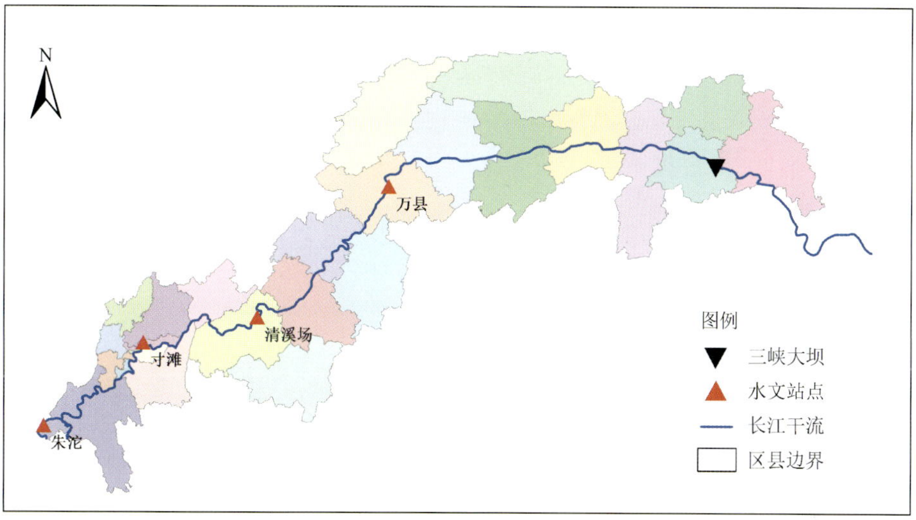

图 4-27　三峡库区河段划分

1. 江津朱沱至重庆寸滩河段

三峡库区江津朱沱至重庆寸滩河段 2003～2018 年逐日水位变化如图 4-28 所示，图中蓝色区域反映该河段沿程断面的水位变化，下同。河段上边界江津朱沱断面水位为 197.0～216.0 m，下边界重庆寸滩断面水位为 158.0～186.0 m，该河段上下边界水位差为 20.0～40.0 m。朱沱断面位于三峡水库库尾，其日过程水位受三峡水库蓄水影响不明显，因此年际间日过程水位变化趋势较为一致。而随着三峡水库蓄水进程的推进，2009 年以后寸滩断面年内逐日水位变化趋势则不同于 2003～2008 年，2009 年以后断面年内最低日水位有所升高，河段水位波动减小。

三峡库区江津朱沱至重庆寸滩河段 2003～2018 年月均水位变化如图 4-29 所示。河段在汛期（6～9 月）处于年内高水位，河段上下边界水位差在年内呈现先增大后减小的趋势，汛期河段上下边界水位差总体大于年内其他月份。

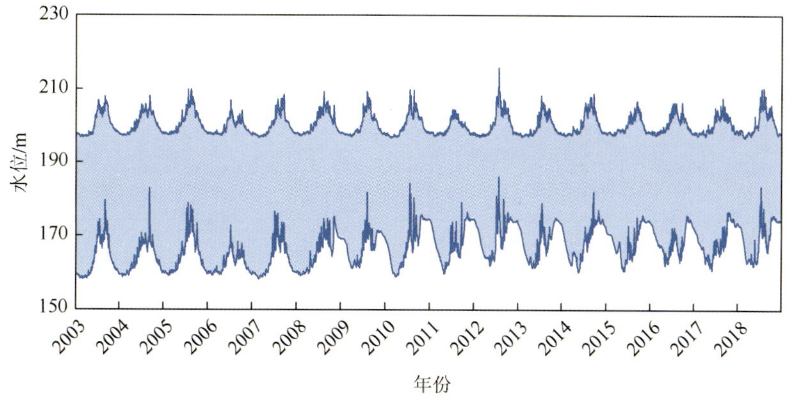

图 4-28　三峡库区江津朱沱至重庆寸滩河段 2003～2018 年逐日水位变化

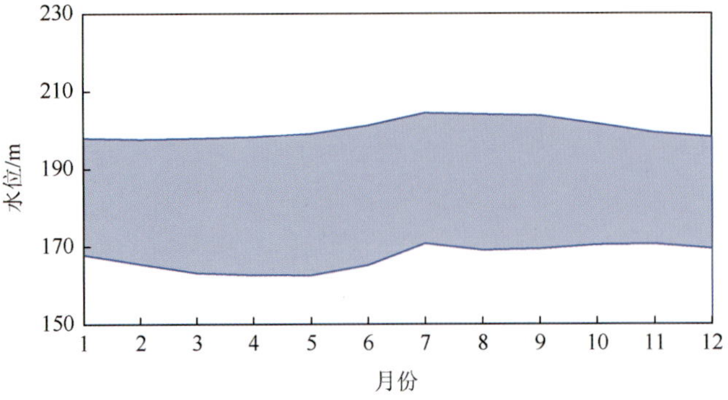

图 4-29　三峡库区江津朱沱至重庆寸滩河段 2003～2018 年月均水位变化

三峡水位年内蓄水期可分为汛前消落期（4 月 30 日～6 月 10 日）、汛期（6 月 11 日～9 月 10 日）、汛后蓄水期（9 月 11 日～10 月 31 日）和枯水期（1 月 1 日～4 月 29 日和 11 月 1 日～12 月 31 日）。图 4-30 为三峡库区江津朱沱至重庆寸滩河段不同蓄水期年际水位变化。可见，历年汛前消落期和汛期河段上下边界水位差总体变化不大，汛后蓄水期和枯水期河段上下边界水位差呈逐渐减小的趋势，尤其是 2007 年后，河段枯水期水位差较 2003～2007 年减小了约 10 m。与年际日过程水位变化相似，河段上边界朱沱断面在年内各蓄水期的水位波动较小，而下边界寸滩断面则因受三峡水库运行影响，各蓄水期的水位波动较朱沱断面更为明显。

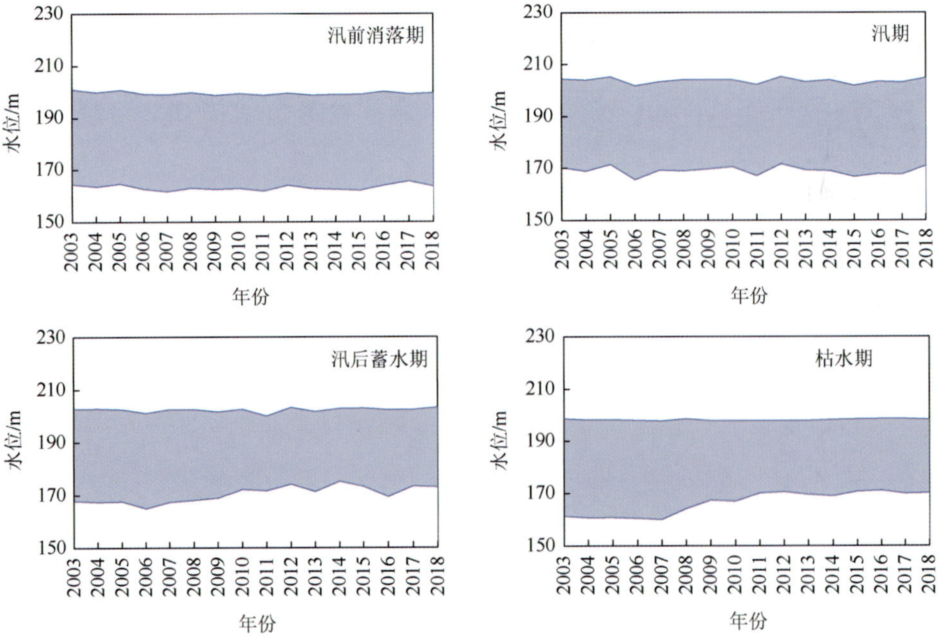

图 4-30　三峡库区江津朱沱至重庆寸滩河段不同蓄水期年际水位变化

三峡库区江津朱沱至重庆寸滩河段 2003～2018 年季节水位变化如图 4-31 所示，该河段上下边界水位差呈现先增大后减小的趋势，汛前消落期、汛期、汛后蓄水期和枯水期河段上下边界水位差分别约为 51.1 m、56.6 m、43.5 m、38.0 m，汛期河段上下边界水位差仍旧最大。

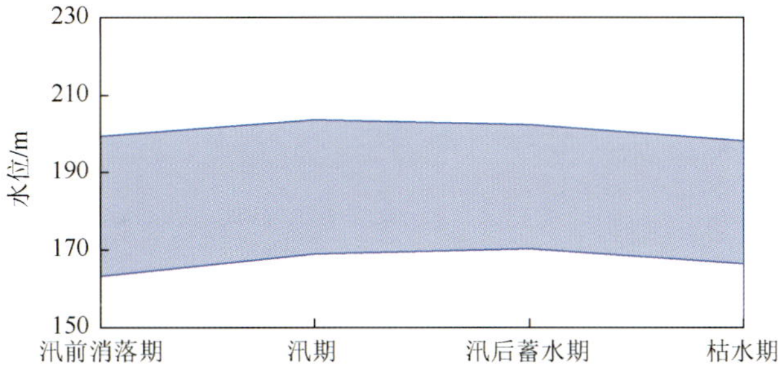

图 4-31　三峡库区江津朱沱至重庆寸滩河段 2003～2018 年季节水位变化

2. 重庆寸滩至涪陵清溪场河段

三峡库区重庆寸滩至涪陵清溪场河段 2003～2018 年逐日水位变化如图 4-32 所示。河段上边界重庆寸滩断面水位为 158.0～186.0 m，下边界涪陵清溪场断面水位为 136.0～176.0 m，该河段上下边界水位差为 0.0～26.0 m。涪陵清溪场断面为三峡水库变动回水区和常年回水区的分界点，该断面受三峡水库运行的影响大于寸滩断面，因此年际间日过程水位变化较寸滩更为明显。2007 年以后，清溪场断面年内逐日水位变化趋势不同于 2003～2006 年，2007 年以后清溪场断面年内水位有所升高，河段水位波动减小，尤其在枯水期时三峡水库保持高水位运行，河段上下边界无明显水位差。

三峡库区重庆寸滩至涪陵清溪场河段 2003～2018 年月均水位变化如图 4-33 所示。同样地，河段上下边界水位差在年内呈现先增大后减小的趋势，汛期（6～9 月）河段上下边界水位差为 10.0～20.0 m，且大于年内其他月份；1～4 月和 10～12 月河段上下边界水位差不超过 10.0 m。寸滩断面年内月均水位表现为先减小后增大又逐渐减小的趋势，清溪场断面年内月均水位表现为先减小后增大，年内 6～9 月为清溪场断面最低水位期。

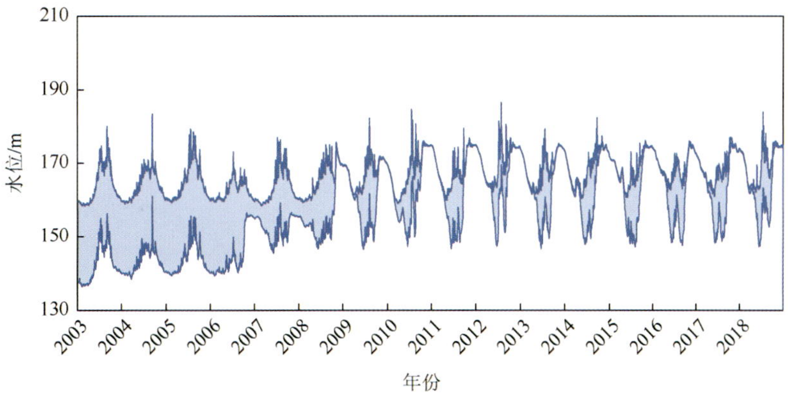

图 4-32　三峡库区重庆寸滩至涪陵清溪场河段 2003～2018 年逐日水位变化

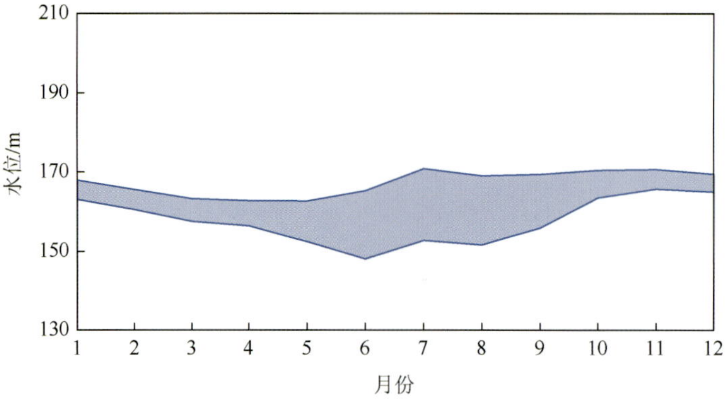

图 4-33 三峡库区重庆寸滩至涪陵清溪场河段 2003～2018 年月均水位变化

图 4-34 为三峡库区重庆寸滩至涪陵清溪场河段不同蓄水期年际水位变化。总体来看，清溪场断面水位呈逐渐增大的趋势，因受三峡水库运行的影响更为显著，清溪场历年水位波动较寸滩断面更为剧烈。重庆寸滩至涪陵清溪场河段历年汛期上下边界水位差都维持在 14.0～21.0 m，汛前消落期、汛后蓄水期和枯水期河段上下边界水位差逐渐减小，三峡运行初期水位差约为 20.0 m，但 2010 年后枯水期水位差不超过 1.0 m。

图 4-35 为三峡库区重庆寸滩至涪陵清溪场河段 2003～2018 年季节水位变化。该河段上下边界水位差呈现先增大后减小的趋势，汛前消落期、汛期、汛后蓄水期和枯水期该河段上下边界水位差均不超过 20.0 m，分别为 12.1 m、17.5 m、9.3 m、5.8 m，汛期河段上下边界水位差最大。

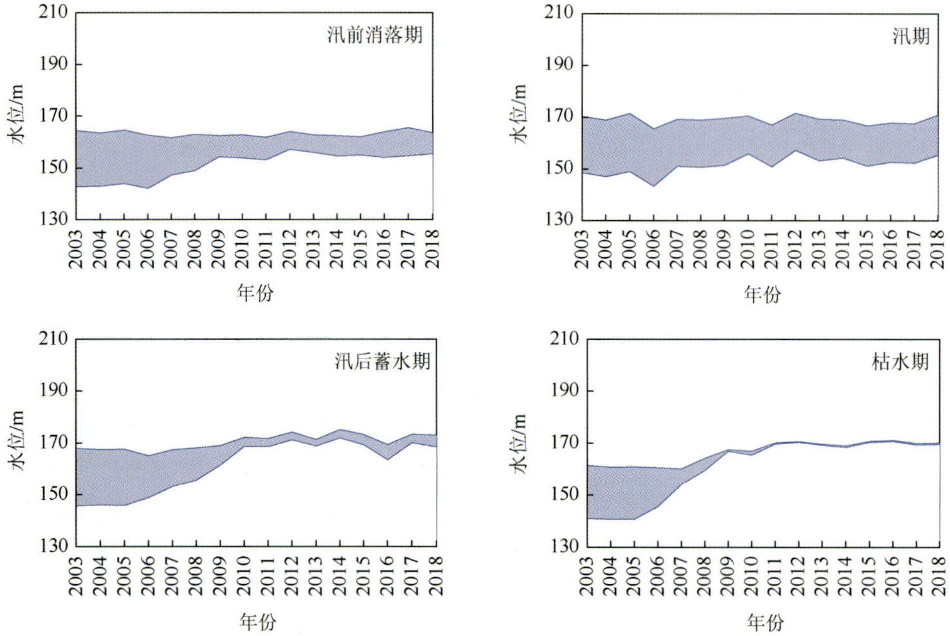

图 4-34 三峡库区重庆寸滩至涪陵清溪场河段不同蓄水期年际水位变化

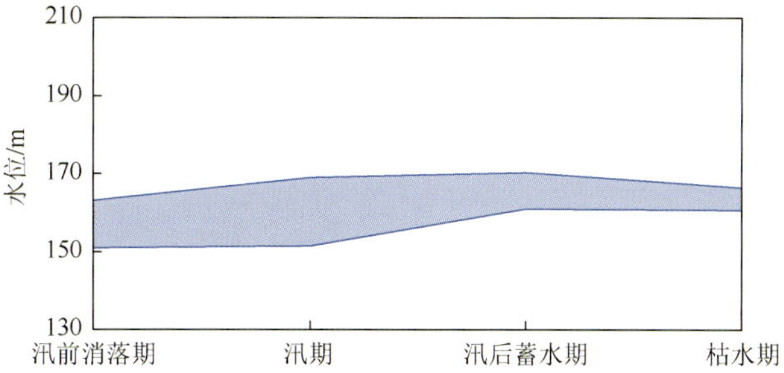

图 4-35　三峡库区重庆寸滩至涪陵清溪场河段 2003～2018 季节水位变化

3. 涪陵清溪场至万州万县河段

三峡库区涪陵清溪场至万州万县河段 2003～2018 年逐日水位变化如图 4-36 所示。河段上边界涪陵清溪场断面水位为 136.0～176.0 m，下边界万州万县断面水位为 100.0～176.0 m，该河段上下边界水位差为–0.05～38.0 m，出现负水位差是因为下边界万县断面受三峡水库回水影响。万县断面受三峡水库运行的影响大于清溪场断面，因此其年际间日过程水位变化较清溪场更为明显。2003～2006 年该河段上下边界最大水位差约为 38.0 m；2007～2009 年该河段上下边界最大水位差约为 8.0 m；2010～2018 年该河段上下边界最大水位差总体不超过 1.0 m，甚至接近 0 m。

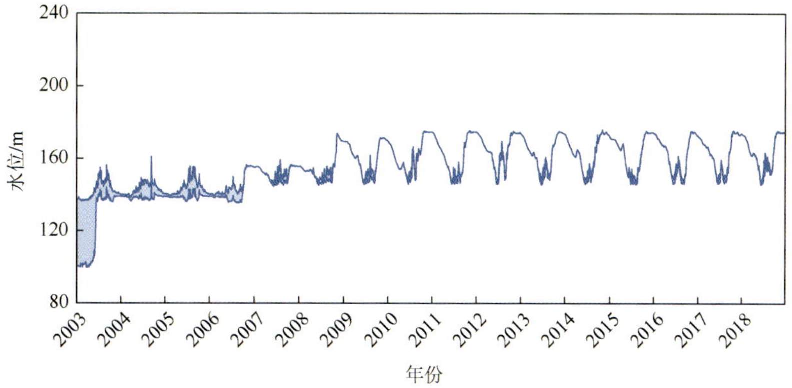

图 4-36　三峡库区涪陵清溪场至万州万县河段 2003～2018 年逐日水位变化

三峡库区涪陵清溪场至万州万县河段 2003～2018 年月均水位变化如图 4-37 所示。河段上下边界水位差在年内呈现先增大后减小的趋势，汛期（6～9 月）河段上下边界水位差大于年内其他月份，为 3.0～5.0 m；1～4 月和 10～12 月河段上下边界水位差总体不超过 1.0 m。清溪场和万县断面均受三峡水库回水影响，两断面年内月均水位变化趋势一致，年内 6～9 月为两断面最低水位期。

图 4-38 为三峡库区涪陵清溪场至万州万县河段不同蓄水期年际水位变化。总体来看，清溪场和万县断面水位呈现逐渐增大的趋势，且两断面水位变化趋势也一致。河段上下

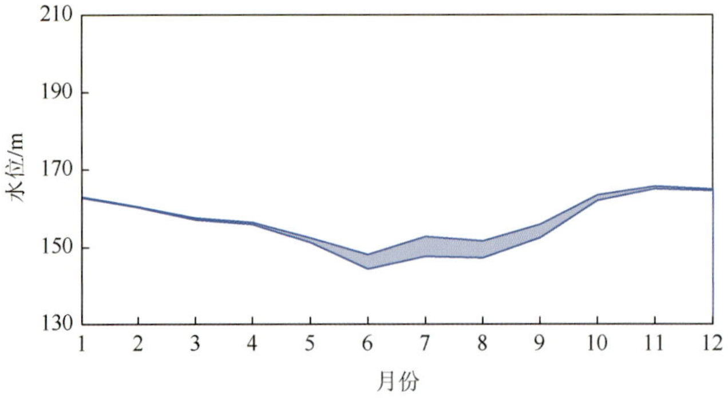

图 4-37　三峡库区涪陵清溪场至万州万县河段 2003～2018 年月均水位变化

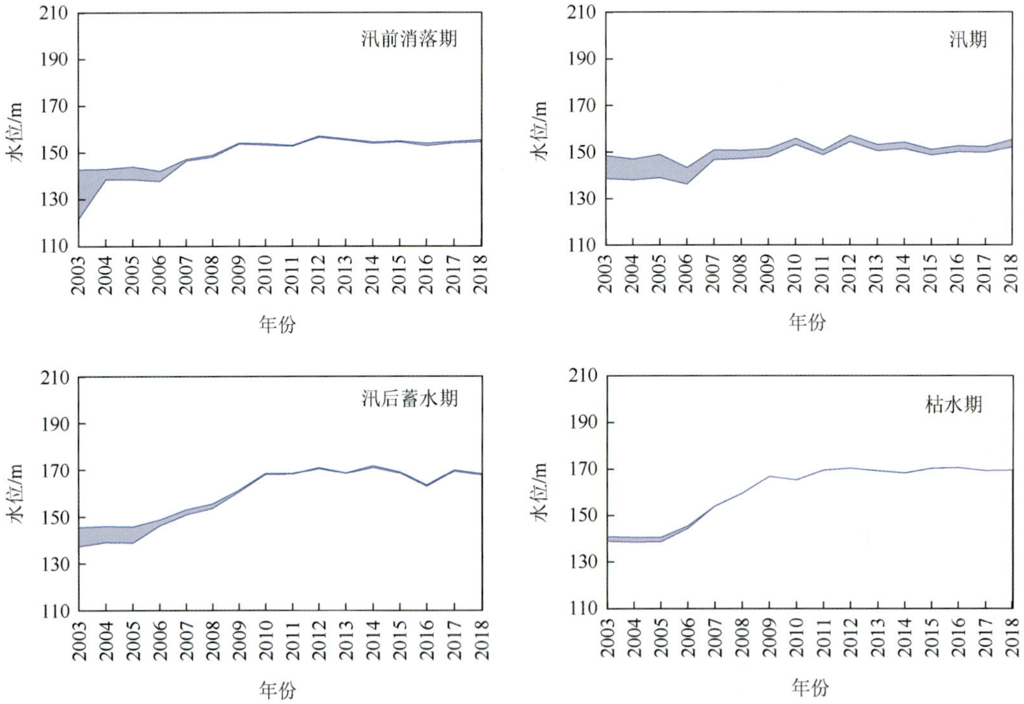

图 4-38　三峡库区涪陵清溪场至万州万县河段不同蓄水期年际水位变化

边界历年水位差逐渐减小，汛期河段上下边界水位差较为明显，为 2.0～10.0 m；汛前消落期河段上下边界水位差变化较大，为 0.0～21.0 m；枯水期河段上下边界水位差不超 2.0 m，2009 年以后枯水期河段上下边界基本无水位差。

图 4-39 为三峡库区涪陵清溪场至万州万县河段 2003～2018 年季节水位变化。该河段上下边界水位差呈现先增大后减小的趋势，汛前消落期、汛期、汛后蓄水期和枯水期该河段上下边界水位差均不超过 5.0 m，分别为 2.7 m、4.4 m、2.1 m、0.5 m，汛期该河段上下边界水位差相较于其他蓄水期更为明显。

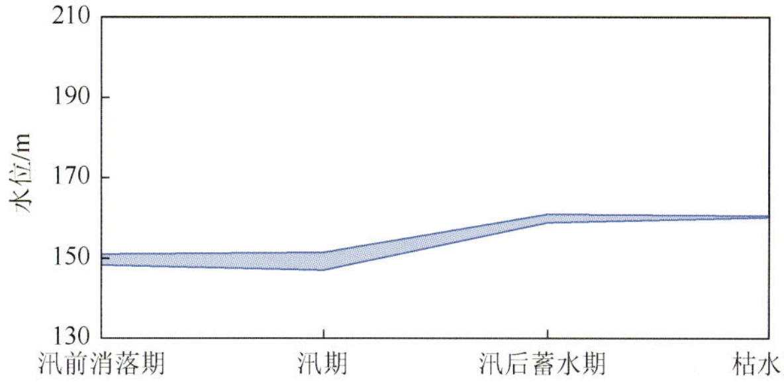

图 4-39　三峡库区涪陵清溪场至万州万县河段 2003～2018 年季节水位变化

4. 万州万县至三峡坝前河段

三峡库区万州万县至三峡坝前河段 2003～2018 年逐日水位变化如图 4-40 所示。河段上边界万州万县断面水位为 100.0～176.0 m，下边界三峡坝前断面水位为 69.0～175.0 m，该河段上下边界水位差为–1.9～33.6 m。2003 年 1 月至 5 月，三峡水库还未下闸运行，该河段上下边界具有 10.0～30.0 m 的水位差。2003 年 6 月 1 日，三峡水库正式运行，蓄水初期河段上下边界水位差小于 10.0 m；随着蓄水进程的推进，万县断面和三峡坝前断面基本无水位差。

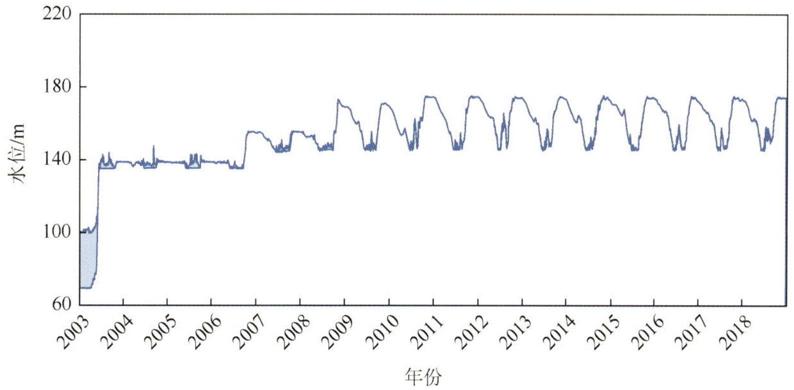

图 4-40　三峡库区万州万县至三峡坝前河段 2003～2018 年逐日水位变化

三峡库区万州万县至三峡坝前河段 2003～2018 年月均水位变化如图 4-41 所示。河段上下边界水位差在年内整体呈现逐渐减小的趋势，1～5 月河段上下边界水位差大于年内其他月份，为 4.6～5.8 m；6～9 月河段上下边界水位差不超过 2.0 m；10～12 月河段上下边界水位差小于 1.0 m。万县和三峡坝前两断面年内月均水位变化趋势一致，均表现为先减小后增大的趋势。

图 4-42 为三峡库区万州万县至三峡坝前河段不同蓄水期年际水位变化。万县和三峡坝前断面水位呈现逐年增加的趋势，且两断面水位变化趋势基本一致。河段上下边界历年水位差逐渐减小，汛期河段上下边界水位差较其他蓄水期更为明显，为 0.8～

3.6 m；汛后蓄水期河段上下边界水位差均小于 2.0 m；枯水期除 2003 年上下边界无明显水位差。

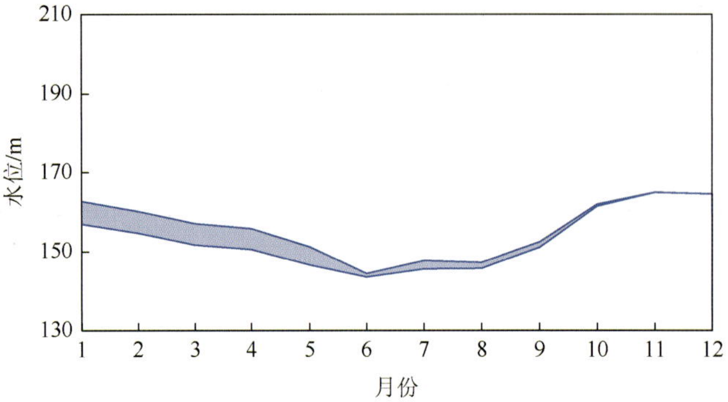

图 4-41　三峡库区万州万县至三峡坝前河段 2003～2018 年月均水位变化

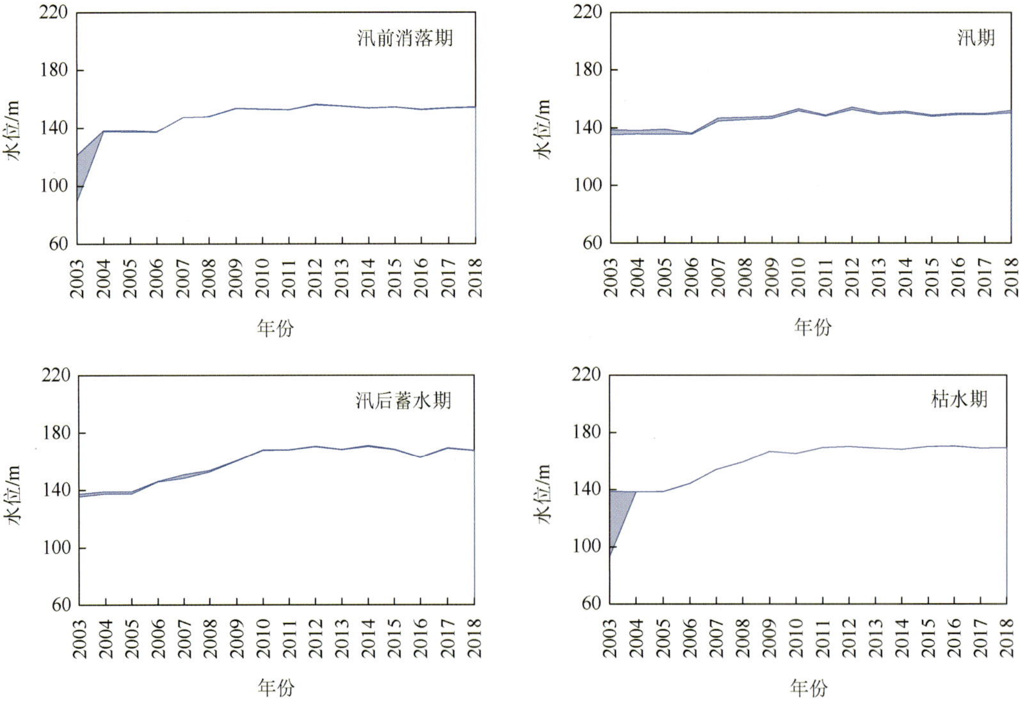

图 4-42　三峡库区万州万县至三峡坝前河段不同蓄水期年际水位变化

图 4-43 为三峡库区万州万县至三峡坝前河段 2003～2018 年季节水位变化。该河段上下边界水位差表现为先减小后增大的趋势，汛前消落期、汛期、汛后蓄水期和枯水期该河段上下边界水位差均小于 3.0 m，分别为 2.3 m、1.6 m、0.8 m、2.9 m，枯水期该河段上下边界水位差相较于其他蓄水期更为明显。

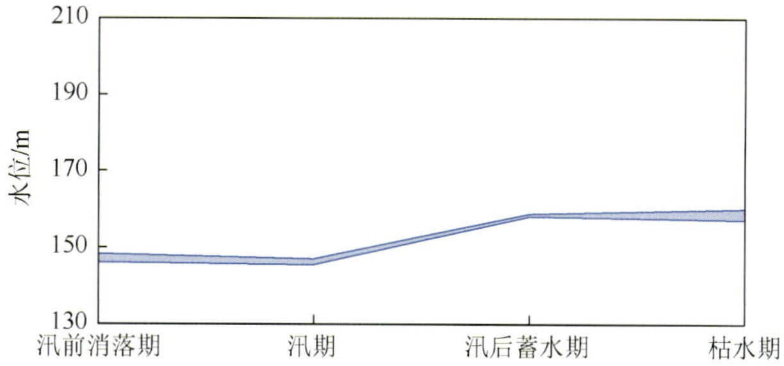

图 4-43　三峡库区万州万县至三峡坝前河段 2003～2018 年季节水位变化

第五章 三峡水库消落区地质环境状况

第一节 区域地质构造

一、区域构造演化简史

三峡水库消落区坐落于扬子准地台内部前震旦纪结晶基底构成的稳定地块上。自古生代以来，区域内遭受多期次构造活动，形成现今的地质构造格局。早古生代时期，在加里东运动的影响下，区域主要表现为抬升运动，遭受不同程度的剥蚀，导致整个库区志留系地层出露较少，仅下统在横石溪背斜轴部巫峡段可见。晚古生代时期，区内继承了加里东期的构造格局。此时，频繁的海陆交替过程在区域内形成了发育良好的海相沉积盖层。由于区内抬升运动，下二叠统在区内缺失，泥盆系和石炭系有零星出露。中生代是本区地质构造格局形成的关键时期。三叠纪末期的印支运动使得古特提斯洋关闭，北大巴山地区因遭受强烈挤压而封闭，形成巫山与巫峡间系列褶皱的雏形。裂谷带底层多褶皱变形和遭受区域动力变形，北东向新华夏系川东褶皱带与大巴山褶皱弧的相互推挤、阻挡、迁就与复合作用形成了近东西向的构造格局。此外，区域内地层产状的走向也从北东向转为近东西向，形成一个“喇叭口”的形状。燕山运动是区内一次重要的造山运动，它使晚白垩世以前的盖层普遍发生褶皱，形成系列北东-北东东向的侏罗山隔挡式褶皱，构成了区域构造基本格局，如七曜山背斜。新近纪以来，三峡库区受新构造运动叠加影响，运动性质以断块差异性垂直升降为主（在三峡库区内巫山强烈抬升）。由于风化剥蚀作用，该区缺乏古近纪及中新世的沉积。随着四川前陆盆地的持续抬升，侏罗山隔挡式褶皱持续被改造。在库区因隆起带抬升作用，背斜山裂隙构造发育，形成了两岸地质灾害多发的格局。同时，受青藏高原隆升的影响，库区隆起带抬升，陆内凹陷盆地形成。

二、地形地貌

三峡库区地貌格局于燕山期成形，在喜马拉雅运动后期定型。前期强烈褶皱隆起形成构造山系，后期以掀斜式抬升、河谷深切为主。根据地貌形态和地域分布规律，可将其分为两个一级区，分别是奉节以西的川东低山丘陵平行岭谷区和奉节以东的三峡中、低山峡谷区。由于地层岩性和地质构造的差异，两个区域具有明显不同的地貌特征。

1. 川东低山丘陵平行岭谷区

川东低山丘陵平行岭谷区主要分布于四川盆地东部的江津—白帝城一带。其地貌形态严格受构造控制，是由一系列平行或呈帚状排列的条状中、低山脉骨架，间布相对较低的舌状山地或丘陵区，以及零星流水堆积物构成的阶地。

川东低山丘陵平行岭谷区属新华夏系第三沉降带地区，该区域内山脉和构造线方向大致为 NE-SW。向斜谷地岩层由页岩、砂岩和侏罗系、白垩系砂岩组成；背斜山脉的轴部为侏罗系砂岩、页岩，局部出露三叠系灰岩。长江从西南向东北斜切山脉形成峡谷，在斜谷地内侧形成宽阔的纵谷。根据区内的地貌特征，可以将其分为江津至涪陵段的川东褶皱带低山丘陵亚区、奉节至涪陵段的弧形褶皱带中低山-低山宽谷亚区、涪陵南复式褶皱带中山-低山峡谷亚区和方斗山背斜中山-中低山峡谷亚区。

2. 三峡中、低山峡谷区

三峡中、低山峡谷区分布于白帝城—南津关段。整体以大巴山脉和巫山山脉为骨架，区内地貌景观受侵蚀作用和溶蚀作用影响。东部山体呈南北走向，中部和西部山体大致为北东-南西走向，海拔约为 1200 m。受长江及其支流的深刻影响，山体相对高差为 800～1000 m。长江在此处为近东西向，河谷相对较为狭窄，江面宽度为 200～300 m，最窄处仅有 90 m。根据岩性和构造差异，可以进一步将三峡中、低山峡谷区细分为三峡褶皱带中山峡谷亚区、秭归盆地中山-低山宽谷亚区和黄陵背斜低山丘陵宽谷亚区。

中山峡谷区位于奉节以东，在大巴山、巫山和荆山交接的部位，长江自西向东穿流而过，形成典型的中山峡谷地貌。山体总体呈东西走向，局部地段为东南向或东北向，与区域构造线方向基本平行。山体海拔为 1000～2000 m，相对高差为 800～1500 m。两岸坡度基本为 35°～55°，在一些峡谷地段坡度能够超过 75°甚至出现倒坡。

奉节以西的低山丘陵平行岭谷区位于四川盆地东缘，总体为梳状背斜和宽缓的向斜相间的低山丘陵平行岭谷，相对高差较小。东部山脉海拔为 800～1000 m，西部山脉海拔为 400～600 m，台地海拔为 70～200 m。西部河流水面大多较为开阔，形成较多的漫滩、阶地，河流越往东其水面越狭窄，同时漫滩与阶地也逐渐减少，河流走向受主要构造线控制越来越明显。

3. 区域地层

由于三峡库区沉积地层受区域地貌和构造演化影响，沉积相也相应由古生代至早中生代以碳酸盐岩和细砂岩为主的海相沉积渐变到三叠纪中期以膏盐层普遍发育的海陆过渡相。自三叠纪晚期开始，区内大幅度隆升，沉积了一套湖相和河流相交互的陆相沉积。具体可以划分如下：早古生代早志留世小河坝组至中生代早三叠世嘉陵江组为海相沉积，中三叠世巴东组/雷口坡组为海陆过渡相，晚三叠世以来为陆相沉积。

三峡库区地层除缺失志留系上统、泥盆系下统、石炭系上统外，前震旦系崆岭群至第四系均有出露，具有由东向西逐渐变年轻的展布规律。由于受神农架隆起-大巴山弧形褶皱带和川鄂湘黔隆起带的影响，兴山至巫溪一线以北和巴东至南川一线以南主要出露寒武纪至三叠纪地层，并有向河谷逐渐变年轻的趋势。上述南北两带之间的庙河-香溪则分布前震旦系至中三叠统；三叠系至侏罗系主要出露在香溪—牛口区域；牛口—观武镇出露大面积的中上三叠统；观武镇以西，二叠系、中下三叠统碳酸盐岩在一系列走向北东或近北东向的窄岭中低山脊出露；此外，大面积侏罗系砂泥岩互层沉积在窄岭山脊之间出露。白垩系出露较少，仅分布在宜昌市夷陵区和重庆市南部的江津区等地。古近系和新近系为一套陆相到河流湖泊相的沉积，仅在宜昌市东部零星分布。库区河流阶地、剥夷面及斜坡地带零星分布着第四系堆积物。岩浆岩仅分布在黄陵地区，其侵入前震旦系崆岭群中，组成黄陵背斜核部。岩性覆盖从超基性到酸性岩类的多种火成岩类型，以花岗岩、闪长岩为主。

三峡库区主要发育二叠系、三叠系、侏罗系及第四系地层。二叠系主要由碳酸盐岩、硅质岩及少量陆源碎屑构成，包括梁山组、栖霞组、茅口组、龙潭组、吴家坪组和大隆组，主要分布在瞿塘峡、忠县、涪陵北及重庆西部地区。三叠系至侏罗系地层是库区干支流出露的主要地层。三叠系下统发育齐全，以灰岩、泥灰岩和白云岩为主，包括飞仙关组、嘉陵江组，主要分布在奉节—江津一带。三叠系中统主要为巴东组（川东为雷口坡组），地层岩性复杂，一、三段以灰质白云岩、泥灰岩等碳酸盐岩为主，厚度较小；二、四段为黄灰色、紫红色黏土岩与粉砂岩不等厚互层，厚度大，分布在奉节县、涪陵区、忠县—万州段的南岸地区。三叠系上统岩性主要为灰色、灰绿色，薄层、厚层砂岩、泥质粉砂岩夹黏土岩，为须家河组，主要分布在奉节—江津区域。侏罗系下统为碎屑岩（珍珠冲组），中统下沙溪庙组和上沙溪庙组及上统遂宁组和蓬莱镇组均为红色碎屑岩。侏罗系各组地层厚度基本稳定，主要分布在奉节—江津区域。

第二节　消落区地质特征

三峡水库消落区作为三峡库区的一部分，受到三峡库区地质构造和水库水位周期性波动的影响，塑造了特殊的地质构造和地形地貌特征，为消落区地质灾害的孕育和发展提供了条件。

一、消落区地质背景

三峡水库消落区分布于大坝至江津段的干支流高程 145～175 m 区域。在奉节以西涪陵至江津的变动回水区段，长江在一众近北-北东向的褶皱中穿插，自西向东先后经过石龙峡背斜、观音峡背斜、南温泉背斜、铜锣峡背斜、三角镇向斜、明月峡背斜，在长寿区穿越太平寨断裂带。涪陵到奉节段，长江先后穿越大耳山背斜、珍溪向斜，而后沿丰都向斜、万州向斜流动，经过黄柏溪向斜和新场背斜后沿故陵向斜入奉节。奉节以东，长江先后穿越七曜山背斜、巫山向斜、横石溪背斜、神女峰背斜、神女溪-管渡口向斜、青石背斜和穿剑峡向斜，在湖北省经过秭归向斜和黄陵背斜。奉节以东区域断层发育较多，均呈现近北东向和北东东向，横跨长江的断层有香炉冲断裂、牛口断裂和雷家沟断裂和湖北省的九弯溪断裂（图 5-1）。

由于长江与消落区在大坝至江津段相伴而生，上述构造的活动不仅对消落区的地质构造产生强烈的影响，对地形地貌也产生重要影响。在奉节以西，地层以河湖相沉积岩为主，主要出露三叠纪晚期的须家河组，侏罗纪珍珠冲组、自流井组、新田沟组、沙溪

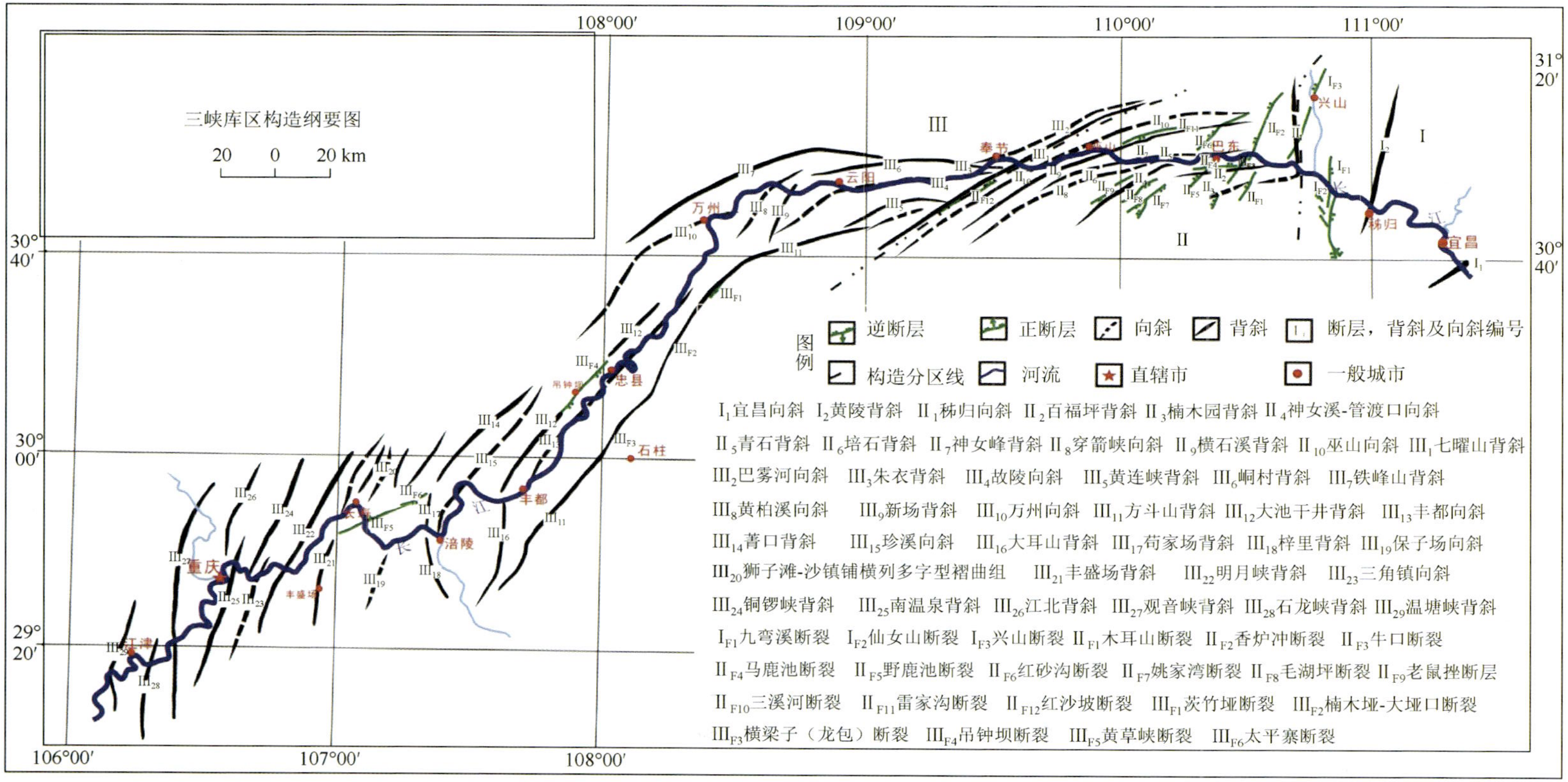

图 5-1　长江上游宜昌—江津段构造纲要图（长江三峡工程库区环境水文地质图与说明书）

庙组、遂宁组和蓬莱镇组地层。奉节以西大型区域断裂较少，整体构造较为稳定。受大型褶皱发育影响，尤其是涪陵—奉节段的丰都向斜和万州向斜影响，消落区出露在大量的顺向坡和切断的地层断面上。奉节白帝城以东区域，主要出露三叠系雷口坡组、巴东组、嘉陵江组、大冶组和飞仙关组地层，消落区地形陡峭，以近直立坡或顺向斜坡为主。其间发育重要的大型断裂，如仙女山断裂、九弯溪断裂等。

消落区地层也在奉节白帝城处发生明显转变。在白帝城以西，主要为侏罗系中上统沙溪庙组和遂宁组地层，沙溪庙组由长石砂岩、石英砂岩、粉砂岩、黏土岩及页岩等组成；遂宁组较沙溪庙组岩性偏细，以泥岩、页岩夹粉砂岩为主，含泥灰岩和生物碎屑灰岩，整体为一套河流至浅湖相的碎屑岩建造。在白帝城以东，主要出露二叠系中下统，包含下统嘉陵江组、飞仙关组、大冶组，以中厚层白云岩、灰岩及角砾岩为主，其中嘉陵江组出露厚至巨厚层灰岩、燧石结核灰岩夹页岩、砂岩和煤层，含有铝土矿和赤铁矿。此外，在黄陵背斜区域，出露前震旦系崆岭群，以闪长岩、花岗岩和斜长混合岩为主。

二、水文过程对消落区地质的影响

三峡水库水位周期性的涨落对消落区岩石结构和构造产生重要影响。三峡水库消落区岩石类型多为以砂泥岩为主的碎屑岩和以灰岩及泥灰岩为主的碳酸盐岩，在水位波动的影响下呈现出不同的特征。对于砂泥岩，由于三峡水库地处温带湿润气候区，岩体易于风化剥蚀。同时，由于砂泥岩节理相对发育，岩体表层有大量裂隙出现。在水位周期性涨落过程中，裂隙和节理受到水岩相互作用的影响，岩体产生劣化，主要表现为在原生节理和裂隙的基础上，软硬岩体遭受不同程度的侵蚀，裂隙扩展和新生，甚至出现岩体松动剥落等现象。

在奉节白帝城以东的灰岩、泥灰岩区域，由于其耐风化、耐崩解、耐水侵能力较强，在水动力作用下，水体沿裂隙进入岩体发生水岩相互作用。在物理和化学作用协同影响下，一方面裂隙会增长、增宽，导致裂隙扩展与新生，造成部分岩体剥落；另一方面，岩体中溶沟、溶槽、溶隙或孔洞明显变多或变大，胶结物溶解，岩体缺陷明显增多，从而发生机械掏蚀和化学溶蚀、潜蚀作用，导致上部岩体失稳脱落。

综上所述，在周期性水位波动影响下，消落区岩体节理和裂隙进一步变大或新生，加速了消落区岩体的风化剥蚀，造成消落区岩体劣化程度强于上覆岩层（图 5-2），给库岸稳定性带来不利影响。

图 5-2　三峡水库消落区水文过程对消落区岩体的影响

第三节　地 质 灾 害

一、三峡库区地质灾害状况

1. 三峡库区地灾概况

三峡库区地质灾害调查涉及的种类主要有滑坡、崩塌、地面塌陷、危岩、不稳定斜坡等。截至 2022 年，已发现 7400 处地质灾害隐患点，这些隐患点对库区 1700 万人造成威胁。考虑到库区的地质灾害 90%以上为滑坡、崩塌和不稳定斜坡，因此集中对该类型的重点地质灾害情况进行统计分析（图 5-3）。秭归县、巴东县、巫山县、奉节县、云阳县、

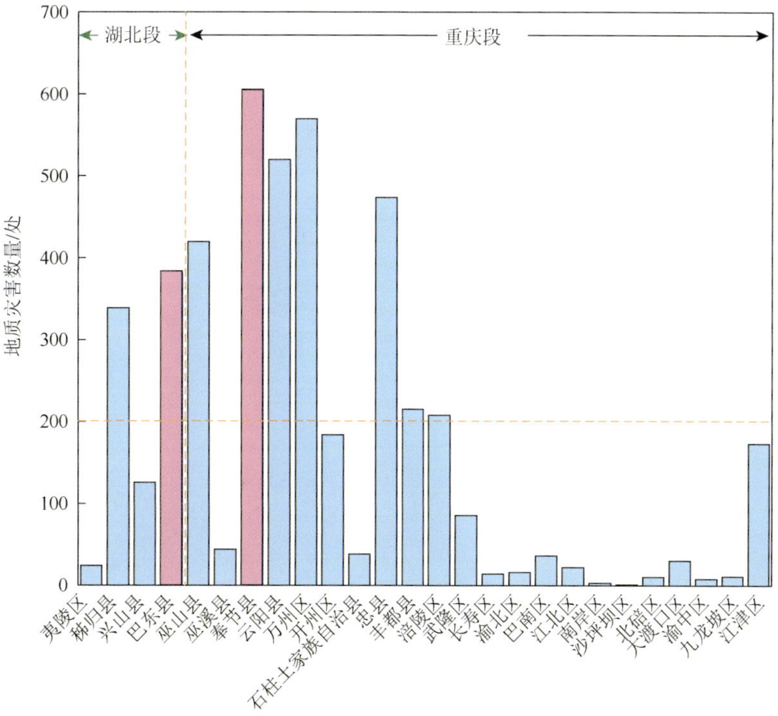

图 5-3　三峡库区滑坡、崩塌与不稳定斜坡灾害区域分布

万州区、涪陵区、丰都县和忠县的滑坡、崩塌和不稳定斜坡总数都超过了 200 处，在重庆段奉节县最多，在湖北段，巴东县最多。

2. 三峡库区滑坡灾害

滑坡是三峡库区最主要的地质灾害类型，占库区地质灾害总数的 80%以上。三峡库区滑坡灾害点主要分布在巫山县、奉节县、云阳县、万州区、开州区、忠县、丰都县、涪陵区、江津区、巴东县、秭归县共十一个区县，占变形滑坡总量的 92%，其中重庆段奉节县的滑坡灾害点最多，湖北段巴东县的滑坡灾害点最多，滑坡的规模以小、中型为主。各区县发生的滑坡数量分布如图 5-4 所示。

3. 三峡库区崩塌灾害

崩塌灾害发生的区域主要分布在巫山县、巫溪县、奉节县、云阳县、万州区、忠县、江津区、秭归县、兴山县、巴东县共十个区县，占变形滑坡总量的 83%，其中在重庆段万州区的崩塌灾害点最多，在湖北段巴东县的崩塌灾害点最多，崩塌规模以中、大型为主。各区县发生的崩塌数量分布如图 5-5 所示。

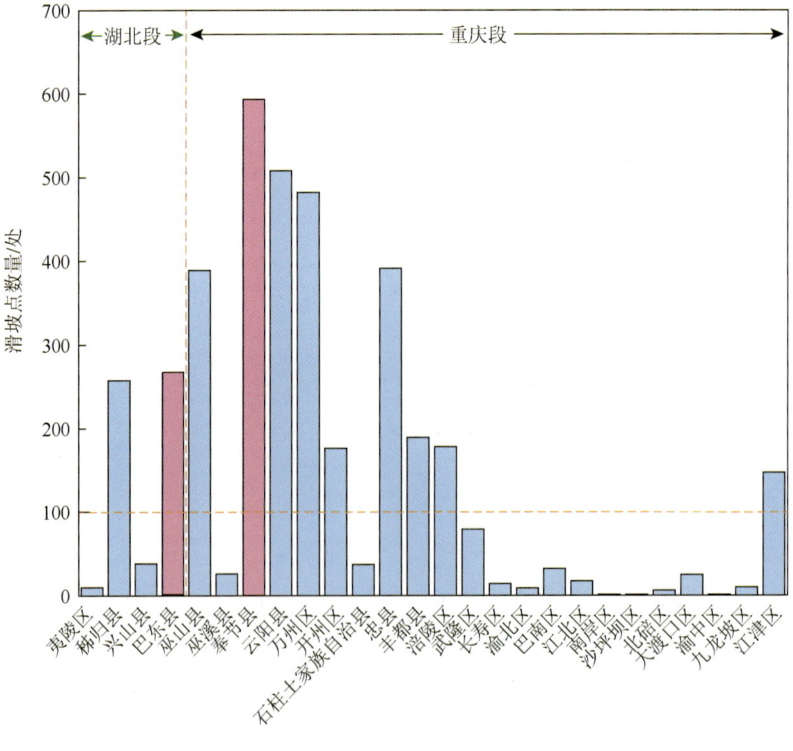

图 5-4　三峡库区滑坡灾害区域分布

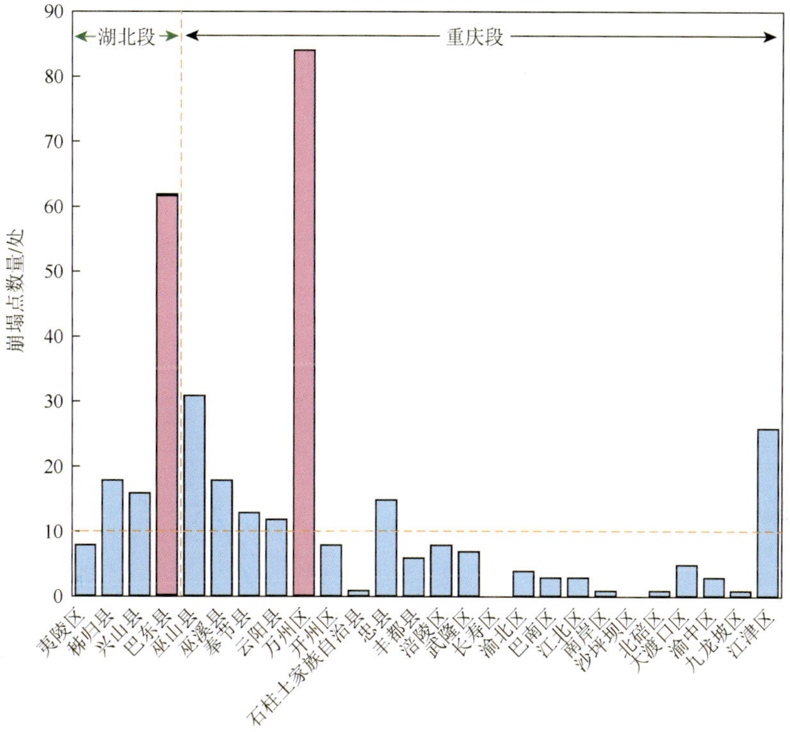

图 5-5　三峡库区崩塌灾害区域分布

二、消落区地质灾害状况

1. 消落区地质灾害概况

自三峡工程运行以来，巨大的水位变化和 100 多座城镇沿江就地后靠迁建等人类活动改变了消落区的地质环境，使得消落区库岸地质灾害防治面临新的考验。消落区地质灾害类型有滑坡、崩塌（含危岩）、不稳定斜坡和泥石流，其中滑坡、崩塌是消落区最主要的地质灾害类型，其占比超过了消落区地质灾害总数的 80%。沿江地带灾害分布较为密集。

2. 消落区滑坡灾害

2003 年，三峡水库开始 135 m 试验性蓄水，蓄水初期为滑坡高发时段，随着时间的推移，滑坡灾害趋于新的平衡（图 5-6）。在蓄水初期（2003～2006 年），消落区滑坡数量呈现明显增加的趋势，其地质稳定性逐渐降低。老滑坡复活和新滑坡出现与水位升降过程关系密切。2008 年 9 月 1 日至 12 月 31 日首次水位升降过程造成的老滑坡复活和新生滑坡发生数量占总滑坡数量的 41.6%。第二次至第十三次水位升降过程则减少了水位日平均升幅，略微增加了水位日平均降幅，老滑坡复活和新生滑坡的发生数量大幅下降。自 2011 年以来，滑坡灾害趋于新的平衡，近十年的发生数量仅占滑坡总数量的 11%。

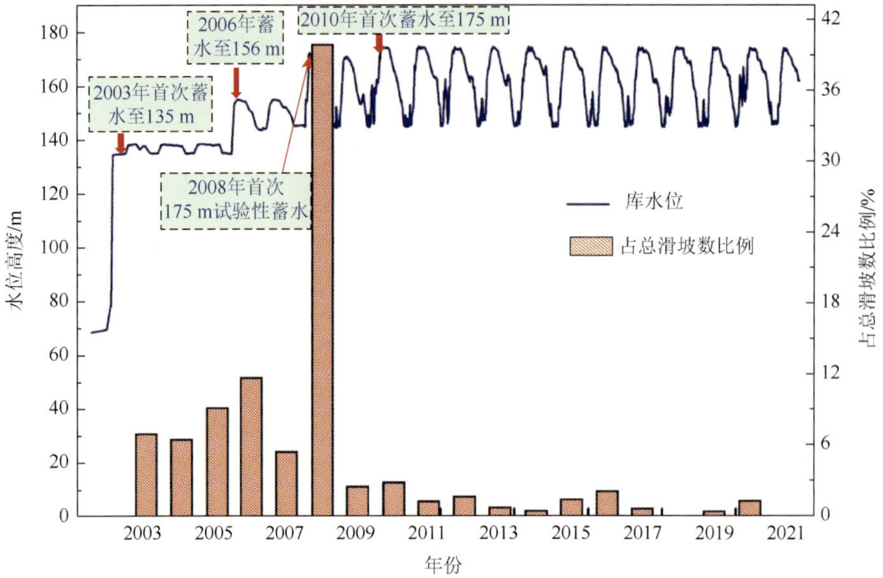

图 5-6　三峡库区蓄水水位过程线与消落区滑坡发生关系图

建库早期，消落区滑坡主要发生在两个时段：水位持续上升（水位超过 160 m）期和夏季水位急剧升降期。从第四次试验性蓄水开始，水库诱发的滑坡主要集中在水位下降期间，滑坡量不多且出现时间较分散。2015～2017 年的滑坡均发生在水库水位下降且夏汛期间（集中在 6 月）。2020 年的滑坡发生在夏汛和秋汛接连发生的洪水期间（集中在 6～8 月）。

消落区发生滑坡的区域主要分布在巫山县、奉节县、云阳县、万州区、忠县、丰都县、涪陵区共七个区县，占变形滑坡总量的 93.85%，其中在渝东北片区（巫山县、巫溪县、奉节县、云阳县、万州区、开州区、忠县、丰都县）内奉节县滑坡灾害点最多，达到 138 处，在主城都市区（涪陵区、长寿区、渝北区、巴南区、江津区、渝中区、南岸区、江北区、沙坪坝区、北碚区、大渡口区、九龙坡区）内涪陵区滑坡灾害点最多，达到 106 处。图 5-7 与图 5-8 为三峡水库消落区重庆段滑坡灾害区域分布，渝东北片区的消落区为滑坡高发区域（图 5-9 为三峡水库消落区巫山龚家坊滑坡），该区域发生的滑坡数量在消落区总滑坡数量中的占比高达 77.35%，同时涪陵区库岸消落区的滑坡灾害点也较多。

3. 消落区崩塌灾害

消落区内的危岩崩塌灾害点较少，发生崩塌的区域分布在巫山县、奉节县、万州区、丰都县、渝北区、巴南区、沙坪坝区、渝中区、石柱土家族自治县共九个区县，其中在渝东北片区内巫山县的崩塌灾害点最多，在主城都市区内危岩崩塌处一共 4 处。图 5-10 与图 5-11 为三峡水库消落区重庆段崩塌灾害区域分布，渝东北片区的消落区内崩塌灾害点更多，该区域发生的崩塌数量在消落区总崩塌数量中的占比高达 68.75%，为危岩崩塌

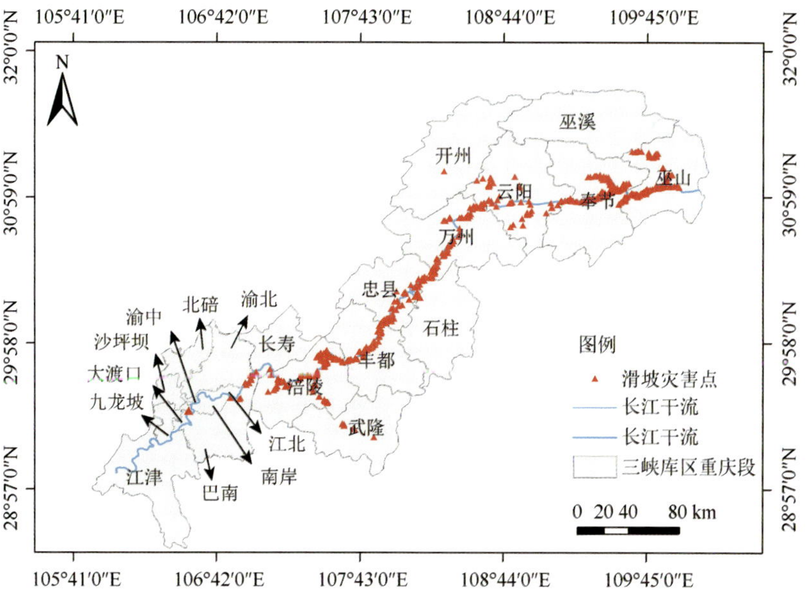

图 5-7　三峡水库消落区重庆段滑坡分布图

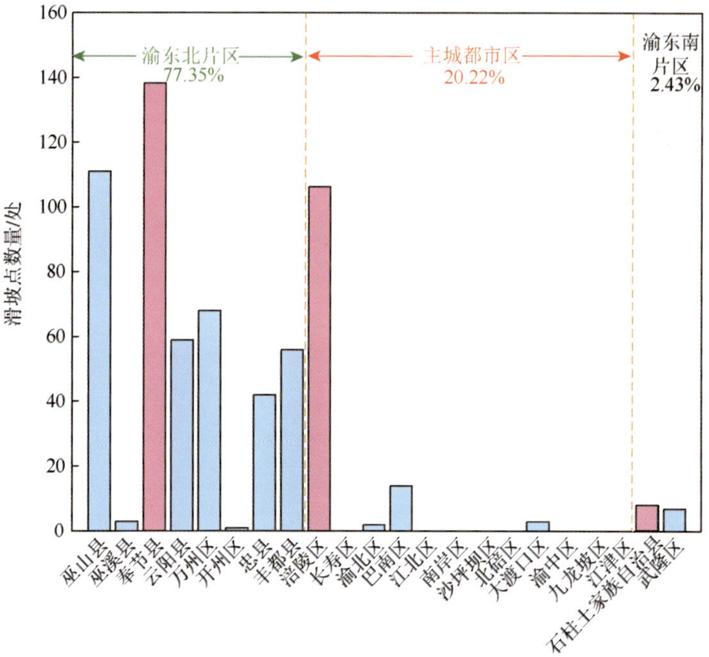

图 5-8　三峡水库消落区重庆段滑坡灾害区域分布

治理的重点区域（图 5-12 为三峡水库消落区巫峡箭穿洞危岩）。主城都市区与渝东南片区的消落区内崩塌灾害点较少。

图 5-9　三峡水库消落区巫山龚家坊滑坡

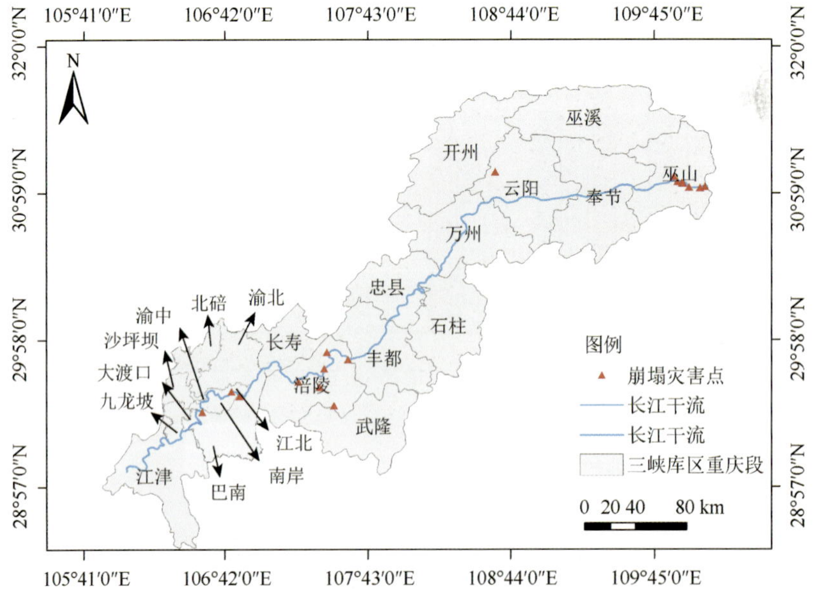

图 5-10　三峡水库消落区重庆段崩塌分布图

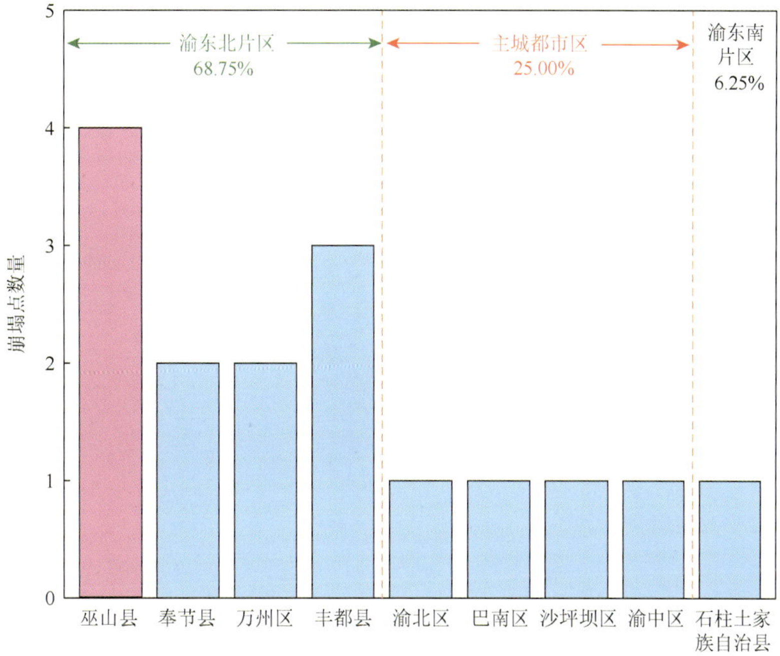

图 5-11　三峡水库消落区重庆段崩塌灾害区域分布

图 5-12　三峡水库消落区巫峡箭穿洞危岩

4. 消落区不稳定斜坡灾害

消落区内的不稳定斜坡灾害点分布在忠县、丰都县、涪陵区、渝北区、巴南区、北碚区共六个区县，其中在渝东北片区内忠县的不稳定斜坡灾害点最多，达到 12 处，在主城都市区内涪陵区的不稳定斜坡灾害点最多，达到 19 处。图 5-13 与图 5-14 为三峡水库消落区重庆段不稳定斜坡灾害区域分布，不稳定斜坡灾害点主要分布在忠县与涪陵区内，该区域发生的不稳定斜坡数量在消落区不稳定斜坡总数量中的占比高达 77.50%，为不稳定斜坡治理的重点区域。

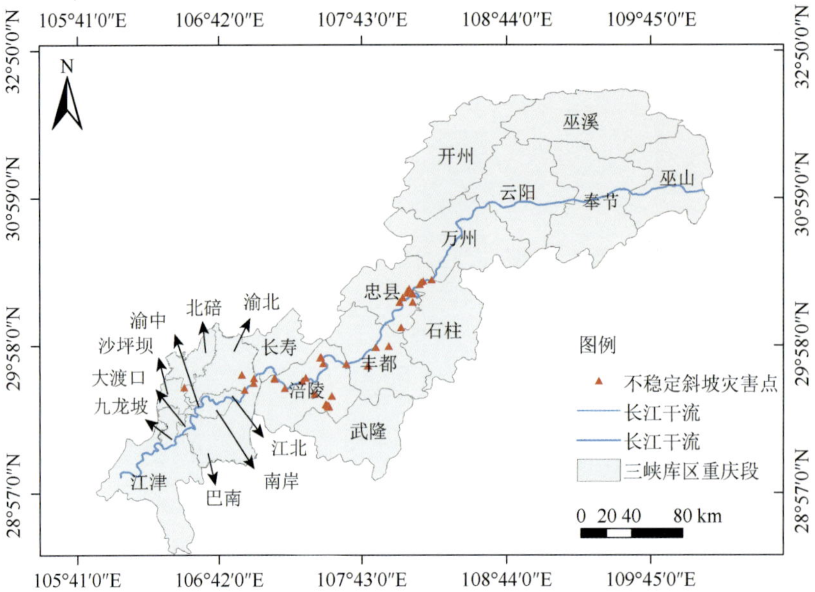

图 5-13　三峡水库消落区重庆段不稳定斜坡分布图

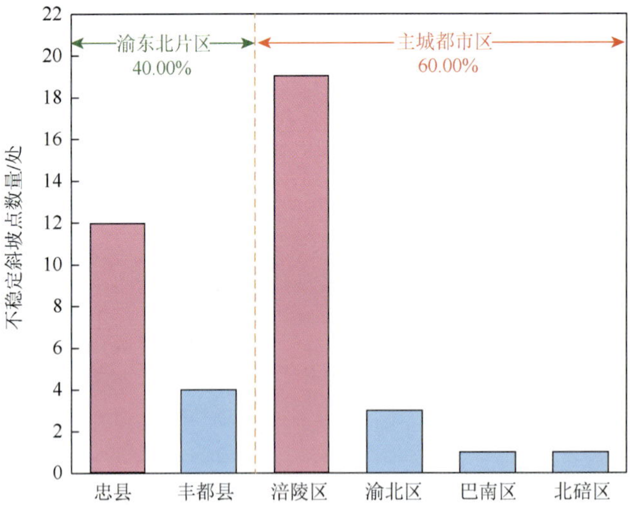

图 5-14　三峡水库消落区重庆段不稳定斜坡灾害区域分布

5. 消落区塌岸灾害

消落区发生塌岸的区域分布在巫山县、奉节县、万州区、丰都县、涪陵区、渝北区、江津区、武隆区共八个区县，其中在渝东北片区内万州区的塌岸灾害点最多，达到 83 处，在主城都市区内涪陵区的塌岸灾害点最多，达到 13 处。图 5-15 为三峡水库消落区重庆段塌岸灾害区域分布，渝东北片区的消落区为塌岸灾害高发区域，该区域发生的塌岸数量在消落区塌岸总数量中的占比高达 85.23%，为塌岸治理的重点区域，万州区相较于其他区县其塌岸灾害点更多（占塌岸总数量的 55.70%）。

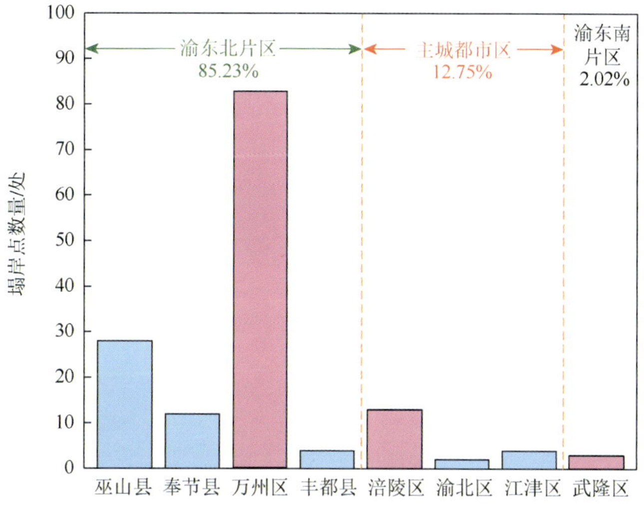

图 5-15　三峡水库消落区重庆段塌岸灾害区域分布

三、消落区岩体劣化状况

1. 消落区岩体劣化概况

三峡库区自长寿至秭归段库岸两岸总长约 1070 km，按照岩体的劣化程度可将消落区岩体劣化带分为劣化强烈区、劣化较强烈区和劣化一般区，其中超过 70% 属于劣化较强烈区和劣化一般区，劣化强烈区主要分布在云阳左岸、奉节顺向区、巫山至秭归的高陡峡谷区。三峡水库消落区岩体劣化特征主要表现为节理裂隙发育、冲蚀凹岩腔和表层剥落。

2. 消落区岩体劣化特征

劣化特征的表现形式主要分为节理裂隙发育、冲蚀凹岩腔、表层剥落。

1）节理裂隙发育

在水库水位涨落造成的干湿循环的物理侵蚀作用和碳酸盐岩的溶蚀作用下，消落区出露岩体节理裂隙的发育程度要高于上部自然风化下的岩体。通过对现场照片进行分析对比，可发现消落区岩体劣化后与其上部岩体的节理裂隙风化差异（图 5-16）。

2）冲蚀凹岩腔

消落区岩体破碎软弱且含有部分软弱夹层，在水位涨落冲蚀、掏蚀作用下，通过流水冲力侵蚀、地下水流潜蚀或挟沙水体磨蚀等机械力侵蚀，形成了凹岩腔。据调查，消落区内凹岩腔发育明显，长度、宽度和深度多在 1 m 以上（图 5-17）。

(a) 干流　　(b) 支流

图 5-16　消落区岩体劣化后与其上部岩体节理裂隙发育对比

(a) 干流　　(b) 支流

图 5-17　三峡水库消落区岩体劣化形成的凹岩腔

3）表层剥落

水动力变化对消落区岩体的稳定性有不利影响，消落区岩体劣化后，岩体表层沿着密集的劈理面和微层理面剥落（图 5-18）。

(a) 干流　　(b) 支流

图 5-18　消落区岩体劣化形成的表层剥落现象

3. 消落区岩体劣化危害

随着三峡水库的运行，消落区岩体劣化的发育程度增大，在成灾模式中，消落区岩体劣化会诱发滑坡和崩塌两大类灾害。

1）滑坡

滑坡主要分布在碎屑岩区，岩性多为泥质粉砂岩，岩质较软，地形多为陡坡地貌，前缘大多涉水，劣化带的发育往往会造成坡脚处岩体碎裂及表层剥落，易诱发牵引式滑坡（图5-19）。

图5-19　消落区岩体劣化诱发的滑坡

2）崩塌

崩塌主要分布在碳酸盐岩区，岩性多为灰岩，岩质坚硬，地形多为近垂直的陡崖地貌，在水动力作用下消落区岩体劣化易诱发滑移式崩塌、倾倒式崩塌及坠落式崩塌。

（1）在库区水位涨落的水动力作用及干湿循环作用下，消落区岩体完整性变差，岩体机械强度逐渐降低，劣化程度逐步增大，最终导致消落区岩体破碎或顺坡向结构面发生变形，进而引起上部岩体发生滑移，形成滑移式崩塌（图5-20）。

图5-20　神女峰岸坡局部滑移

（2）随着消落区岩体劣化的发育及变形形成软弱基座，上部危岩体与母岩分离后重心逐渐外倾，危岩体沿某一支点向临空方向发生转动性倾倒，即形成倾倒式崩塌。

（3）消落区岩体破碎软弱，受水位涨落影响形成凹岩腔，导致危岩下部悬空，掏蚀后岩体易发生坠落式崩塌（图 5-21）。

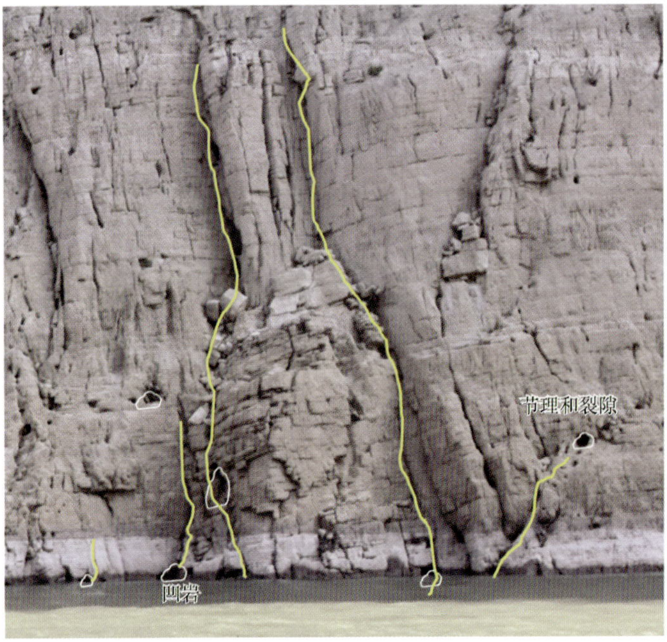

图 5-21　瞿塘峡岸坡底部凹岩腔发育状态

四、消落区地质灾害形成原因

库区地质灾害的形成与库区消落区水位变动、岩性及其组合、地质构造、岸坡结构类型、地形坡度、降雨、地下水特征和地震等因素直接相关，地质灾害亦是在单一或多种因素组合状态下发生的。

1. 消落区水位变动影响

库区消落区水位变动直接影响库岸边坡的稳定性。由于水位升高造成河流侵蚀基准面和地下水位升高，并引起水文地质条件变化，产生了浸润、岩土体软化、浮托及渗透压力等对坡体稳定不利的作用，因此其岩体劣化明显。同时水库边岸陡峭斜坡遭受强烈改造，使其稳定性逐渐下降，改变了其岩体平衡状态，斜坡变形体或古滑坡体随之被触发并激活，从而诱发地质灾害。

2. 地下水作用

地下水对变形体的影响十分显著。首先是对斜坡岩石具有软化效应，一般岩石的强度随含水率的增加而降低，对于疏松易吸水的土层类，可使其完全失去机械强度；其次是静水压力效应，直接降低了岩体结构面的抗剪强度；最后是地下水的动水压力效应，如果地下水中存在一定的水力梯度，就会在变形体中产生渗流现象，形成动水压力，将增加沿渗流方向的滑动力。暴雨后易产生较多的崩塌、滑坡，原因之一就是产生了较大的动水压力。

3. 岩性影响

岩性及其组合特征对变形体的影响和控制也是明显的。结晶岩类（如花岗岩）的抗风化能力很强，三峡水库下库段由黄陵背斜核部前震旦系结晶岩体组成，基本无大型滑坡发育。而软弱岩类（如页岩、泥岩、粉砂质泥岩）的抗风化能力差，以碎屑岩为主的三峡水库上库段发育中、缓倾角顺向滑坡。脆性岩类（如灰岩）的抗风化能力相对较强，但在以碳酸盐岩夹碎屑岩段的三峡水库中库段，两类岩石组成的上硬下软岸坡会在坡脚产生压缩变形和应力集中，坡顶产生拉裂变形，因此该段的崩塌、滑坡很发育，是水库型滑坡的主要发育区域。

4. 构造因素

构造（结构面）因素对变形体的变形具有强烈的控制作用，具体表现为破坏岩体的完整性，使斜坡岩体的不稳定量增加。结构面愈密集、组数愈多的库岸斜坡，其变形破坏愈强烈。

5. 地形因素

地形特征对斜坡变形破坏的影响不容忽视。斜坡内各处的应力值均随坡高的增大而线性增大，坡角变陡，斜坡张力带范围有所扩大，坡脚应力集中带的剪应力也随之增大。

6. 人类工程活动

随着三峡工程的兴建，对被水库蓄水淹没影响的库区百万移民实施了就地后靠搬迁，同时，还开展了重大专项设施复建工程。在大范围的工程活动中，往往伴随着新的地质灾害点产生。

五、地质灾害防治成效

三峡水库消落区库岸地质灾害防治成为关系三峡水库建设成败的重大问题之一，受到了党中央、国务院及地方政府的高度重视。在各级政府和相关部门的领导和支持下，自三峡水库建设及运行以来，对三峡水库消落区地质灾害工程治理、塌岸防护、监测预警、搬迁避让和科学研究进行了全面规划，开展了大量防治工作，取得了积极的成效。

1. 地质灾害工程治理成效

截至 2020 年，已经实施 250 处滑坡崩塌危岩体工程治理和 63 段塌岸工程防护，有效保护了受地质灾害威胁的 16.5 万人的生命财产安全。工程治理措施的实施切实保护了库区移民城（集）镇的安全，进一步提高了地质环境稳定性。同时，也保护了受地质灾害威胁的长江港口、码头、道路，特别是长江航运的安全，保障了移民复建设施和长江黄金水道的正常航运，促进了地方经济发展，保障了社会稳定。

2. 地质灾害非工程治理成效

自然资源部、水利部、湖北省和重庆市建立了地质灾害趋势会商等工作机制，形成工作合力，开展趋势会商和工作会商。从专业监测预警、群测群防和信息系统三方面着手，建立了较为完善的覆盖全库区的专业监测预警和群测群防监测预警体系，实时掌握灾害点的变形动态趋势。

在专业监测预警方面，截至 2020 年，共建成 223 处自动化专业监测的地质灾害监测预警网络，有效保护了受滑坡、崩塌危岩体和塌岸威胁的 50.99 万人的生命财产安全，地质灾害监测预警体系成功预警 198 次，及时转移避让 3865 人。监测预警对三峡水库消落区的崩塌、滑坡及塌岸变形破坏进行了有效监控，极大地降低了地质灾害造成的损失。

在群测群防方面，湖北省、重庆市先后推行实施了“四位一体”和“四重网格”化的管理模式。由于群测群防员处于地质灾害防治一线，该模式具有很强的时效性，据统计，群测群防员及时发现了千余处地质灾害点有变形迹象，成功预警数十处崩塌和滑坡险情，保护了数万人的生命和财产安全，为防灾减灾做出了突出贡献。

在应急管理方面，根据实际工作需求，采购了应急车辆、监测设备、预警预报设备等。同时，加强了培训演练，提高了三峡库区人民的地质灾害防治知识水平和对地质灾害的防患意识，完善了相关地质灾害防治技术标准和规程规范，提高了行业主管部门的管理水平、工作效率和专业队伍的技术水平。同时，建立了功能强大的三峡库区地质灾害防治信息与预警决策支持系统，该系统不仅可以充分融合地质灾害现场调查与远程会商通信，还可以准确实行远程指挥及提供应急响应支撑，极大提高了应急管理水平和时效性。

第六章　三峡水库消落区土壤环境状况

第一节　土壤类型与分布

三峡水库成库前，消落区土壤类型较为丰富，主要有紫色土、水稻土、石灰（岩）土、黄壤、冲积潮土等。成库后，受水淹胁迫与水文过程变化的影响，土壤类型与粒径组成都发生了相应的变化。具体表现如下：三峡水库的变动回水区（江津—涪陵段）消落区的土壤以粗沙为主（图 6-1）；涪陵至云阳段消落区主要为土质库岸（图 6-2），泥沙淤

图 6-1　沙质库岸

图 6-2　土质库岸

积现象明显；云阳至奉节段消落区主要为土石混合型库岸，消落区受到的侵蚀较为严重；奉节至秭归段消落区主要为岩质库岸（图 6-3），消落区岩土受冲刷风化作用，部分河湾型库岸存在淤积现象。

图 6-3　岩质库岸

三峡水库消落区土壤类型多样，其中紫色土分布面积约占土壤总面积的 55%；石灰（岩）土分布面积占比约为 10%；水稻土分布面积占比约为 9%。在空间分布上，江津至丰都段水稻土的分布面积较其他区域更多，丰都至奉节段紫色土分布较广，奉节至秭归段石灰（岩）土的分布面积较其他区域明显增多（图 6-4）。

紫色土是发育于热带亚热带地区的紫色砂页岩母质土壤，是现行中国土壤发生分类中的一种土类类型，隶属于初育土纲。三峡库区紫色土集中出现在万州区、开州区、忠县、石柱土家族自治县、涪陵区和长寿区等地。土壤剖面多呈红紫色、暗紫色、棕紫色、红棕紫色、灰棕紫色或亮红棕色，上下层颜色均一，层次不明显。紫色土的母质不同，质地也会出现差异，包括从砂土到轻黏土，以壤土为主。土层厚度随地形部位不同而不同，丘顶或坡地上部因受侵蚀影响，土层浅薄，厚度一般小于 30 cm。紫色土的发育程度比同地区的红壤、黄壤迟缓，不具有脱硅富铝化的特征，属于化学风化比较微弱的土壤，呈中性或微碱性。紫色土有机质含量低，磷、钾等矿质元素丰富，属于四川盆地丘陵地区中较为肥沃的土壤。加之紫色土母岩疏松，农业利用价值很高，土壤微生物活力强，易耕作，是重要的农业土壤资源。在发生分类中根据碳酸钙在土壤中的淋失情况和土壤 pH，可将紫色土分为酸性紫色土、中性紫色土和石灰性紫色土 3 个亚类，在重庆范围内有 9 个土属，分别为红紫泥土、酸紫泥土、暗紫泥土、灰棕紫泥土、脱钙紫泥土、红棕紫泥土、棕紫泥土、砖红紫泥土、原生钙质紫泥土。紫色土开发历史悠久，受人为活动影响大，主要表现在耕作制度、施肥等方面。

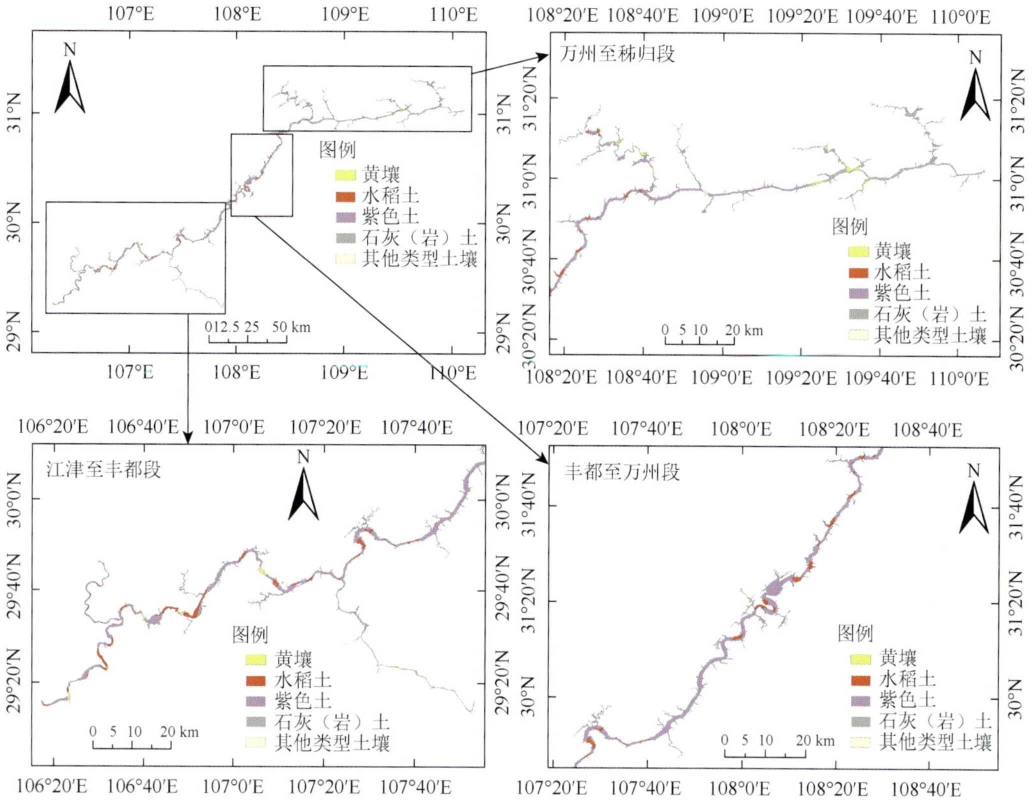

图 6-4 三峡库区各区县消落区土壤类型分布

石灰（岩）土是我国南方亚热带地区石灰岩母质发育的土壤，一般质地比较黏重，剖面上或多或少都有石灰泡沫反应，常有红色、黄色、棕色、黑色等颜色。石灰土的成土母岩主要是以方解石、文石为主的石灰岩，其次是以白云石为主的白云岩和其他过渡类型的碳酸盐岩。石灰（岩）土的土壤交换量和盐基饱和度均较高，土体与基岩面过渡清晰。石灰（岩）土可分为 4 个亚类，除黄色石灰土外，其余 3 个亚类在三峡水库消落区均有分布。红色石灰土亚类多发育于厚层石灰岩古老风化壳，是风化淋溶最强、脱钙作用最深的石灰（岩）土，土体无石灰反应，呈中性；黑色石灰土亚类是零星分布于岩溶区岩隙与峰丛间的 A-R 型土壤，黑色腐殖质层厚 20～40 cm，有机质含量为 5%～7%，脱钙程度低，土体有石灰反应，微碱性；棕色石灰土亚类性状介于前二者之间，土体无石灰反应或石灰反应弱；黄色石灰土亚类分布于海拔 800 m 以上山区，常与黄棕壤或黄壤交错分布，土体有黄化特征，中性反应。三峡库区石灰（岩）土多分布在武隆区、巫山县、巴东县等地。

水稻土是现行中国土壤发生分类中的一种土壤类型，隶属于人为土纲，是劳动人民根据地形特点，进行长期的利用改造，在平整土地、修筑排灌系统的过程中，建成的山地与丘陵坡地上各种各样的梯田，是分布面积仅次于紫色土的重要的农业土壤。水稻土的分布面积为 125.8 万 $hm^2$①，占重庆市总面积的 15.27%。由于水稻土是以栽培水稻为中心发育而成的土壤，因而其分布范围取决于水稻的分布。重庆市的水稻土广泛分布于海拔 1500 m 以下的河谷阶地、丘陵、平坝及溶蚀槽坝内，随着海拔的升高，水稻土的分布面积急剧减少，这与水稻是喜温作物，在其生育期内必须保证一定的有效积温和充足水源的特点有关。重庆市水稻土按土壤水分的运行情况、土壤发育阶段及附加成土过程，可划分为潴育水稻土、淹育水稻土、渗育水稻土、潜育水稻土和漂洗水稻土 5 个亚类。三峡水库消落区水稻土主要是成库前种植水稻的土壤，以梯田式格局分布，三峡水库消落区禁田后，其上逐渐生长出草本植物，因库区淹水和易积收雨水，土壤水分普遍较高。

黄壤是中亚热带湿润地区发育的富含水合氧化铁的黄色土壤，主要分布在四川盆地周围的山地和贵州高原，为南方山区的主要土壤类型。三峡库区黄壤主要分布在巫山县、巫溪县、奉节县、云阳县、武隆区等地，主要为坡上薄地，较多为酸性土。黄壤的发生层次明显，其农业土壤剖面构型为耕作层-心土层-母质层。土壤剖面表层有 10～30 cm 的未分解或半分解枯枝落叶腐殖质层，其下为黏重、紧实的淀积层，颜色为黄色至棕黄色。因湿度大、质地黏，黄壤有机质含量高，其有机质含量因植被类型而异，且螯合淋溶作用较强。黄壤中氮、钾元素含量均属于中等水平。黄壤是典型的缺磷土壤之一，农业土壤中磷大部分以闭蓄态存在。由于中度风化土壤淋溶程度高，黄壤呈酸性至强酸性。

潮土是河流沉积物受地下水运动和耕作活动影响而形成的土壤，因有夜潮现象而得名，属于半水成土，集中分布于河流冲积平原、三角洲泛滥地和低阶地。土壤腐殖质积累过程较弱，耕作表土层腐殖质含量低，颜色浅淡。潮土分为潮土（黄潮土）、湿潮土、脱潮土、盐化潮土、碱化潮土、灰潮土及灌淤潮土共 7 个亚类。三峡库区的潮土属于湿潮土。湿潮土有湿胀干缩的特征，土温低，通气、透水性能差，心土层多见锈色斑纹，往下具有潜育现象，有机质含量比黄潮土、盐化潮土及碱化潮土高。

第二节　土 壤 特 征

一、土壤物理性质

1. 土壤容重与水分

通过对 2019～2021 年的土壤多点位样品进行分析得出，三峡水库消落区土壤容重为（1.28±0.18）$g·cm^{-3}$，土壤质量含水率为 26.77%±12.19%。受水位周期性涨落的影响，不同高程的土壤容重和质量含水率呈现出空间分异性。具体表现如下：中高程（155～165 m）土壤容重最小[（1.26±0.18）$g·cm^{-3}$]，但质量含水率最高（29.21%±12.72%）（表 6-1）。并且与支流相比，干流三个高程的土壤容重均较小，而土壤质量含水率均较高（图 6-5 和图 6-6）。

① $1\ hm^2 = 10^4\ m^2$。

表 6-1 土壤容重与水分特征

高程	容重/(g·cm^{-3})	质量含水率/%
165～175 m	1.30±0.17	25.47±11.34
155～165 m	1.26±0.18	29.21±12.72
145～155 m	1.30±0.17	24.68±12.19
平均	1.28±0.18	26.77±12.19

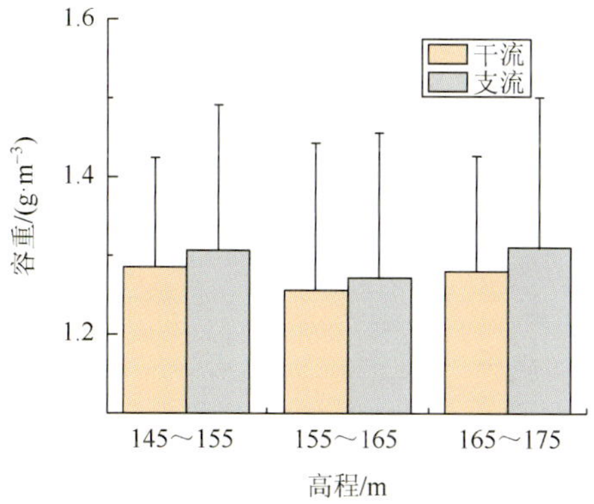

图 6-5 消落区土壤容重

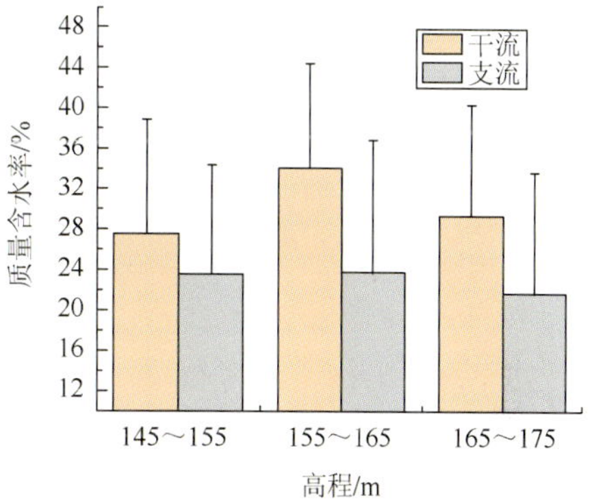

图 6-6 消落区土壤质量含水率

2. 土壤质地

受水流分选的影响，干流消落区土壤质地呈现逐渐细化的趋势，重庆主城九区、长寿区消落区土壤质地偏粗，忠县、万州区、云阳县土壤质地居中，而奉节县、巫山县消落区土壤质地偏细。

干流消落区主要为黏质与粉砂黏质土壤，少部分为砂壤土、粉砂壤土，而支流消落区土壤质地主要分为两大类，一类以黏质土壤为主，另一类为砂壤土、粉砂壤土（图 6-7）。

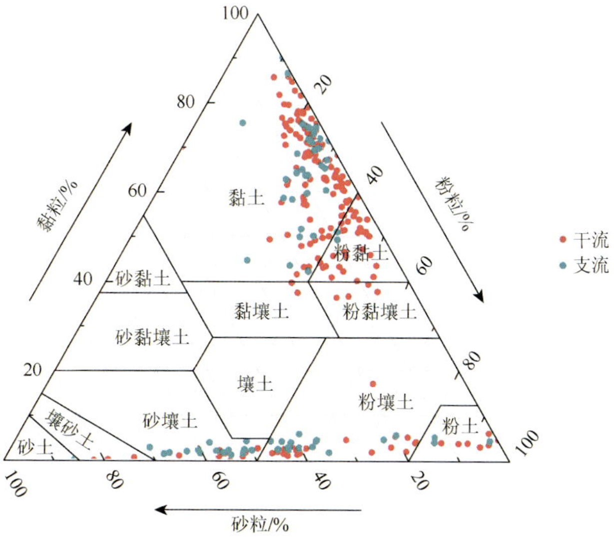

图 6-7 三峡水库干流与支流消落区土壤质地分布

三峡水库干流消落区土壤和泥沙沿水流方向的沿程分选明显，忠县以下的干流消落区黏粒含量基本上都大于 50%，而忠县以上至库尾的干流消落区黏粒含量均小于 50%。相比于干流消落区，支流消落区土壤颗粒未表现出明显的沿程分选特征（图 6-8）。

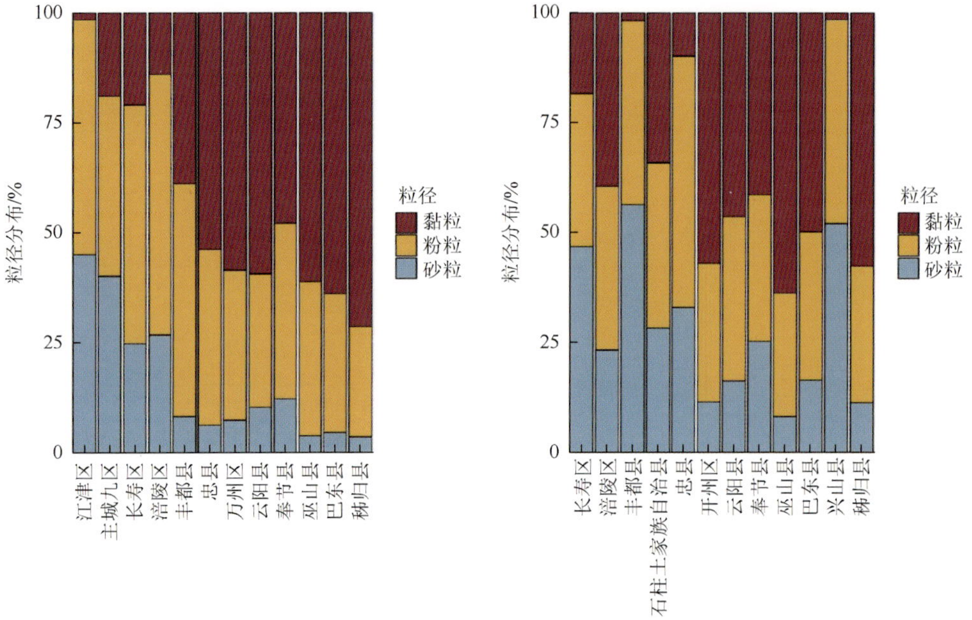

(a) 干流　　　　(b) 支流

图 6-8　三峡水库干流与支流消落区土壤粒径分布

3. 土壤团聚体稳定性

土壤结构是维持土壤各项功能的基础，而团聚体稳定性常作为评价土壤结构稳定性的指标之一。土壤团聚体是土壤矿物颗粒在胶接作用下所形成的次级颗粒，是土壤结构的基本单元。土壤团聚体分为＞2000 μm 的大团聚体、250～2000 μm 的细大团聚体、53～250 μm 的微团聚体和<53 μm 的黏粉颗粒。通常采用平均重量直径（mean weight diameter，MWD）来表征土壤团聚体稳定性。

根据 2022 年对三峡水库消落区全域多点位的调查分析结果可知，随着水位高程的增加，MWD 均值在干流消落区呈现不断增加的趋势；支流消落区 155～165 m 高程内 MWD 均值最大，145～155 m 高程内 MWD 均值最小；且支流消落区 MWD 均值在所有高程段都大于干流消落区 MWD 均值（图 6-9）。145～155 m 高程内消落区土壤团聚体受周期性水位波动和长时间水淹胁迫的影响，更容易造成大团聚体的崩解。

三峡水库消落区 MWD 在不同区县分布上也呈现明显的差异性（图 6-10），具体表现如下：库首和库尾支流消落区 MWD 较低，库中消落区则有较高的 MWD。消落区 MWD 均值的最小值在奉节县的干流区域，该区域以陡坡型岩质库岸为主，多为裸露的岩石，土壤较薄，易受水力剥蚀。

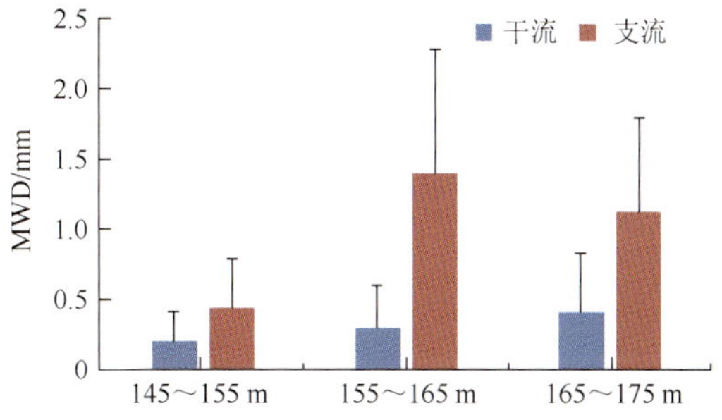

图 6-9　干支流消落区不同水位高程土壤团聚体稳定性对比

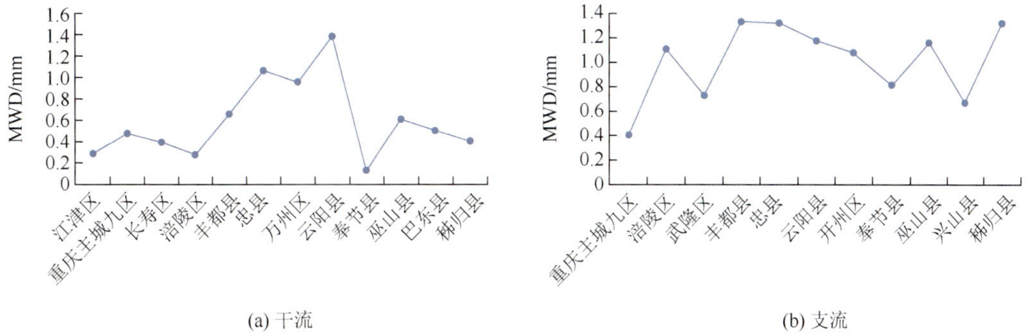

图 6-10　干支流消落区不同区县土壤团聚体稳定性特征

消落区的主要土壤类型有 3 种，分别为水稻土、黄壤和紫色土，紫色土和水稻土以中性和碱性为主，黄壤则主要呈中性和酸性；3 种主要类型土壤的基本颗粒均以粉粒为主。此外，在水淹胁迫条件下，紫色土的大、小团聚体含量显著低于黄壤和水稻土，且其团聚体稳定性相对较差；在低海拔区域，长期淹水环境导致三类土壤 MWD 均呈现最低值，其中水稻土相较于紫色土和黄壤仍表现出较高的团聚体稳定性（图 6-11）。

二、土壤化学性质

1. 土壤化学性质整体特征

在周期性干湿交替变化的驱动下，三峡水库消落区土壤酸碱性、养分均表现出明显的时空分异特征（图 6-12）。土壤 pH 是衡量土壤质量的重要指标，可控制和影响土壤中的微生物区系，从而影响绝大多数营养元素的转化方向、转化过程、形态及其有效性。尽管不同区域的消落区土壤性质差异较大，但在经历多个周期的干湿交替后，消落区土壤 pH 均值表现为弱碱性，并且随着淹水强度（时间）的增加，土壤 pH 也不断升高。干流消落区土壤 pH 为 8.18±0.35，支流消落区土壤 pH 为 8.12±0.52，表层（0～10 cm）土壤与亚表层（10～20 cm）土壤没有明显的差异性。

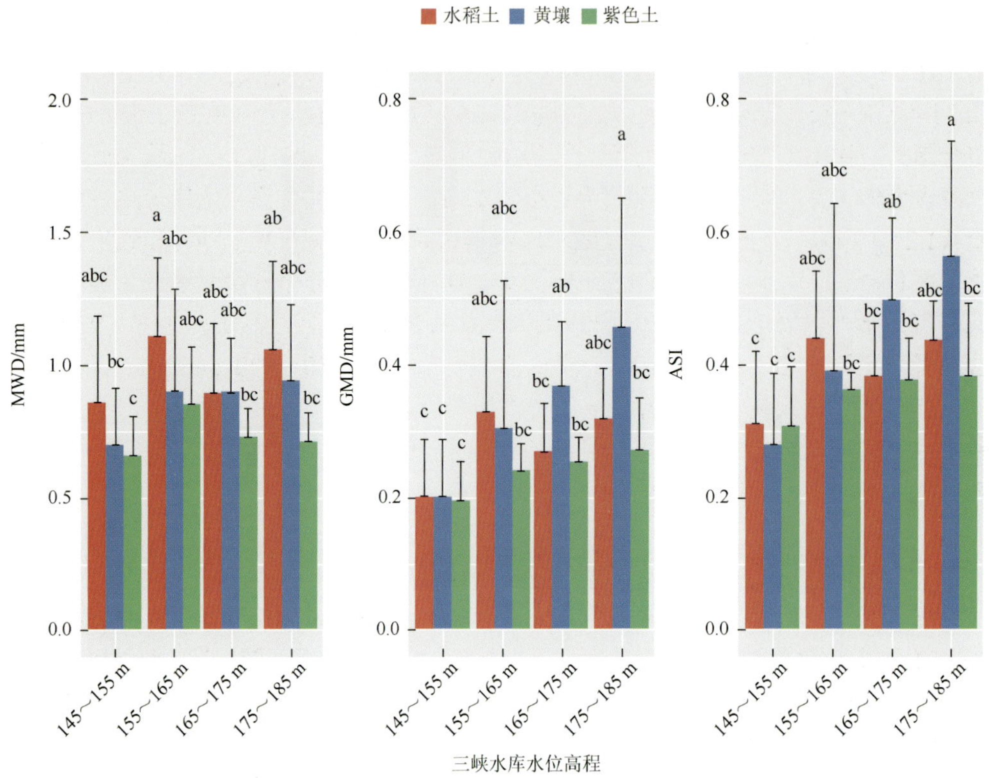

图 6-11　三峡水库消落区土壤团聚体稳定性

GMD 表示几何平均直径，ASI 表示团聚体稳定性指数

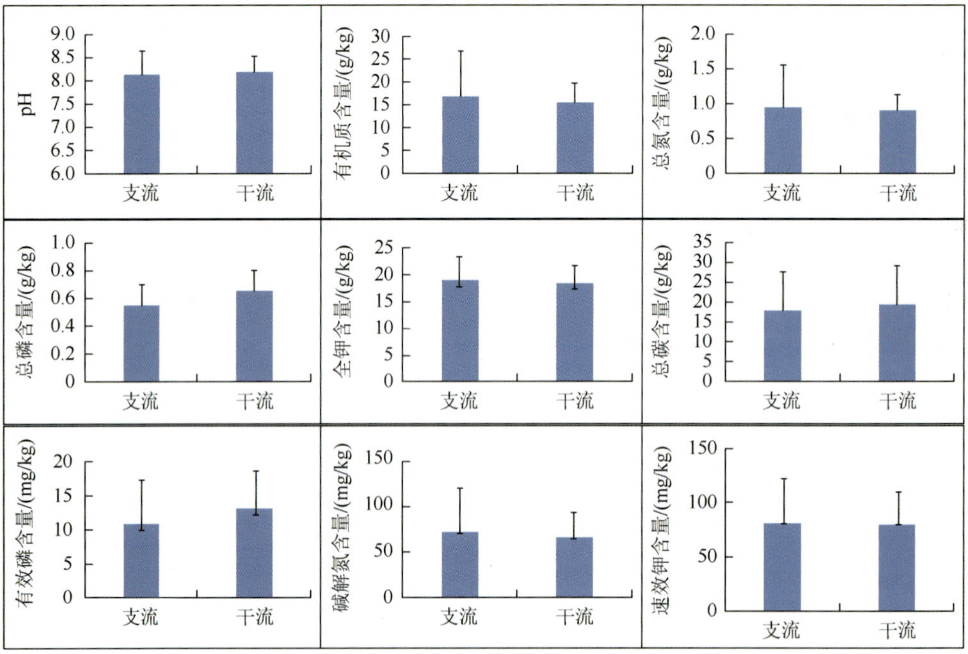

图 6-12　不同流域消落区土壤化学性质

消落区土壤有机质、总氮、总碳、总磷、全钾、碱解氮、有效磷和速效钾含量分别为（16.38±8.18）g/kg、（0.95±0.45）g/kg、（18.93±9.68）g/kg、（0.61±0.16）g/kg、（18.69±4.02）g/kg、（69.80±40.93）mg/kg、（11.95±6.13）mg/kg 和（81.03±36.67）mg/kg。根据全国第二次土壤普查资料，全国土壤总磷平均含量约为 0.5 g/kg，三峡水库消落区土壤总磷含量低于武汉市东湖底泥总磷含量（1.15 g/kg）和西安市汤峪水库表层沉积物总磷含量（1.21 g/kg），高于洛阳市小浪底水库消落区总磷含量（0.27 g/kg）和临沧市小湾水库消落区总磷含量（0.41 g/kg）。按照全国第二次土壤普查养分分级标准进行划分，消落区土壤有机质含量属于四级（10～20 g/kg），总氮含量属于四级（0.75～1.0 g/kg），有效磷含量属于三级（10～20 mg/kg），速效钾含量属于四级（50～100 mg/kg）。

与前期调查结果相比，消落区土壤有机质含量在正式蓄水后有所减少，经过多周期的蓄水后又逐渐增加；土壤总磷含量自 2008 年起没有较大的变化；全钾、有效磷和速效钾含量都较正式蓄水前有一定的增加。

2. 不同流域消落区土壤化学性质

在干湿交替的驱动下，不同流域消落区土壤养分也表现出明显的空间分异特征（图 6-12）。支流消落区土壤有机质、总氮、总碳、总磷、全钾、碱解氮、有效磷和速效钾含量分别为（16.71±10.2）g/kg、（0.95±0.61）g/kg、（17.87±9.78）g/kg、（0.56±0.15）g/kg、（18.84±4.46）g/kg、（71.93±48.67）mg/kg、（10.82±6.41）mg/kg 和（80.68±41.33）mg/kg；干流消落区土壤有机质、总氮、总碳、总磷、全钾、碱解氮、有效磷和速效钾含量分别为（15.48±4.18）g/kg、（0.92±0.22）g/kg、（19.45±9.58）g/kg、（0.67±0.15）g/kg、（18.45±3.34）g/kg、（65.45±27.37）mg/kg、（13.00±5.54）mg/kg 和（79.90±29.61）mg/kg。支流消落区土壤有机质、总氮、碱解氮、速效钾和全钾含量大于干流，干流土壤总碳、总磷和有效磷含量大于支流。

3. 不同区县土壤化学性质

在干湿交替的驱动下，不同区县消落区土壤养分的含量也呈现明显的差异。土壤总磷和有效磷含量在干流和支流都在空间上从涪陵区开始呈现随着离大坝距离的减小而逐渐减小的趋势，重庆主城九区支流土壤的总磷含量最低。土壤总氮含量在干流呈现随着离大坝距离的减小而逐渐增加的趋势，土壤速效钾含量在干流从涪陵区开始呈现随着离大坝距离的减小而逐渐增加的趋势（图 6-13 和图 6-14）。

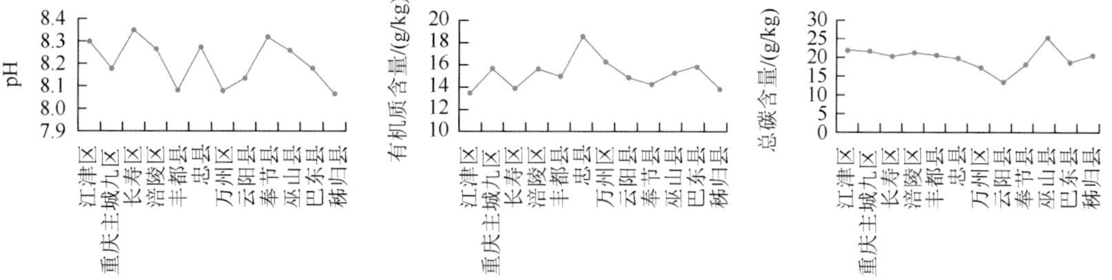

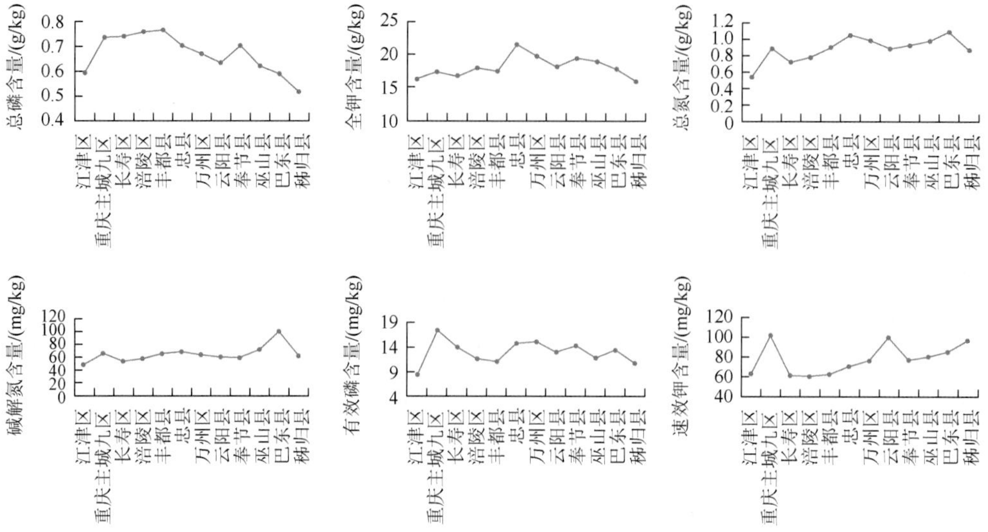

图 6-13　干流不同区县土壤化学性质

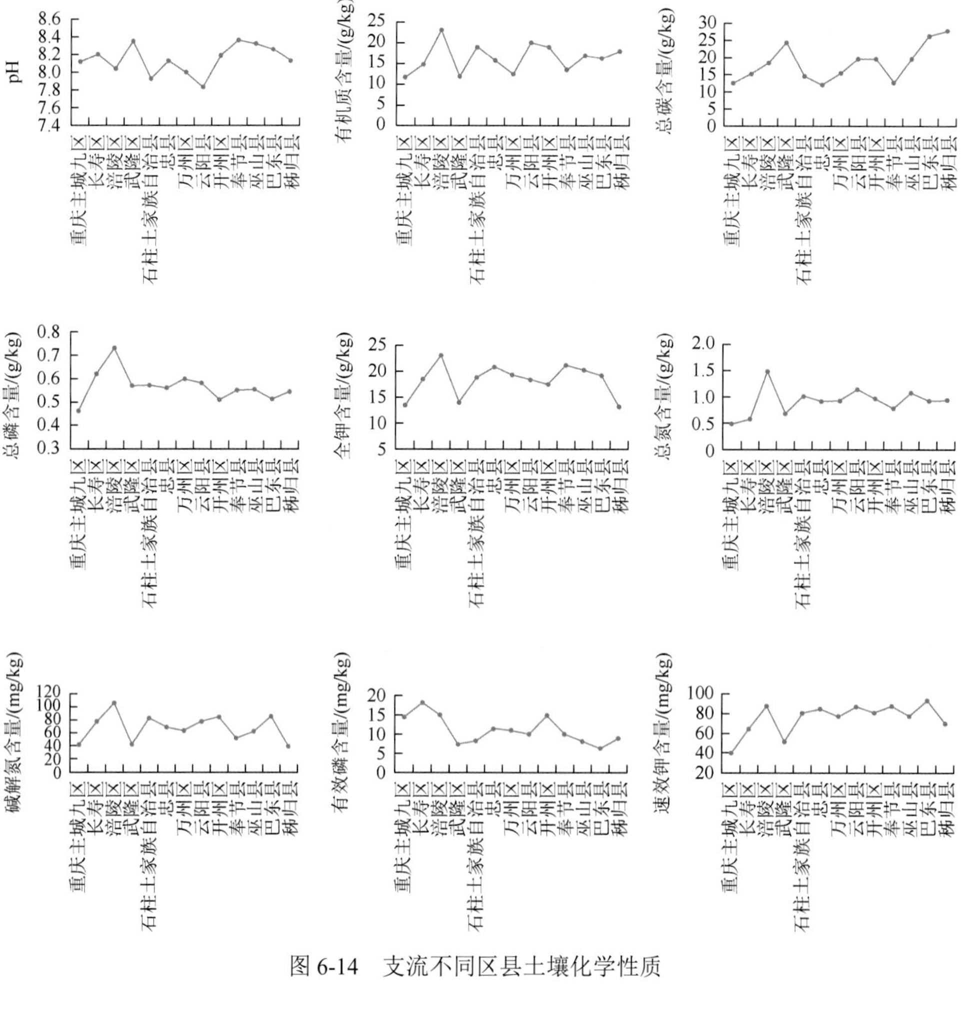

图 6-14　支流不同区县土壤化学性质

4. 不同高程土壤化学性质

由于经过水位涨落产生的干湿交替极大地破坏了土壤结构，不同高程消落区土壤也表现出明显的空间分异特征（表 6-2）。支流消落区土壤有机质、总氮、全钾和碱解氮含量在 155～165 m 高程最高，其次为 145～155 m 高程，165～175 m 高程相关指标含量最低；总碳含量则随着高程的增加呈现不断增加的趋势；有效磷含量随着水淹强度的增加呈现不断减小的趋势。干流消落区土壤各养分指标整体大致表现出随着高程的增加而逐渐减小的变化趋势。因水流的影响，干流低高程 145～155 m，特别是缓坡消落区为明显的沉积物带，经过十余年的水位消涨和沉积作用，再加上植物残体的累积，使土壤各营养元素含量高于其他高程，而高水位高程范围内水位的扰动会导致营养元素往外释放。

表 6-2　消落区不同高程土壤化学性质含量表

土壤元素	145～155 m		155～165 m		165～175 m	
	支流	干流	支流	干流	支流	干流
有机质含量/(g/kg)	16.00±6.30	16.75±1.56	19.82±13.80	16.45±3.23	14.86±8.80	15.32±4.88
总磷含量/(g/kg)	0.59±0.20	0.78±0.05	0.58±0.13	0.73±0.09	0.51±0.15	0.62±0.16
全钾含量/(g/kg)	19.71±6.28	20.63±2.30	21.09±5.23	19.88±2.29	16.96±1.92	18.10±3.69
碱解氮含量/(mg/kg)	72.77±32.13	68.15±12.96	83.58±57.91	67.38±22.66	61.31±50.21	67.13±35.80
有效磷含量/(mg/kg)	13.77±5.55	16.71±2.88	12.20±8.27	14.60±4.21	8.48±4.14	11.29±5.53
速效钾含量/(mg/kg)	67.20±23.10	85.70±11.88	88.27±49.33	78.03±18.77	81.88±52.22	75.32±26.33
总氮含量/(g/kg)	0.94±0.46	1.01±0.82	1.06±0.75	0.99±0.16	0.75±0.50	0.91±0.24
总碳含量/(g/kg)	10.28±4.32	22.56±1.20	15.88±10.13	19.72±3.75	19.71±10.21	18.88±11.69

三、土壤微生物

水库消落区兼具陆生生境和水生生境的特征。拦河筑坝的影响，频繁的淹水与落干导致消落区的土壤微生物物种生态位重叠、相似性较高，不同微生物类群普遍通过互利共生来应对淹水与干旱双重胁迫的影响。

1. 微生物的组成

1）消落区微生物概况

（1）三峡水库干流消落区。

干流消落区土样中共检测出的真菌有 16 个门、59 个纲、159 个目、366 个科、1040 个属、1095 个种；细菌有 80 个门、208 个纲、520 个目、835 个科、1791 个属、1268 个种。

高通量测序检测到三峡水库干流消落区土壤中的主要真菌门包括：蛙粪菌门（Basidiobolomycota）、油壶菌门（Olpidiomycota）、炎霉门（Calcarisporiellomycota）、罗兹菌门（Rozellomycota）、壶菌门（Chytridiomycota）、被孢霉门（Mortierellomycota）、球囊菌门（Glomeromycota）、子囊菌门（Ascomycota）、担子菌门（Basidiomycota）、梳霉门（Kickxellomycota）（图 6-15）。

干流消落区土壤中检测到的主要细菌门包括：放线菌门（Actinobacteriota）、绿弯菌门（Chloroflexi）、酸杆菌门（Acidobacteriota）、厚壁菌门（Firmicutes）、蓝细菌门（Cyanobacteria）、变形菌门（Proteobacteria）、脱硫杆菌门（Desulfobacterota）、浮霉菌门（Planctomycetota）、疣微菌门（Verrucomicrobiota）、拟杆菌门（Bacteroidota）（图 6-16）。

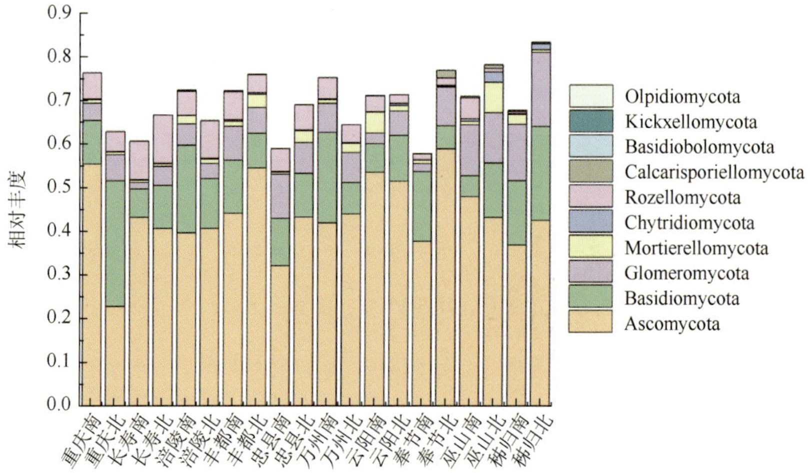

图 6-15　消落区干流主要真菌门水平上的相对丰度（top10）

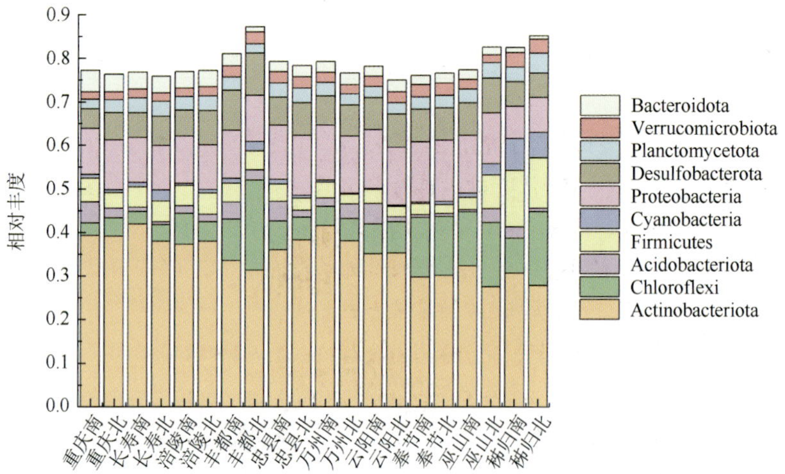

图 6-16　消落区干流主要细菌门水平上的相对丰度（top10）

（2）三峡水库支流消落区。

三峡水库支流消落区土样中共检测出的真菌有 16 个门、50 个纲、128 个目、299 个科、713 个属、1184 个种；细菌有 76 个门、202 个纲、489 个目、768 个科、1653 个属、1107 个种。

高通量测序检测到三峡水库支流消落区土壤中的主要真菌门包括：毛霉门（Mucoromycota）、蛙粪菌门（Basidiobolomycota）、芽枝霉门（Blastocladiomycota）、油壶菌门（Olpidiomycota）、壶菌门（Chytridiomycota）、球囊菌门（Glomeromycota）、罗兹菌门（Rozellomycota）、被孢霉门（Mortierellomycota）、子囊菌门（Ascomycota）、担子菌门（Basidiomycota）（图 6-17）。

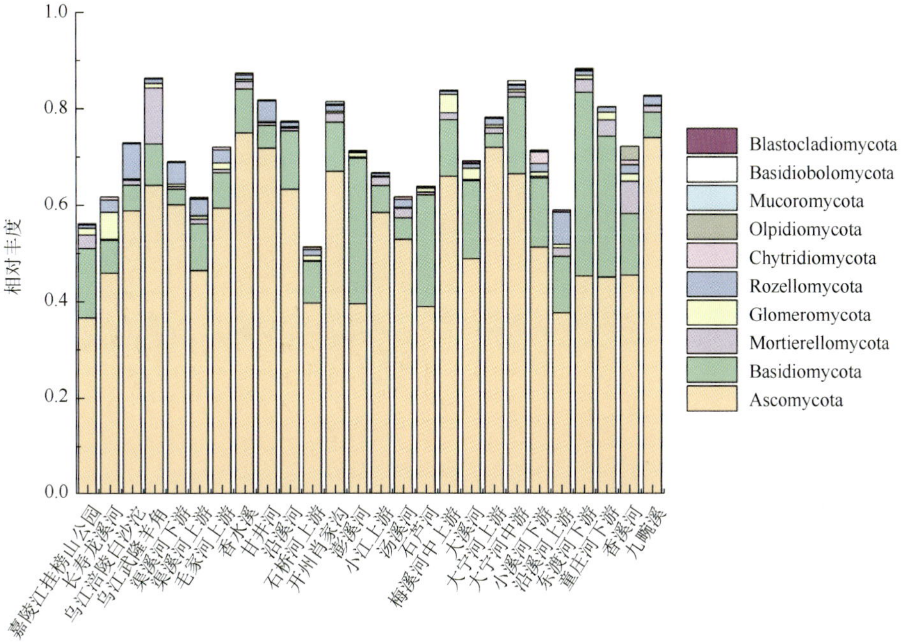

图 6-17　消落区支流主要真菌门水平上的相对丰度（top10）

支流消落区土壤中检测到的主要细菌门包括：酸杆菌门（Acidobacteriota）、厚壁菌门（Firmicutes）、绿弯菌门（Chloroflexi）、放线菌门（Actinobacteriota）、拟杆菌门（Bacteroidota）、泉古菌门（Crenarchaeota）、黏菌门（Myxococcota）、芽单胞菌门（Gemmatimonadota）、甲基单孢菌门（Methylomirabilota）、变形菌门（Proteobacteria）（图 6-18）。

2）消落区土壤微生物的关键物种

三峡水库支流消落区土壤真菌关键物种为子囊菌（Ascomycota）；支流消落区土壤细菌关键物种为放线菌（Actinobacteriota）、变形菌（Proteobacteria）、Sv0485、硝化刺菌（Nitrospinota）（图 6-19、图 6-20）。受淹水胁迫的影响，微生物群落之间以合作为主，且细菌的生态位重叠度较高。

三峡水库干流消落区土壤细菌关键物种为绿弯菌（Chloroflexi）、变形菌（Proteobacteria）、酸杆菌（Acidobacteriota）；干流消落区土壤真菌关键物种为担子菌（Basidiomycota）、子囊菌（Ascomycota）、梳霉菌（Kickxellomycota）、被孢霉菌（Mortierellomycota）（图 6-21、

图 6-22）。与支流一样，微生物群落受淹水胁迫的影响，相互之间以合作为主，且细菌的生态位重叠度较高。

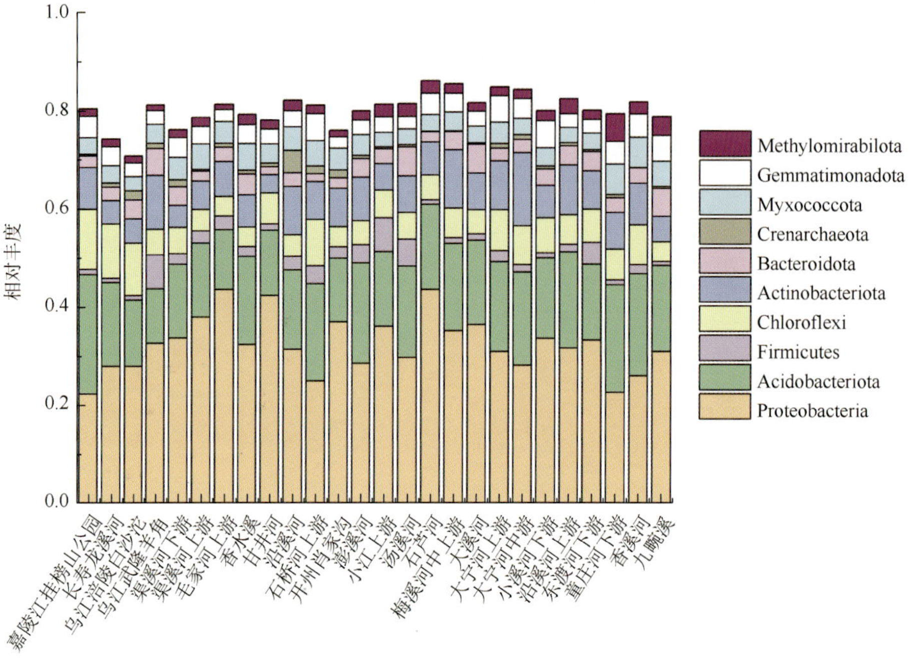

图 6-18　消落区支流主要细菌门水平上的相对丰度（top10）

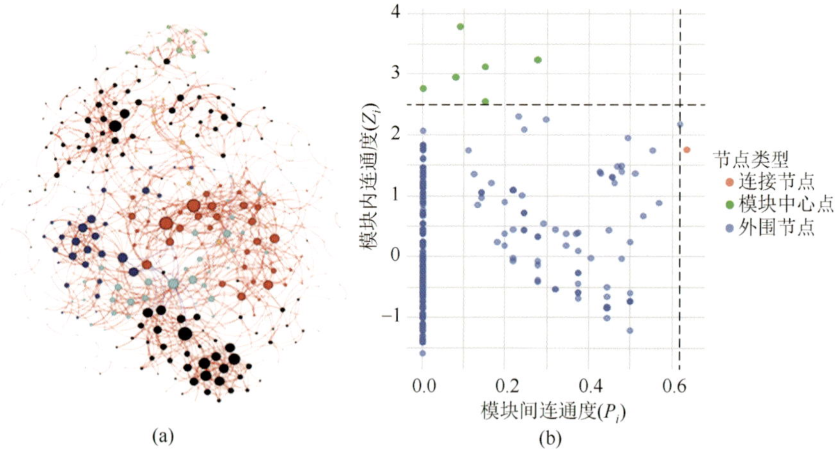

图 6-19　三峡水库支流消落区土壤真菌网络分析（a）与关键物种筛选（b）

2. 微生物空间分布特征

1）上下游土壤微生物变化（水平方向）

（1）干流消落区土壤微生物群落。

对干流消落区而言，无论北岸还是南岸（个别地点除外），不同高程土壤细菌群落的

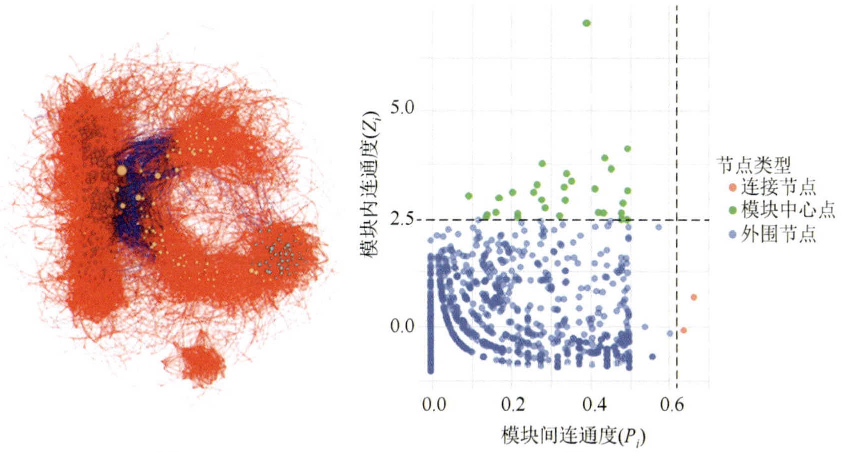

(a)　(b)

图 6-20　三峡水库支流消落区土壤细菌网络分析（a）与关键物种筛选（b）

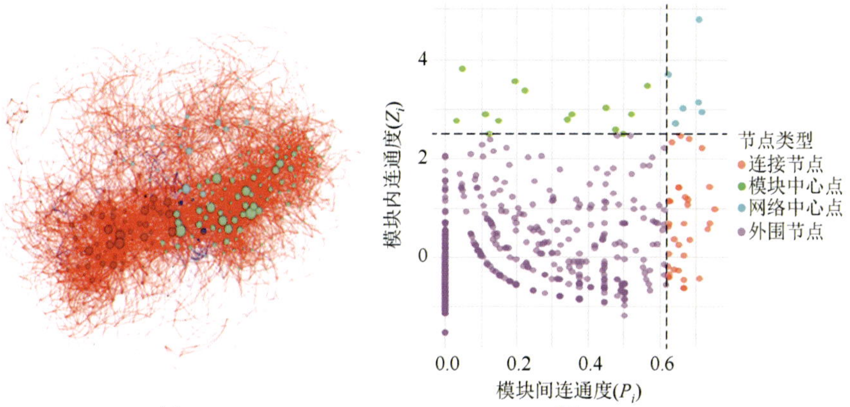

(a)　(b)

图 6-21　三峡水库干流消落区土壤细菌网络分析（a）与关键物种筛选（b）

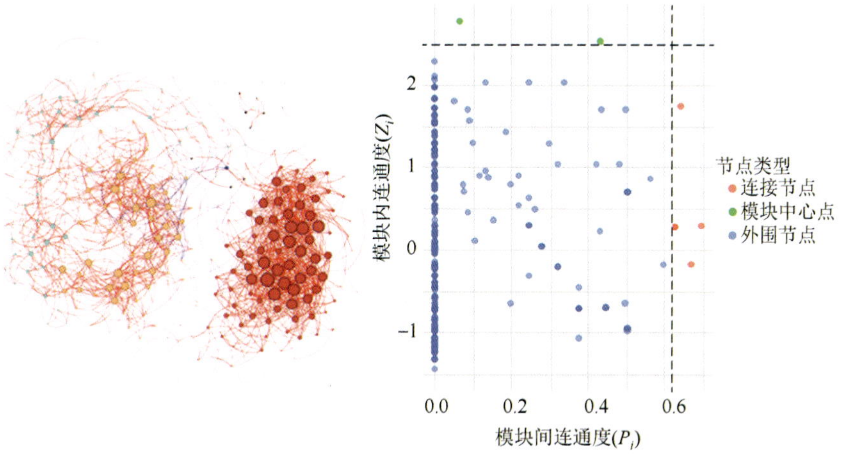

(a)　(b)

图 6-22　三峡水库干流消落区土壤真菌网络分析（a）与关键物种筛选（b）

Chao1 指数、Observed OTUs 数目、香农（Shannon）指数和辛普森（Simpson）指数均无明显差异。但从上游长寿区到下游秭归县，消落区北岸土壤细菌的 Chao1 指数和 Observed OTUs 数目均呈现缓慢下降的趋势，说明临近大坝区域土壤细菌物种丰富度降低（图 6-23）。

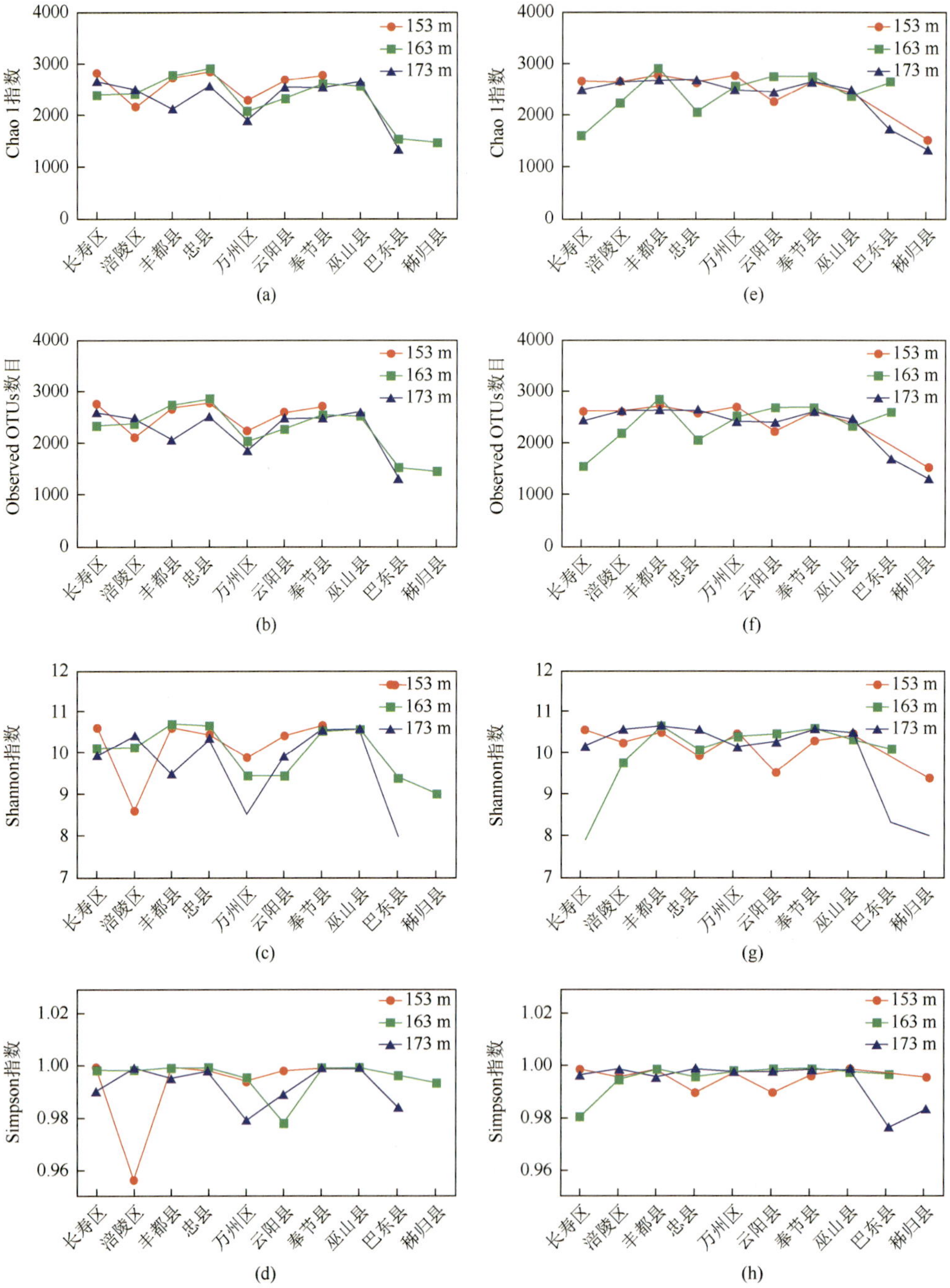

图 6-23　三峡库区干流消落区南北两岸土壤细菌 α 多样性分析

（a）～（d）干流消落区北岸土壤细菌 α 多样性分析；（e）～（h）干流消落区南岸土壤细菌 α 多样性分析

对于干流消落区北岸，除涪陵区外，中间高程土壤真菌的 Chao1 指数和 Observed OTUs 数目均高于低高程和高高程，同时从上游到下游呈现缓慢下降的趋势，说明中间高程土壤真菌物种丰富度最高，并且在临近大坝区域所有高程土壤真菌物种丰富度均有所降低。Shannon 指数和 Simpson 指数在不同高程或地点无明显差异（图 6.24）。

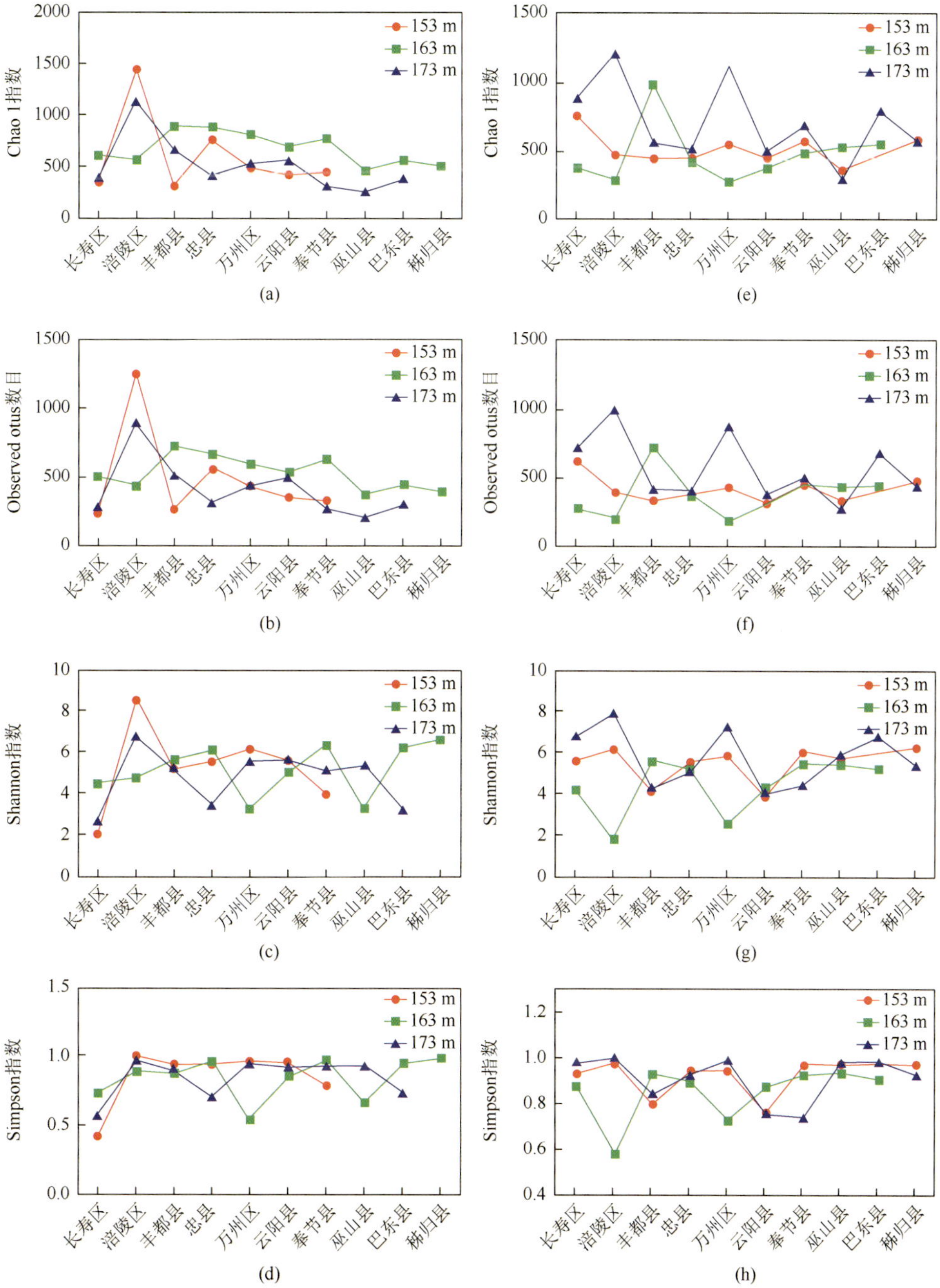

图 6-24　三峡库区干流消落区南北两岸土壤真菌 α 多样性分析

（a）～（d）干流消落区北岸土壤真菌 α 多样性分析；（e）～（h）干流消落区南岸土壤真菌 α 多样性分析

对于干流消落区南岸，除涪陵区外，高高程土壤真菌的 Chao1 指数和 Observed OTUs 数目均高于低高程和中间高程，说明高高程土壤真菌物种丰富度最高。这点与北岸有所不同。Shannon 指数和 Simpson 指数的变化规律则与北岸类似，在不同高程或地点无明显差异。

总体而言，三峡水库干流消落区土壤真菌物种多样性受淹水强度影响较大，其中受淹水强度影响相对较小的高高程消落区土壤真菌物种更加丰富。主坐标分析（PCoA）表明，三峡水库干流消落区土壤微生物群落在不同高程和南北岸均无明显的分布差异（图 6-25、图 6-26）。

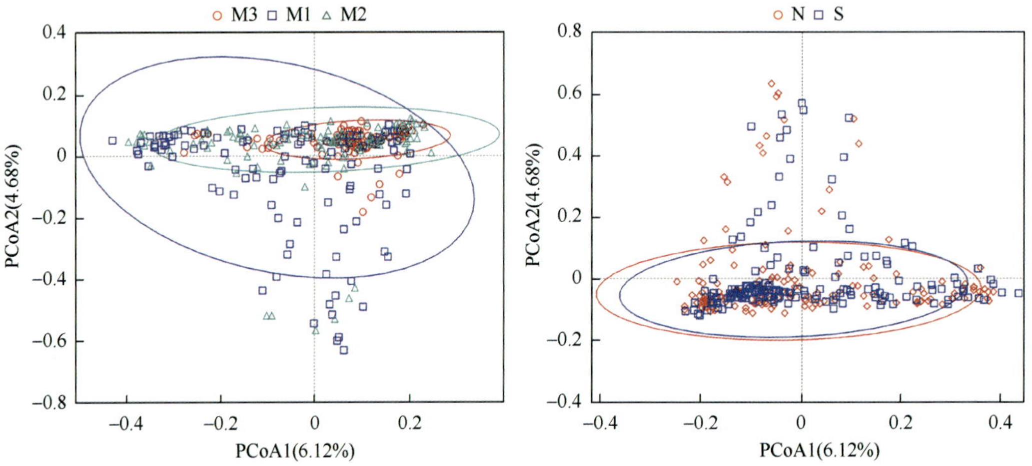

图 6-25　三峡水库干流消落区土壤真菌 PCoA 分析

M1、M2、M3 分别代表 153 m 高程、163 m 高程、173 m 高程；N 代表北岸，S 代表南岸

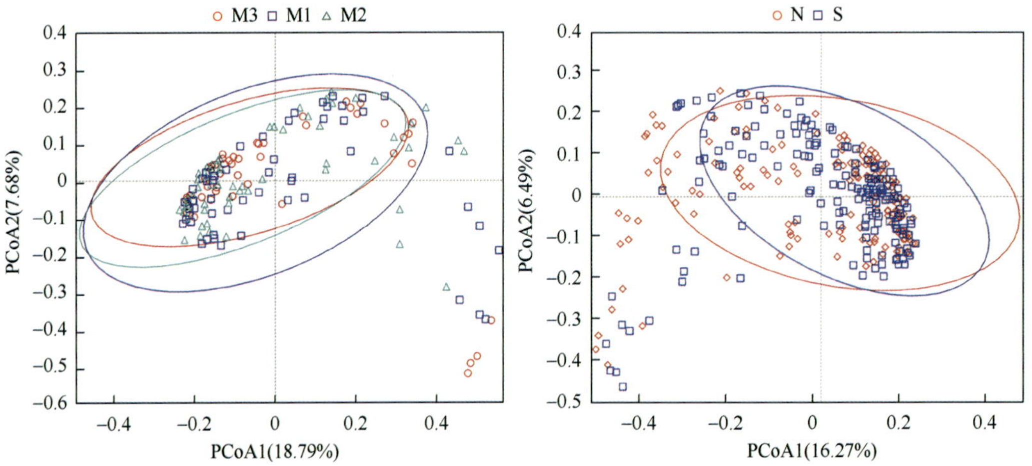

图 6-26　三峡水库干流消落区土壤细菌主坐标分析

M1、M2、M3 分别代表 153 m 高程、163 m 高程、173 m 高程；N 代表北岸，S 代表南岸

（2）支流消落区土壤微生物群落。

从三峡水库上游支流到下游支流，不同高程土壤细菌的 Chao1 指数、Observed OTUs 数目、Shannon 指数和 Simpson 指数无明显差异，说明不同高程土壤细菌群落结构比较类似[图 6-27（a）～（d）]。

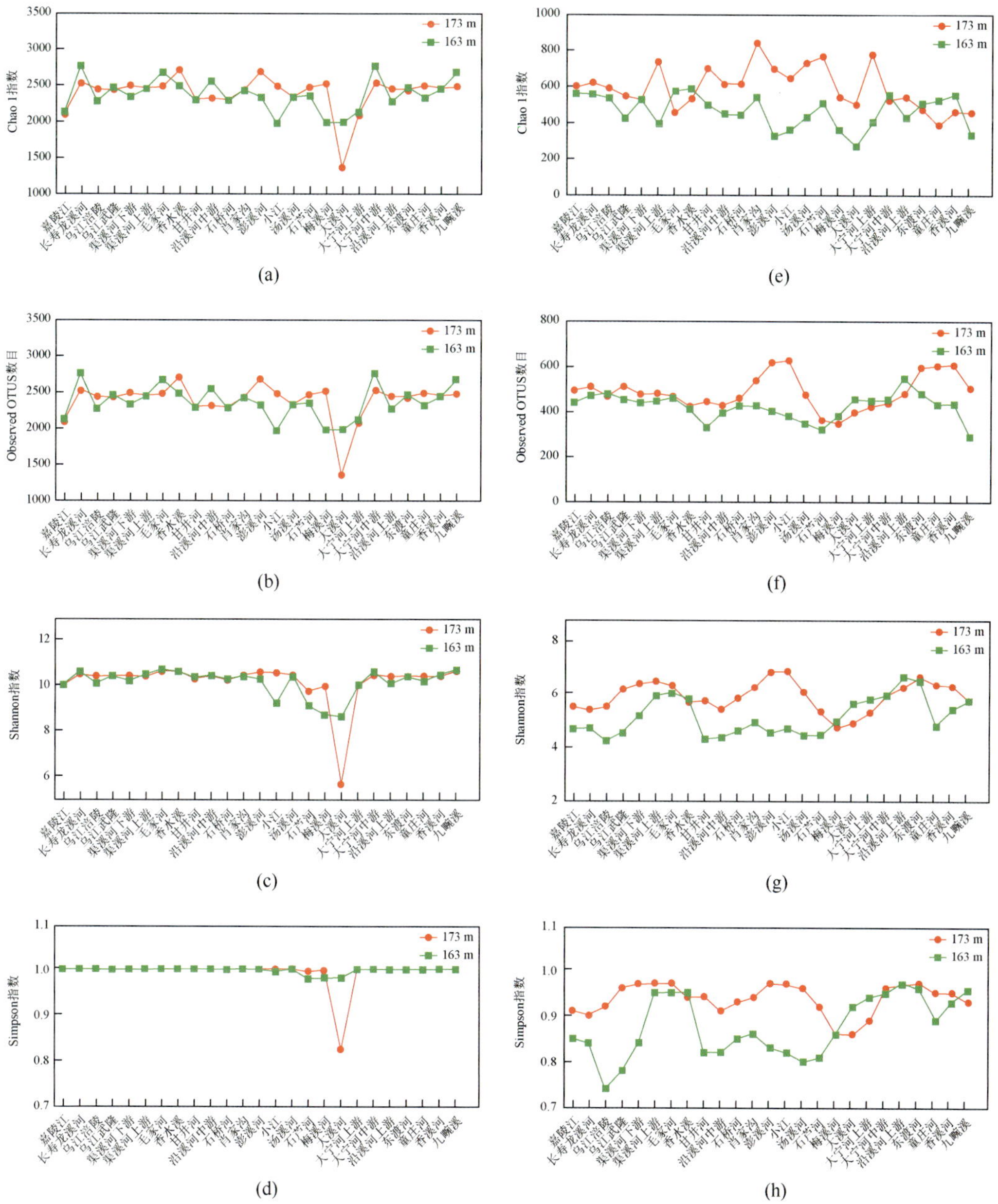

图 6-27 三峡库区支流消落区不同高程土壤细菌和真菌 α 多样性分析

（a）～（d）支流消落区土壤细菌 α 多样性分析；（e）～（h）支流消落区土壤真菌 α 多样性分析

从三峡水库上游到下游，大部分支流高高程土壤真菌的 Chao1 指数、Observed OTUs 数目、Shannon 指数和 Simpson 指数高于中间高程，说明高高程土壤真菌群落丰富度和多样性高于中高程[图 6-27（e）～（h）]。

总体而言，三峡水库支流消落区土壤真菌物种多样性受淹水强度影响较大，其中受淹水强度影响相对较小的高高程消落区土壤真菌物种更加丰富。主坐标分析表明，三峡水库支流消落区土壤微生物群落在不同高程无明显的分布差异（图 6-28、图 6-29）。

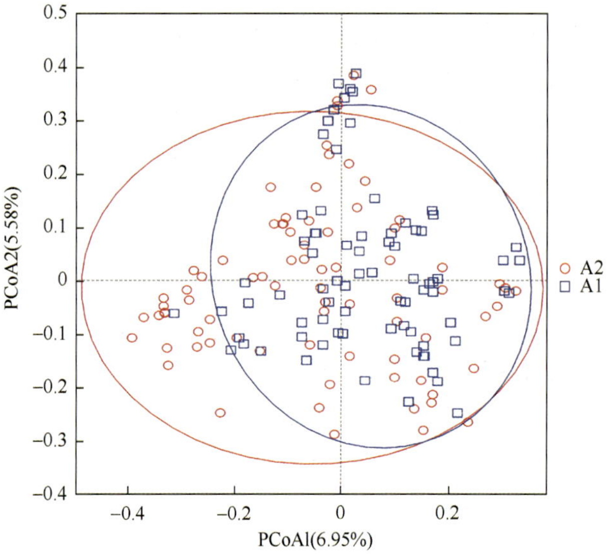

图 6-28　三峡水库支流消落区土壤真菌 PCoA

A1 代表 173 m 高程，A2 代表 163 m 高程

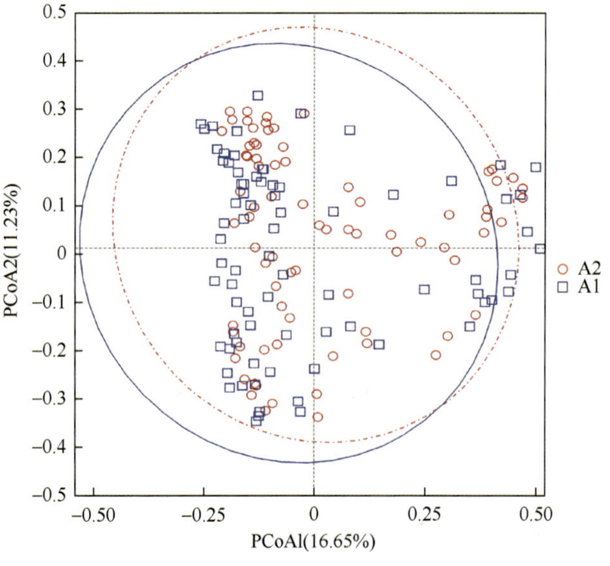

图 6-29　三峡水库支流消落区土壤细菌 PCoA

A1 代表 173 m 高程，A2 代表 163 m 高程

对干流消落区而言，无论北岸还是南岸（个别地点除外），不同高程土壤细菌的 α 多样性无明显差异。但从上游长寿区到下游秭归县，消落区北岸土壤细菌在临近大坝区域物种丰富度降低；中间高程土壤真菌物种丰富度最高，并且在临近大坝区域所有高程土壤真菌物种丰富度均有所降低。对于干流消落区南岸，除涪陵区外，高高程土壤真菌物种丰富度最高。Shannon 指数和 Simpson 指数的变化规律则与北岸类似，在不同高程或地点无明显差异。

从三峡水库上游支流到下游支流，不同高程土壤细菌的 α 多样性无明显差异，说明不同高程土壤细菌群落结构比较类似。从三峡水库上游到下游，大部分支流高高程土壤真菌的 α 多样性高于中间高程，说明高高程土壤真菌群落丰富度和多样性高于中高程。

2）不同高程微生物群落差异（垂直方向）

T 检验结果表明，支流消落区不同高程间的微生物群落差异显著，差异显著的真菌群落为担子菌门（Basidiomycota）、被孢霉门（Mortierellomycota）、罗兹菌门（Rozellomycota）（图 6-30）；细菌群落为变形菌门（Proteobacteria）、甲基单孢菌门（Methylomirabilota）、芽单胞菌门（Gemmatimonadota）、硝化螺旋菌门（Nitrospirota）、拟杆菌门（Bacteroidota）、蓝细菌门（Cyanobacteria）、疣微菌门（Verrucomicrobiota）、浮霉菌门（Planctomycetota）、MBNT15、依赖菌门（Dependentiae）、硝化刺菌门（Nitrospinota）、蛭弧菌门（Bdellovibrionota）、达达菌门（Dadabacteria）（图 6-31）。

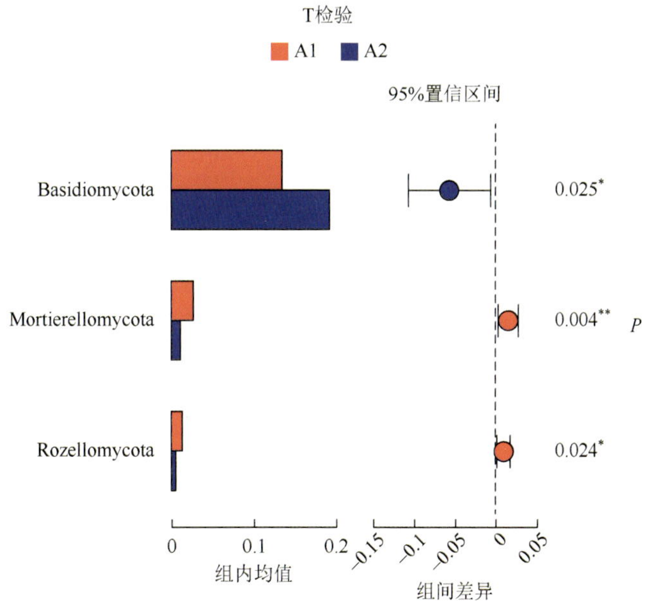

图 6-30 三峡水库支流消落区不同高程土壤真菌群落组成变化特征

图中所有列出的群落均是 T 检验下差异显著的真菌群落，图中的数据均是平均值±标准差；A1 代表 173 m 高程，A2 代表 163 m 高程；*表示 $p<0.05$；**表示 $p<0.01$

T 检验结果表明，干流消落区不同高程间的微生物群落差异显著，差异显著的真菌群落为担子菌门（Basidiomycota）、被孢霉门（Mortierellomycota）、罗兹菌门（Rozellomycota）[图 6-32(a)、(b)]；细菌群落为变形菌门(Proteobacteria)、甲基单孢菌门(Methylomirabilota)、

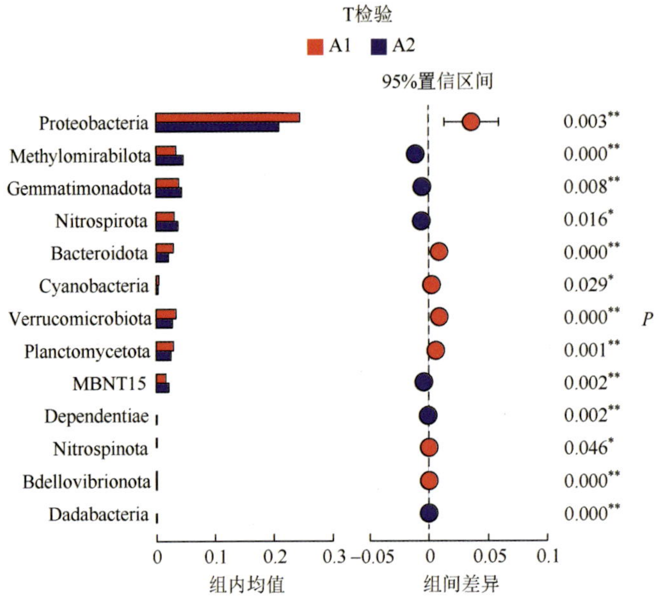

图 6-31　三峡水库支流消落区不同高程土壤细菌群落组成变化特征

图中所有列出的群落均是 T 检验下差异显著的细菌群落，图中的数据均是平均值±标准差；A1 代表 173 m 高程，A2 代表 163 m 高程

芽单胞菌门（Gemmatimonadota）、硝化螺旋菌门（Nitrospirota）、拟杆菌门（Bacteroidota）、蓝细菌门（Cyanobacteria）、疣微菌门（Verrucomicrobiota）、浮霉菌门（Planctomycetota）、MBNT15、依赖菌门（Dependentiae）、硝化刺菌门（Nitrospinota）、蛭弧菌门（Bdellovibrionota）、达达菌门（Dadabacteria）、河床菌门（Zixibacteria）、迟杆菌门（Latescibacterota）［图 6-33（a）～（c）］。

干流消落区南北岸差异显著的真菌群落为子囊菌门（Ascomycota）、担子菌门（Basidiomycota）［图 6-33（c）］；细菌群落为达达菌门（Dadabacteria）、放线菌门（Actinobacteriota）、厚壁菌门（Firmicutes）、绿弯菌门（Chloroflexi）、装甲菌门（Armatimonadota）［图 6-33（d）］。

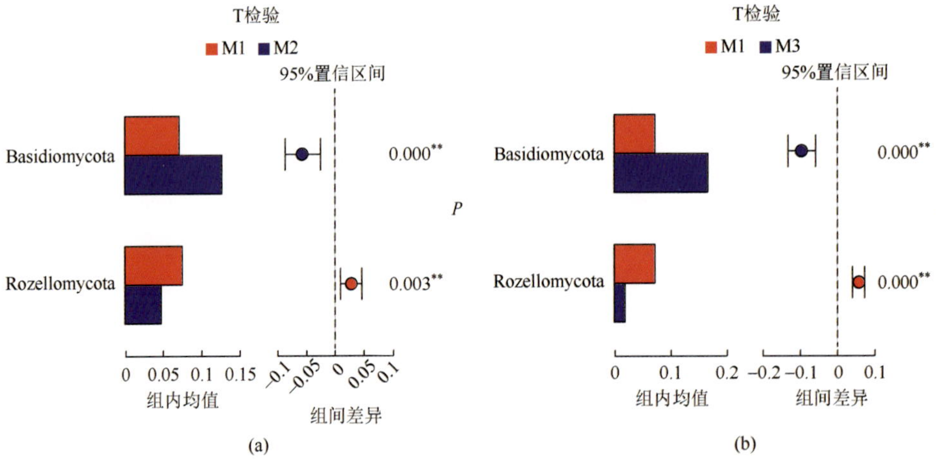

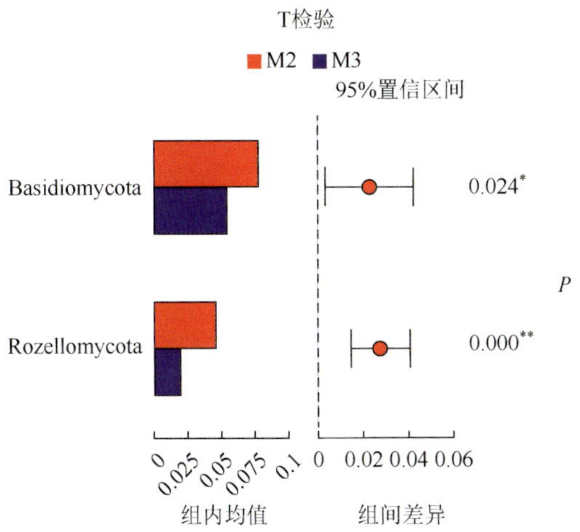

(c)

图 6-32　三峡水库干流消落区不同高程与南北岸土壤真菌群落组成变化特征

图中所有列出的群落均是 T 检验下差异显著的真菌群落，图中的数据均是平均值±标准差；M1、M2、M3 分别代表 153 m 高程、163 m 高程、173 m 高程

通过 LEfSeLDA Effect Site 分析可知，支流消落区不同高程间的微生物群落差异显著，差异显著的真菌群落为担子菌门（Basidiomycota）、被孢霉门（Mortierellomycota）、罗兹菌门（Rozellomycota）（图 6-34）；细菌群落为变形菌门（Proteobacteria）、甲基单孢化菌门（Methylomirabilota）、芽单孢菌门（Gemmatimonadota）、硝化螺旋菌门（Nitrospirota）、拟杆菌门（Bacteroidota）、蓝细菌门（Cyanobacteria）、疣微菌门（Verrucomicrobiota）、浮霉菌门（Planctomycetota）、MBNT15、依赖菌门（Dependentiae）、硝化刺菌门（Nitrospinota）、蛭弧菌门（Bdellovibrionota）、达达菌门（Dadabacteria）（图 6-35）。

干流消落区不同高程间的微生物群落差异显著，差异显著的细菌群落见图 6-36（a）；真菌群落见图 6-36（b）。

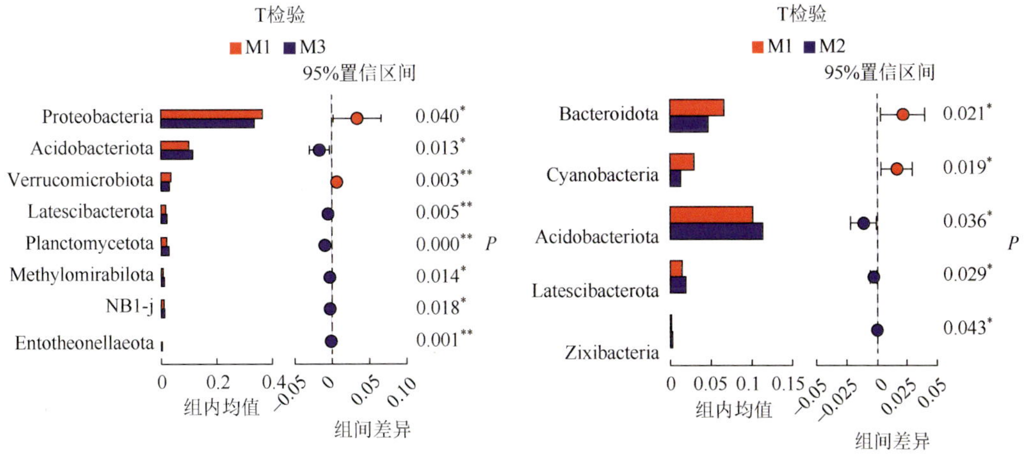

(a)　　(b)

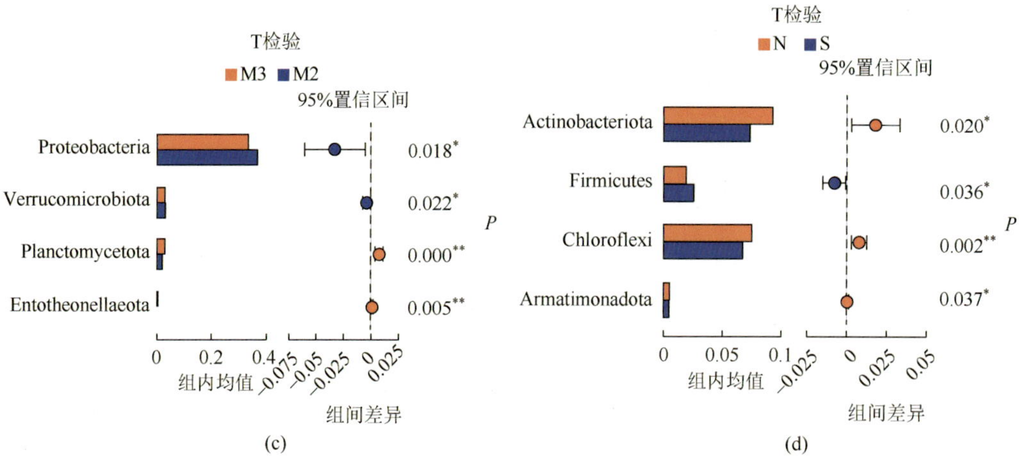

图 6-33　三峡水库干流消落区不同高程土壤细菌群落组成变化特征

图中所有列出的群落均是 T 检验下差异显著的细菌群落，图中的数据均是平均值±标准差；M1、M2、M3 分别代表 153 m 高程、163 m 高程、173 m 高程；N 代表北岸，S 代表南岸

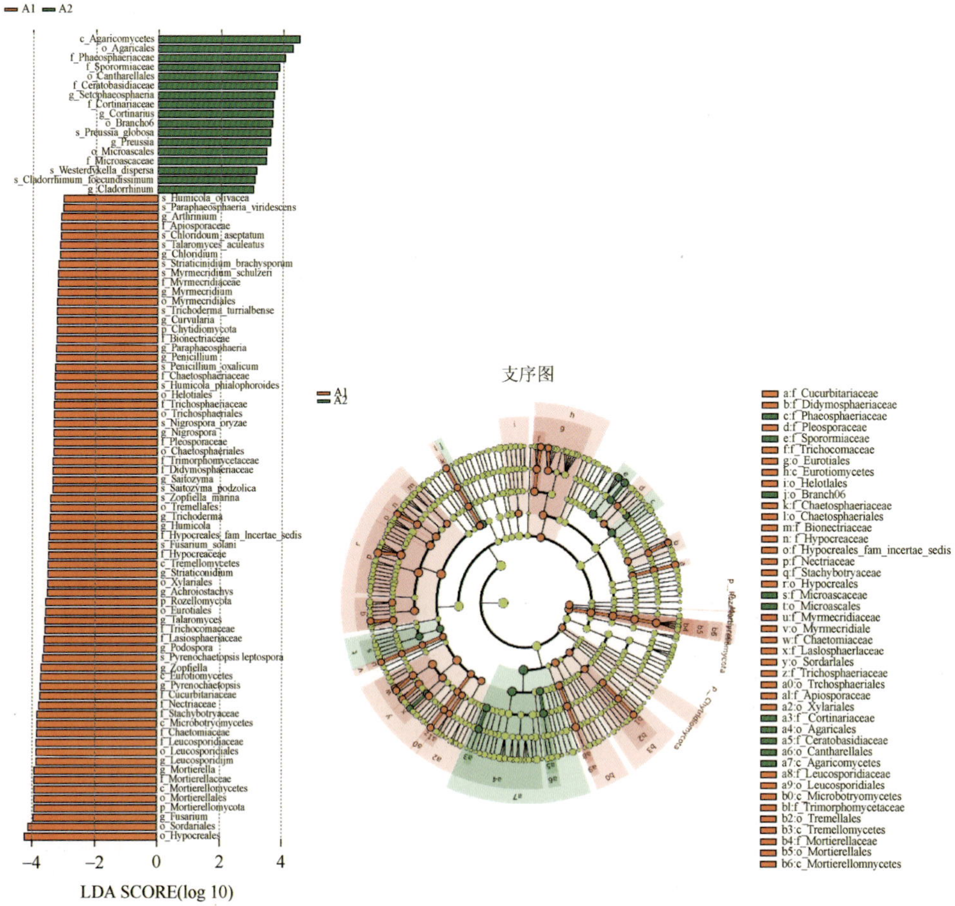

图 6-34　基于 LEfSe 分析研究支流消落区不同高程土壤真菌群落结构变化特征

不同颜色表示不同处理下差异显著的真菌群落，从中心向四周依次代表的是界、门、纲、目、科、属、种；A1 代表 173 m 高程，A2 代表 163 m 高程

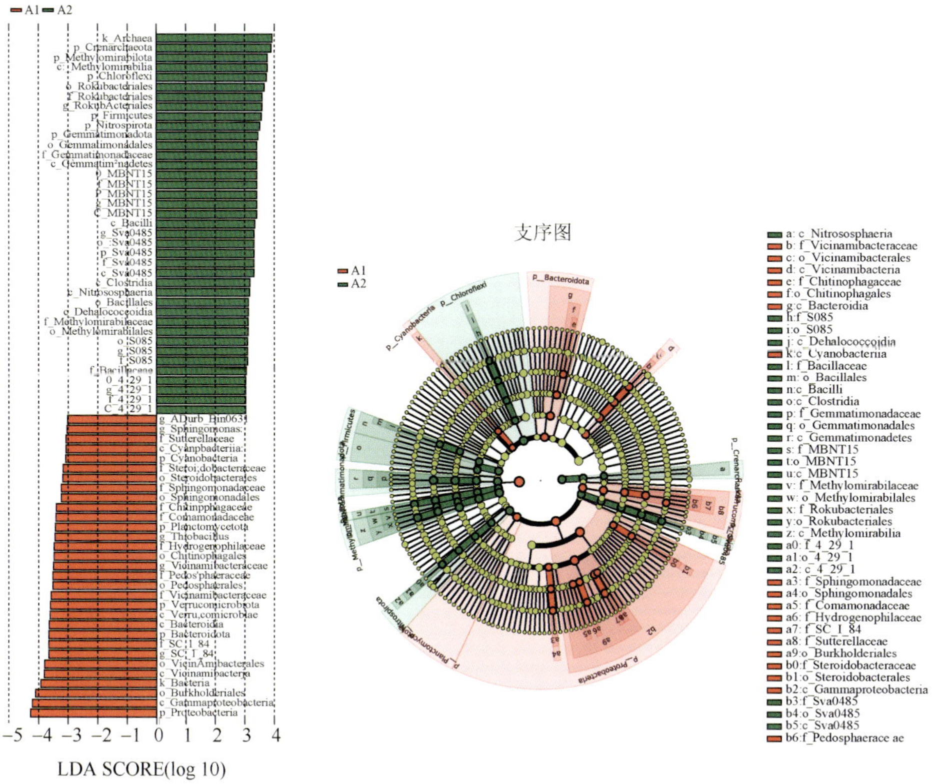

图 6-35　基于 LEfSe 分析研究支流消落区不同高程土壤细菌群落结构变化特征

不同颜色表示不同处理下差异显著的细菌群落，从中心向四周依次代表的是界、门、纲、目、科、属、种；A1 代表 173 m 高程，A2 代表 163 m 高程

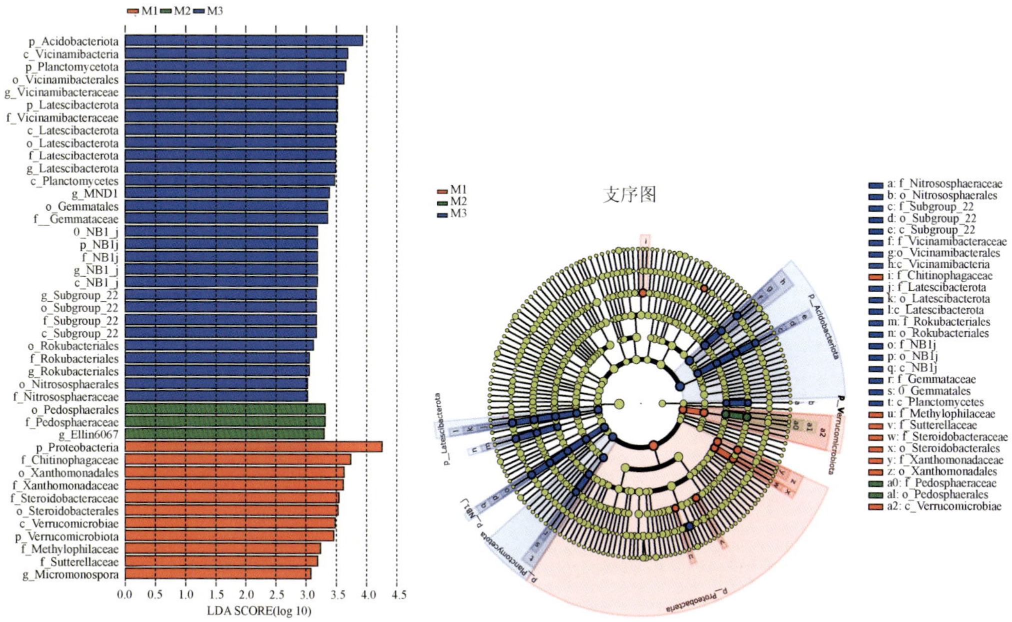

(a)

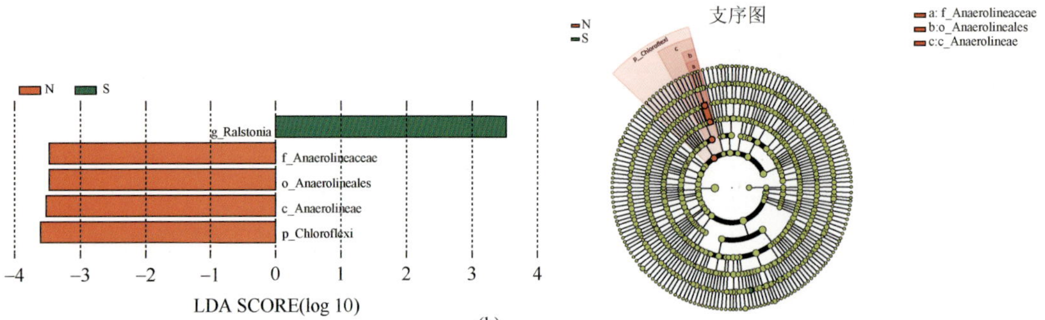

(b)

图 6-36　基于 LEfSe 分析研究干流消落区不同高程（a）与南北岸（b）土壤细菌群落结构变化特征

不同颜色表示不同处理下差异显著的细菌群落。从中心向四周依次代表的是界、门、纲、目、科、属、种；M1、M2、M3 分别代表 153 m 高程、163 m 高程、173 m 高程；N 代表北岸，S 代表南岸

干流消落区南北岸差异显著的细菌群落见图 6-37（a），真菌群落见图 6-37（b）。

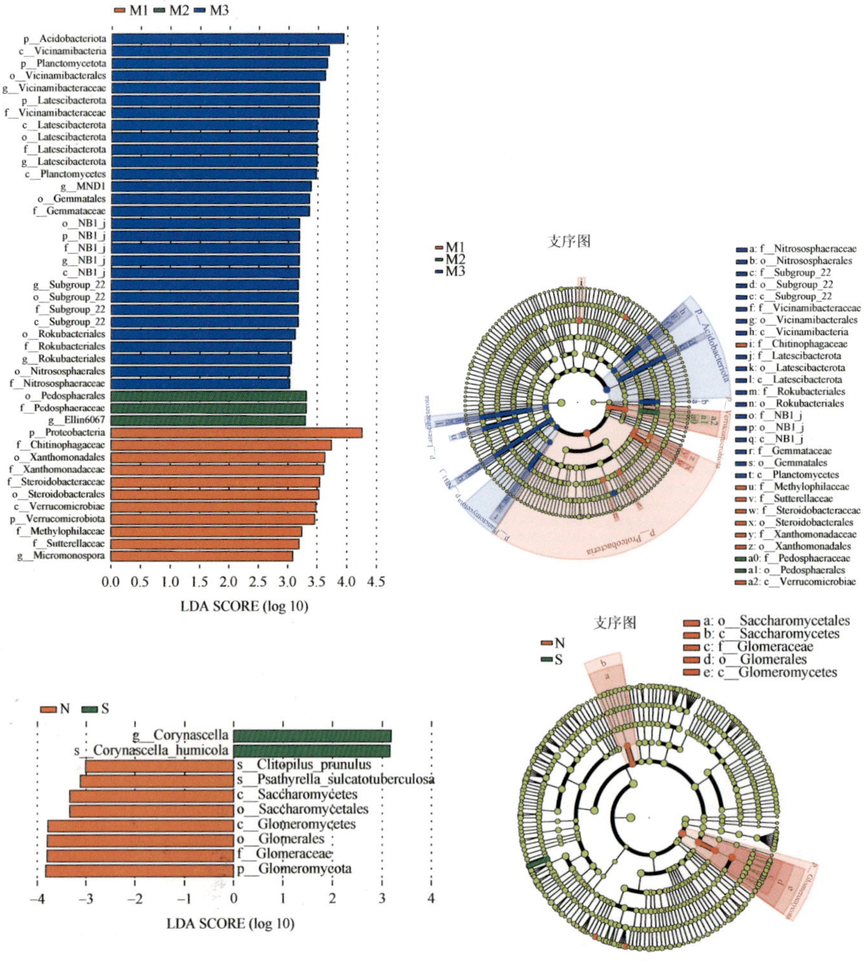

图 6-37　基于 LEfSe 分析研究干流消落区不同高程（a）与南北岸（b）土壤真菌群落结构变化特征

不同颜色表示不同处理下差异显著的真菌群落，从中心向四周依次代表的是界、门、纲、目、科、属、种；M1、M2、M3 分别代表 153 m 高程、163 m 高程、173 m 高程；N 代表北岸，S 代表南岸

3. 微生物对水文的响应

1）淹水对微生物群落结构的影响

三峡水库支流消落区土壤真菌物种多样性受淹水强度影响较大，其中受淹水影响相对较小的高高程消落区土壤真菌物种更加丰富。淹水显著改变了革兰氏阳性菌与革兰氏阴性菌的相对比例（G^+∶G^-），以及真菌和细菌比（F∶B）（图 6-38）。其中，在不同的位点，G^+∶G^-从上游到下游逐渐降低（除巴东县外）；而 F∶B 在不同的位点没有显著差异（除了巴东县显著高于其他位点）。在不同的海拔，淹水显著影响革兰氏阳性菌的比例，对真菌来说，淹水则显著增加了细菌的比例。

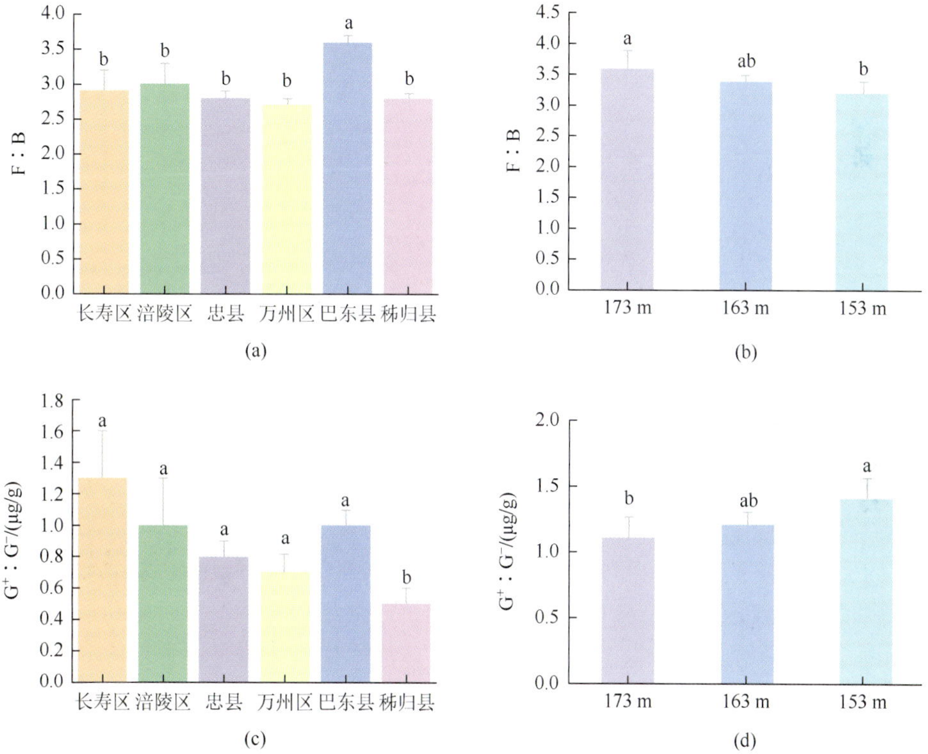

图 6-38　不同位点、海拔的真菌和细菌比（a），（b）及革兰氏阳性菌和革兰氏阴性菌比（c），（d）（张丹丹，2020）

不同的小写字母表示不同位点、海拔在 $p<0.05$ 水平上有显著差异

此外，有研究表明，周期性的淹水-落干过程会显著增加不同水位土壤古菌群落多样性（图 6-39）。消落区土壤古菌的优势属为 Nitrososphaeraceae（54.12%）、Bathyarchaeia 的一个属（18.67%）、Candidatus Nitrososphaera（8.38%）和 Methanobacterium（5.02%）。四种古菌在不同水位土壤中的分布存在明显差异。在 175 m 土壤中 Nitrososphaeraceae 和 Candidatus Nitrososphaera 为主要的古菌物种。在 150 m 和 160 m 土壤中，主要优势属为 Nitrososphaeraceae 和 Bathyarchaeia，Methanobacterium 也在 150 m 和 160 m 土壤中，大量分布。从不同水位土壤古菌的组成来看，在 150 m 和 160 m 土壤中均观察到 Nitrososphaeraceae、

Bathyarchaeia、Methanobacterium 和 Candidatus Nitrososphaera，但这些古菌在 150 m 和 160 m 土壤中的丰度占比不同。175 m 土壤古菌主要由两种氨氧化古菌，即由 Nitrososphaeraceae 和 Candidatus Nitrososphaera 组成。

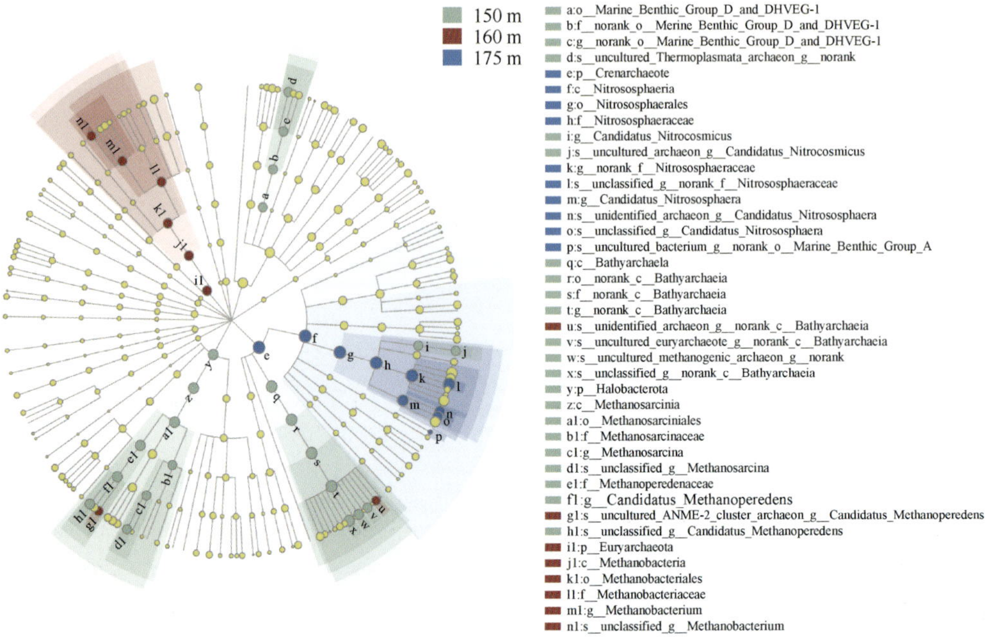

图 6-39　三峡水库消落区不同水位土壤古菌群落组成的 LEfSe 分析（Zhang et al.，2023）

2）淹水对微生物群落构建的影响

淹水显著改变了三峡水库消落区土壤微生物的群落构建机制。支流消落区土壤真菌群落构建主要由扩散限制和非主导过程所驱动，细菌群落构建主要由异质选择所驱动（图 6-40）。干流消落区土壤真菌群落主要由扩散限制和异质选择所驱动，细菌群落构建主要由同质选择所驱动（图 6-41）。淹水通过施加干扰和塑造土壤生态位，在决定群落组装过程中发挥至关重要的作用，使得微生物群落结构相似性增强。

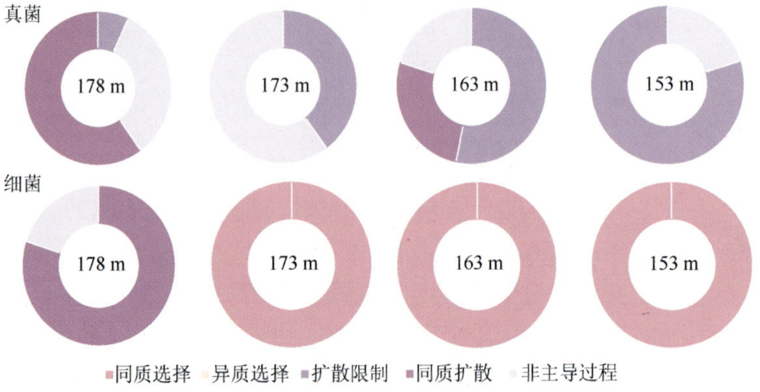

图 6-40　三峡水库消落区支流不同高程土壤微生物群落构建过程

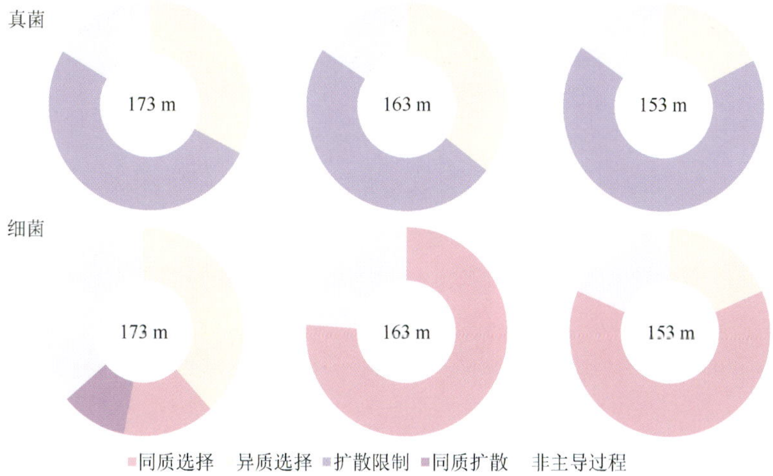

图 6-41　三峡水库消落区干流不同高程土壤微生物群落构建过程

第三节　土壤侵蚀与泥沙淤积

三峡水库蓄水运行以来，消落区经历了剧烈的微地形变化，土壤侵蚀与泥沙淤积是其直接驱动力。总体上，可根据地表物质的迁移特征将三峡水库消落区划分为以土壤侵蚀为主的侵蚀型消落区和以泥沙淤积为主的淤积型消落区两种基本类型（图 6-42）。其中，侵蚀型消落区主要分布在下游峡谷区，大致为云阳至大坝段；淤积型消落区多分布在开阔河谷区，大致为云阳至库尾段。因此，在云阳县和忠县两地选择了典型样地，分别在低（145～155 m）、中（155～165 m）、高（165～175 m）3 个不同高程消落区运用侵蚀针（五点法）进行原位监测（图 6-43 和表 6-3）。同时，采用文献调研予以补充。

图 6-42　三峡水库典型消落区景观

监测结果显示，忠县皇华岛左汊消落区以泥沙淤积为主且具有明显的高程梯度效应，最大年淤积厚度为 11.26 cm，主要分布在海拔较低处；而高海拔处的年淤积厚度薄，不足 2.00 cm，部分监测点甚至为侵蚀状态，但侵蚀厚度未超过 1.00 cm（表 6-3）。总体来说，忠县皇华岛左汊消落区为典型的淤积型消落区，泥沙淤积主要发生在海拔较低处，

图 6-43　消落区土壤侵蚀与泥沙淤积监测

表 6-3　忠县皇华岛监测样方信息及结果

监测点编号	高程	位置	坡度/(°)	变化/cm
1a	低	30°20′17.93361″N 108°04′57.21189″E	1～2	+ 11.04
1b	中	30°20′17.90001″N 108°04′58.47905″E	2～3	+ 3.72
1c	高	30°20′17.89472″N 108°04′59.39046″E	2～3	+ 1.86
2a	低	30°20′07.99446″N 108°05′03.38077″E	20～25	+ 11.26
2b	中	30°20′08.24160″N 108°05′04.14809″E	2～3	+ 9.80
2c	高	30°20′08.42725″N 108°05′05.36130″E	15～20	+ 0.10
3a	低	30°20′09.29645″N 108°06′03.30153″E	10～15	+ 5.80
3b	中	30°20′08.91773″N 108°06′03.31504″E	2～5	−0.44
3c	高	30°20′08.72867″N 108°06′02.99631″E	10～15	−0.96
4c-1	高	30°19′58.19733″N 108°05′51.69230″E	3～5	+ 0.50

续表

监测点编号	高程	位置	坡度/(°)	变化/cm
4c-2	高	30°19′57.93134″N 108°05′51.65475″E	5～7	+1.40
5c-1	高	30°19′58.04480″N 108°05′49.39284″E	1～3	−1.00
5c-2	高	30°19′57.62113″N 108°05′49.25590″E	2～4	−0.30
5c-3	高	30°19′58.31792″N 108°05′48.85494″E	3～5	−0.13
6c-1	高	30°19′58.83446″N 108°05′56.69061″E	1～2	+0.10
6c-2	高	30°19′58.67291″N 108°05′57.05375″E	1～2	−0.30
6c-3	高	30°19′58.37278″N 108°05′56.51901″E	2～3	已丢失
6c-4	高	30°19′58.76085″E 108°05′55.62669″N	7～10	−0.40

而海拔较高处的侵蚀和淤积现象均不明显。水库消落区地形是影响土壤侵蚀的重要因素，从监测结果来看，坡度越陡，侵蚀现象越明显。部分不同坡度处的泥沙淤积厚度差异不大，这说明坡度对泥沙淤积的影响不明显。

就淤积型消落区而言，海拔 145～155 m 是主要的泥沙淤积区段，年淤积厚度为 1～40 cm。干流消落区泥沙淤积的主要影响因素有坡度、高程、河流水沙条件、人类活动等，各因素的影响范围存在较明显的空间变异性。具体而言，江津至涪陵段受人类活动的影响最为剧烈，泥沙淤积量与各个环境因素间均无明显关系；涪陵至奉节段消落区受地形的坡度和高程的影响较为明显，其中淤积量与高程之间的相关性与水淹时间密切相关，坡度越小，泥沙淤积越多，高程越低、消落区被含沙水流淹没的时间越长，泥沙淤积量也越大；奉节至秭归段则以坡度的影响为主，坡度越小，泥沙淤积越多，不同高程间的泥沙淤积量并无显著差异。干流消落区泥沙淤积量空间变异明显，年淤积量为 86.58～419.19 kg/m^2。空间分布上，库区中部任家至石宝河段为重点泥沙淤积区，年淤积量为全库区最高；水库前端瞿塘峡以下河段是消落区泥沙淤积量最小的干流河段；而水库末端江津至涪陵河段则视具体淤积环境和人为活动干扰的不同而存在较明显差异，其淤积量介于库中和库首之间。此外，奉节县泥沙淤积量较万州区小周镇明显升高，体现出小江（即澎溪河）汇入对三峡水库消落区泥沙淤积的贡献。

云阳县四方井公园消落区为典型的侵蚀型消落区，侵蚀形式包括波浪侵蚀、降雨径流侵蚀和崩塌等，最大侵蚀厚度超过 10 cm（图 6-44 和表 6-4）。对于以崩塌为主的消落区而言，传统的土壤侵蚀监测方法难以实现动态监测。从监测结果来看，侵蚀泥沙多为就近淤积，部分地方淤积厚度超过了 15 cm。

长江干流和支流消落区早期的最高土壤侵蚀模数分别可达 54050 $t/(km^2·a)$ 和 9191 $t/(km^2·a)$，约为三峡库区平均土壤侵蚀模数[3185 $t/(km^2·a)$]的 17 倍和 3 倍。此外，消落区土壤侵蚀受地形、坡度、海拔、波浪等因素的综合作用，具有明显的空间分异性，微地形变化显著。具体而言，大于 5°的土质消落区坡地土壤侵蚀强烈，主要形式为波浪侵蚀和降雨径流侵蚀，也有少量崩塌等重力侵蚀出现；而在小于 5°的平缓消落区坡地，土壤侵蚀一般多发生在阶地前缘、陡坎等部位，主要表现为波浪掏蚀引起的崩塌等重力侵蚀。从沿程分布来看，库区中游段土壤侵蚀最为严重，侵蚀面积约占该段消落区面积的 73.77%，其中极强烈及其以上侵蚀强度占 49.59%。就忠县库段而言，海拔高于 155 m 的土质消落区主要受土地利用与覆盖变化、涌浪侵蚀和水文地质条件变化的影响，导致田坎冲毁破坏，阶梯式坡面暂变为波浪式坡面，且土壤侵蚀严重，年均侵蚀厚度为 0.1～20.0 cm。特别是在 175 m 和 145 m 水位线附近侵蚀剧烈，诱发土体蠕滑。根据相关数据，三峡水库消落区地形地貌强烈活动周期为蓄水后的 10～20 年，部分土质消落区需要数十年才能进入动态平衡期。总体而言，消落区植被原生消亡、复合侵蚀营力多向交替作用、土壤理化及力学性质巨变等是导致侵蚀强烈的主要原因。

图 6-44　云阳县四方井公园侵蚀型消落区

表 6-4　云阳县四方井公园监测样方信息及结果

监测点编号	高程	位置	坡度/(°)	变化/cm
1-1	低	30°56′55.90661″N 108°39′49.60659″E	15～20	−0.90
1-2	中	30°56′56.16544″N 108°39′49.89827″E	10～15	−0.40
1-3	高	30°56′56.46255″N 108°39′50.04943″E	20～25	+ 0.32
2-1	低	30°56′57.16279″N 108°39′48.79506″E	50～60	−1.96

续表

监测点编号	高程	位置	坡度/(°)	变化/cm
2-2	中	30°56′56.69834″N 108°39′48.67141″E	2～6	+ 16.96
2-3	高	30°56′56.35094″N 108°39′48.70212″E	4～10	−5.42
3-1	高	30°56′55.04972″N 108°39′48.87138″E	5～15	已丢失
3-2	高	30°56′55.03201″N 108°39′48.44542″E	10～15	已丢失
3-3	高	30°56′54.70216″N 108°39′48.64138″E	20～25	已丢失
4-1	高	30°56′54.70459″N 108°39′50.33348″E	15～25	已丢失
4-2	高	30°56′54.46132″N 108°39′49.93235″E	10～20	已丢失
4-3	高	30°56′54.23667″N 108°39′50.04845″E	15～25	已丢失
5-1	高	30°56′56.57623″N 108°39′47.63087″E	15～25	已丢失
5-2	高	30°56′56.82585″N 108°39′47.57182″E	10～20	−2.90

从整体来看，降雨径流引起的三峡水库消落区土壤侵蚀较为严重，侵蚀面积约占三峡水库消落区总面积的 71.17%，其中极强烈及其以上侵蚀强度占 45.37%。干流消落区土壤侵蚀最为严重，侵蚀面积约占干流消落区总面积的 79.48%，其中极强烈及其以上侵蚀强度占 54.36%。从空间差异来看，库区中游段土壤侵蚀最为严重，侵蚀面积约占该段消落区面积的 73.77%，其中极强烈及其以上侵蚀强度占 49.59%。从高程分布来看，随着高程的升高，侵蚀强度逐渐降低，145～155 m 剧烈侵蚀强度占 55.45%，而高程 165～175 m 剧烈侵蚀强度下降到 12.69%。从坡度来看，消落区小于 5°的区域可以认为没有发生水力侵蚀（以微度侵蚀为主），坡度大于 25°的区域则以剧烈侵蚀为主。

第七章　三峡水库消落区动植物状况

第一节　植 物 状 况

一、植物组成现状

现场调查结果（2022 年）显示，三峡水库消落区植物共有 235 种，隶属于 59 科 157 属（图 7-1），其中，禾本科 39 种、菊科 28 种、莎草科 21 种、蓼科 14 种、苋科 10 种，这五个优势科所属植物占总体的 47.66%。

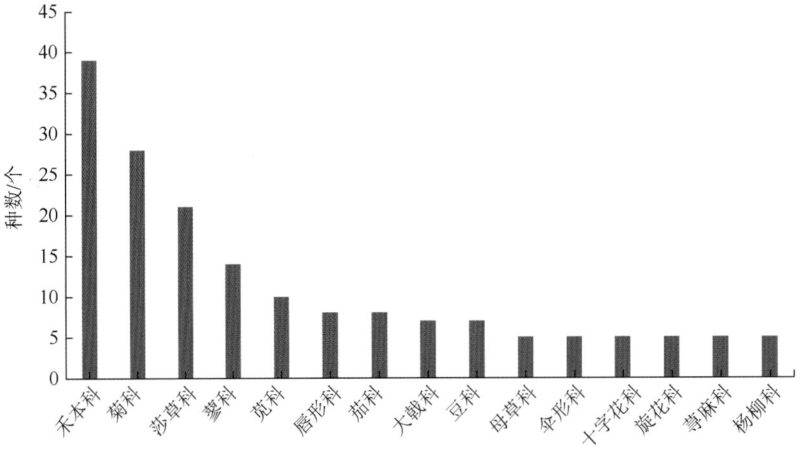

图 7-1　三峡水库消落区植物科分布（仅展示 5 种以上科）

1. 生活型

三峡水库消落区植物生活型以草本为主，约占总体的 84.26%，乔木、灌木较少出现（图 7-2）。草本植物中一年生草本达到 110 种，多年生草本 88 种。消落区存在的少数乔木物种，多为以生态恢复为目的的人工种植方式引入，如落羽杉、池杉和竹柳等。

2. 消落区主要优势植物物种

根据消落区植物的相对盖度和相对多度分布，区域优势植物为狗牙根、苍耳、牛鞭草、大狼耙草、鳢肠、酸模叶蓼、苘麻、喜旱莲子草、马唐、香附子、狗尾草（图 7-3）。其中狗牙根优势值最大，是消落区最主要的优势物种；其次是苍耳和牛鞭草。

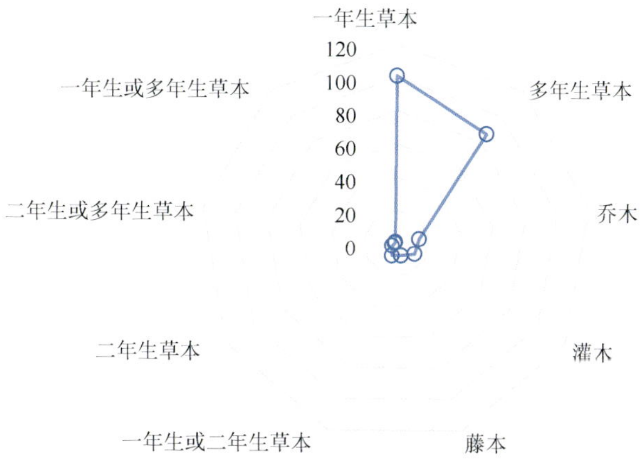

图 7-2　三峡水库消落区植物生活型分布

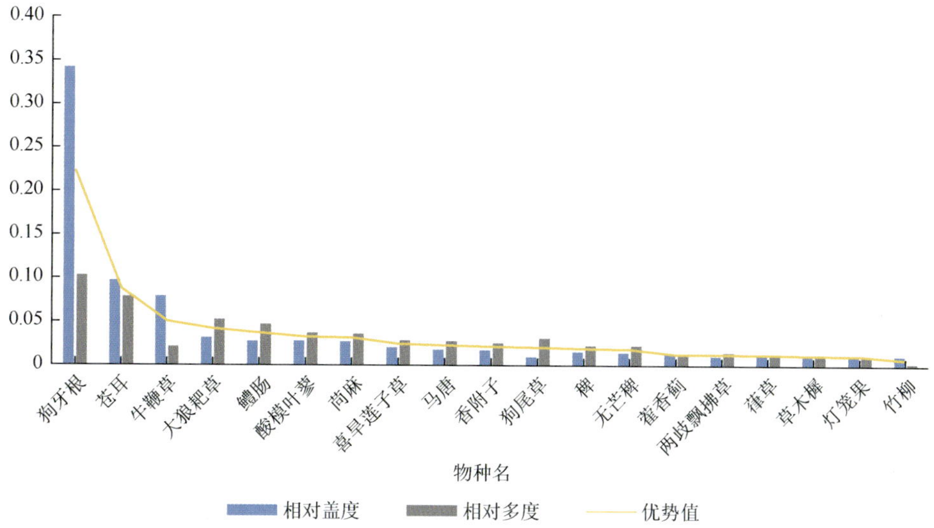

图 7-3　三峡水库消落区优势植物

从库尾的重庆主城九区和长寿区到库中的巫山县和云阳县，狗牙根都是最主要的优势物种（表 7-1）。在库首的秭归县和巴东县，狗尾草取代狗牙根成为最主要的优势物种。自涪陵区向下游直至库首，苍耳都呈现连续优势分布。

表 7-1　消落区各区县优势物种

区县	优势物种 1	优势物种 2	优势物种 3
涪陵区	狗牙根	苍耳	喜旱莲子草
云阳县	狗牙根	苍耳	大狼耙草
忠县	苍耳	狗牙根	鳢肠
万州区	狗牙根	大狼耙草	鳢肠

续表

区县	优势物种 1	优势物种 2	优势物种 3
开州区	苍耳	狗牙根	酸模叶蓼
丰都县	狗牙根	苍耳	鳢肠
奉节县	狗牙根	苍耳	大狼耙草
秭归县	狗尾草	苍耳	大狼耙草
巴东县	狗尾草	苍耳	鳢肠
巫山县	狗牙根	苍耳	苘麻
武隆区	大狼耙草	狗牙根	牛鞭草
石柱土家族自治县	狗牙根	苍耳	碎米莎草
重庆主城九区	狗牙根	牛鞭草	酸模叶蓼
长寿区	狗牙根	酸模叶蓼	喜旱莲子草

二、植物分布特征

1. 消落区植物群落组成的垂直空间分布特征

由于不同高程水淹时长和强度不同，消落区植物群落在高程梯度上的分异较强。2021 年 8 月调查消落区低高程共记录植物 20 科 42 属 54 种（表 7-2），其中禾本科、菊科、莎草科分别占总数的 35%、24%、11%（图 7-4），狗牙根属、稗属、苍耳属和莎草属植物分别占总数的 11.4%、8.8%、7.0%和 7.0%；中高程植物与上述低高程植物的调查结果相比数量明显增加，共 32 科 73 属 101 种，禾本科、菊科和蓼科分别占总数的 26.2%、33.6%和 6.9%，其中苍耳属、狗牙根属、鬼针草属和萹蓄属植物分别占总数的 10.4%、9.5%、9.1%和 9.1%；高高程共记录植物 56 科 145 属 194 种，其中禾本科、菊科分别占总数的 31%、27%，狗尾草属、狗牙根属、萹蓄属和苍耳属植物分别占总数的 8.3%、8.2%、6.3%和 6.2%。

表 7-2　消落区不同高程植物科属种变化

组成	低高程	中高程	高高程
科	20	32	56
属	42	73	145
种	54	101	194

2022 年 8 月调查消落区低高程共记录植物 26 科 54 属 90 种（表 7-3），其中禾本科、菊科和莎草科分别占总数的 29.1%、18.5%和 17.7%（图 7-5），莎草属、狗牙根属、稗属和鳢肠属分别占总数的 12.7%、11.4%、7.7%和 7.3%；中高程共记录植物 28 科 74 属 108 种，其中禾本科、菊科分别占总数的 32.9%、22.9%，狗牙根属、莎草属、苍耳属和稗属分别

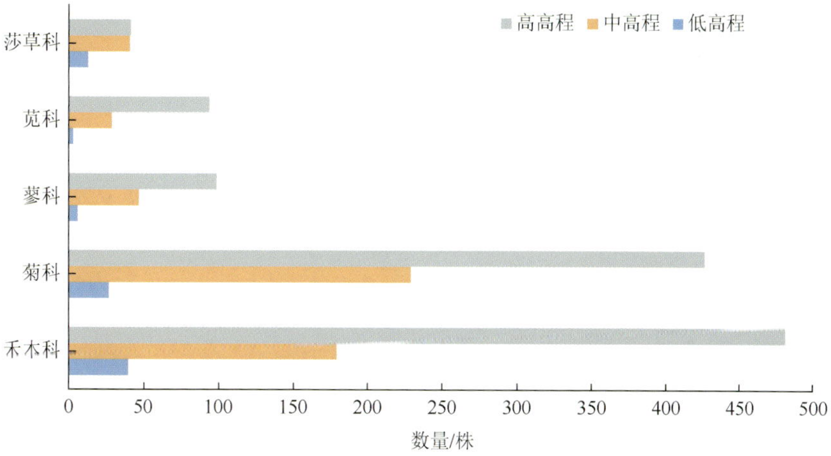

图 7-4　2021 年三峡水库消落区不同高程植物科分布（仅展示占总数 5%以上科）

占总数的 12.7%、10.4%、8.4%和 8.0%；高高程共记录植物 39 科 113 属 148 种，其中禾本科、菊科分别占总数的 29.3%、32.7%，苍耳属、狗牙根属、鬼针草属和狗尾草属分别占总数的 9.2%、7.8%、7.0%和 6.1%。

表 7-3　2022 年不同高程植物科属种变化

组成	低高程	中高程	高高程
科	26	28	39
属	54	74	113
种	90	108	148

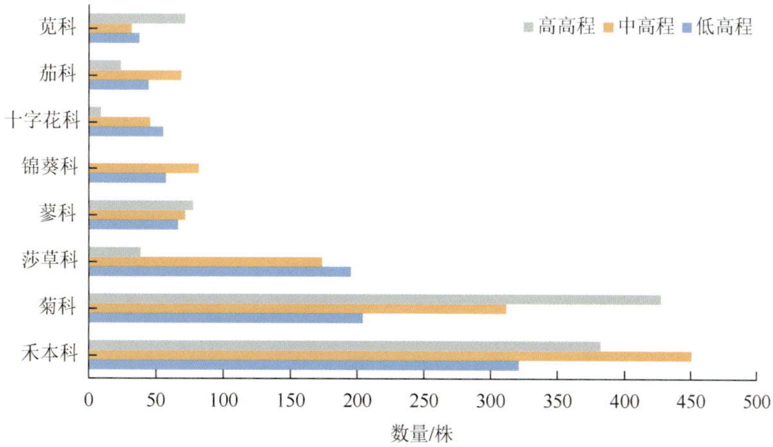

图 7-5　2022 年三峡水库消落区不同高程植物科分布（仅展示占总数 5%以上科）

由此可见，三峡水库消落区周期性的水淹活动导致不同高程植物受水淹的强度不同，低高程植物受水淹影响较大，高高程植物受水淹影响较小，因此，低高程植物种类最少，而高高程植物种类最多。不同高程的植物群落仍存在明显的优势科和优势属，不同高程的禾本科和菊科在科级的分类组成中均明显多于其他科。在属级的分类组成上，禾本科的狗牙根属和稗属、菊科的苍耳属、蓼科的萹蓄属及莎草科的莎草属分布较为广泛。

在生活型方面，消落区植物以草本为主，乔木、灌木较少出现（图 7-6）。2021 年 8 月调查发现低高程植物中一年生草本约占总数的 68%，多年生草本约占总数的 25%；中高程植物中一年生草本约占总数的 67%，多年生草本约占总数的 28%；高高程植物中一年生草本约占总数的 56%，多年生草本约占总数的 34%。2022 年 8 月调查分析得到的一年生草本和多年生草本的物种数与 2021 年的调查结果相差不大，总体上，草本植物中具备一年生活史能力（一年生、一年生或几年生）的最多。

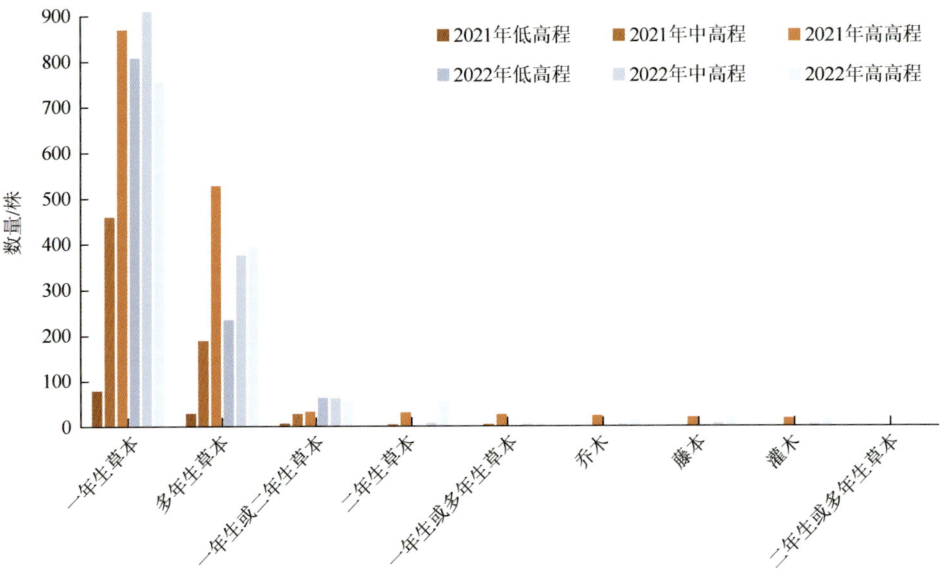

图 7-6　三峡水库消落区不同高程植物生活型（仅展示占总数 5%以上科）

在物种多样性方面，通过计算物种丰富度、香农-维纳（Shannon-Wiener）指数、辛普森（Simpson）指数和均匀度指数（2001 年），发现消落区低高程植物的物种丰富度、Shannon-Wiener 指数、Simpson 指数和均匀度指数最高，中高程和高高程植物的物种丰富度、Shannon-Wiener 指数、Simpson 指数和均匀度指数相差不大（图 7-7）。

与上述结果不同的是，在 2022 年 8 月调查的消落区植物中，中高程植物的物种丰富度最高。此外，高高程植物的物种丰富度、均匀度指数、Shannon-Wiener 指数和 Simpson 指数均比中高程植物的高（图 7-8）。

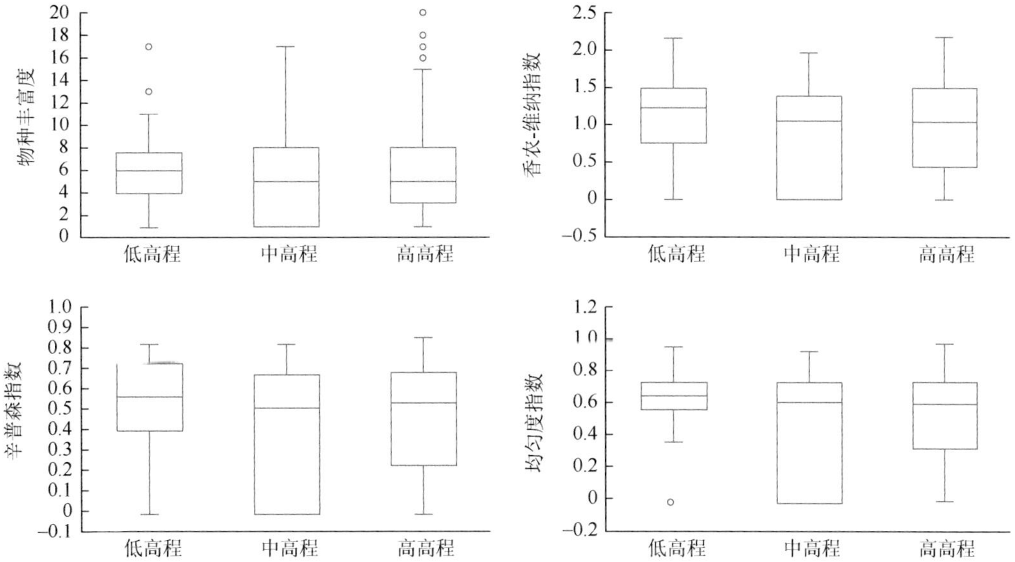

图 7-7　2021 年不同高程物种多样性

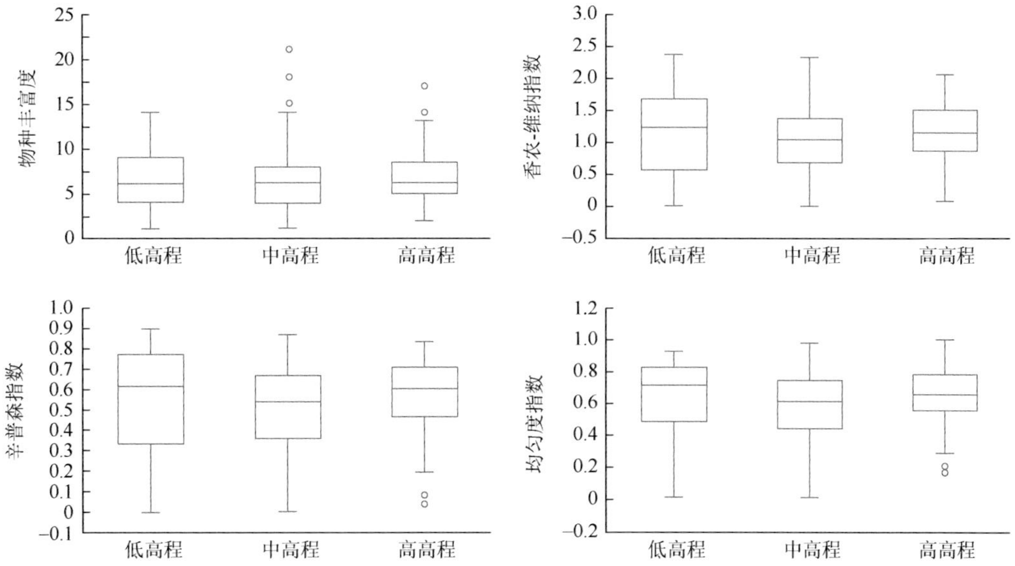

图 7-8　2022 年不同高程物种多样性

在优势物种方面，消落区低高程植物中狗牙根出现的频次最多，占总频次的 8.8%，其次为苍耳和大狼耙草，分别占总频次的 7.4%和 5.0%；相比低高程，除狗尾草外，中高程植物中狗牙根、苍耳、大狼耙草和酸模叶蓼出现的频次均有所升高，分别占总频次的 9.5%、10.4%、7.3%和 5.0%。高高程植物中狗牙根出现的频次最多，占总频次的 8.1%；其次为苍耳和狗尾草，分别占总频次的 6.2%和 5.4%（图 7-9）。

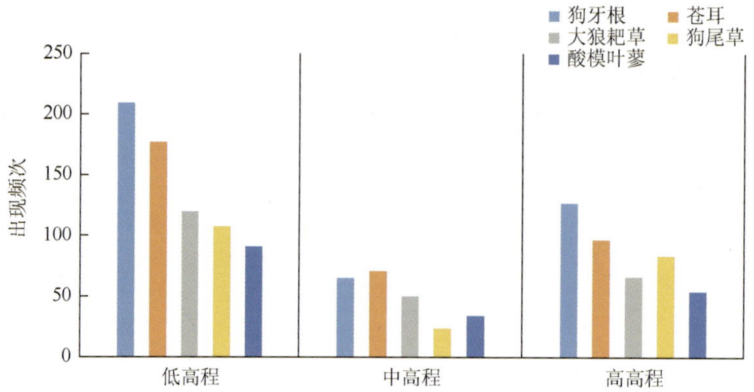

图 7-9　2021 年消落区不同高程优势植物

2022 年 8 月调查发现低高程植物中除狗牙根和苍耳出现的频次较高外，鳢肠出现的频次增多，占总频次的 7.3%；中高程植物中苘麻出现的频次增多，占总频次的 5.9%；与低高程和中高程相比，高高程植物中的狗牙根出现的频次显著降低，占总频次的 7.8%，而苍耳出现的频次升高，占总频次的 9.1%（图 7-10）。另外，无芒稗出现的频次有所上升，占总频次的 6.1%。综合分析结果可知，狗牙根和苍耳在消落区不同高程分布广泛，狗牙根是最主要的优势物种，其次是苍耳。

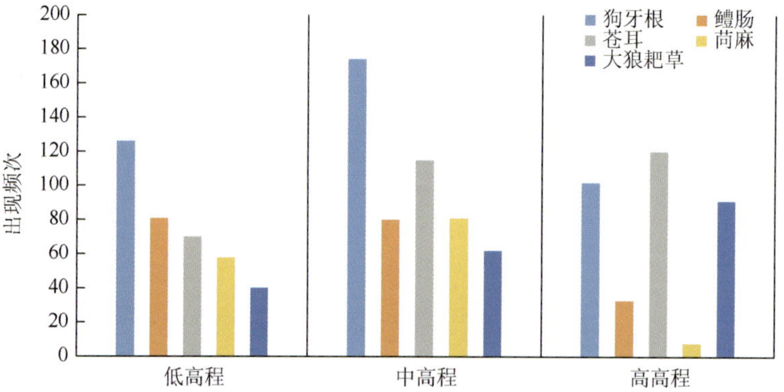

图 7-10　2022 年消落区不同高程优势植物

2. 消落区植物群落组成的水平空间分布特征

三峡水库东起湖北宜昌三峡水库坝址（三斗坪），西至重庆江津（花红堡），全长约 667 km，在沿河流方向上可分为常年回水区和变动回水区，两类回水区以长寿区为分界点，常年回水区只受水库水位调度影响，变动回水区受到水库水位调度和夏季自然洪汛的双重影响。此外，由于干流和支流在地貌特征、波浪冲刷及航运利用等方面有较大差异，因此也会显著影响两岸消落区植物群落结构组成。

作者团队分别于 2021 年 8 月和 2022 年 8 月调查了三峡水库消落区干流与支流的植物（表 7-4）。2021 年 8 月调查消落区干流共记录植物 44 科 109 属 143 种，其中禾本科、菊科分别占总数的 30.8%、29.7%，狗牙根属、苍耳属植物分别占总数的 9.2%、7.6%；支流植物与上述干流植物的调查结果相比科属数量均略有减少，共 34 科 79 属 97 种，禾本科、菊科分别占总数的 27.9%、27.4%，其中狗牙根属、鬼针草属、蒿蓄属和苍耳属植物分别占总数的 8.0%、7.0%、7.0%和 6.8%。2022 年 8 月再次调查消落区干流与支流的植物总数，总体结果与 2021 年相比相差不大，共记录干流植物 41 科 103 属 145 种，其中禾本科、菊科分别占总数的 27.6%、26.1%，狗牙根属、莎草属、苍耳属和蒿蓄属植物分别占总数的 8.3%、8.2%、7.5%和 6.2%；支流植物共 31 科 76 属 102 种，其中禾本科、菊科分别占总数的 33.6%、23.7%，狗牙根属、苍耳属、莎草属和稗属分别占总数的 13.2%、8.3%、7.9%和 6.7%。由此可见，三峡水库消落区存在明显的优势科和优势属，其中禾本科和菊科在科这一级的分类组成上明显多于其他科（图 7-11）；在属这一级的分类组成上，禾本科的狗牙根属和菊科的苍耳属分布更为广泛。

表 7-4　三峡水库消落区干流和支流植物科属种组成

组成	2021 年		2022 年	
	干流	支流	干流	支流
科	44	34	41	31
属	109	79	103	76
种	143	97	145	102

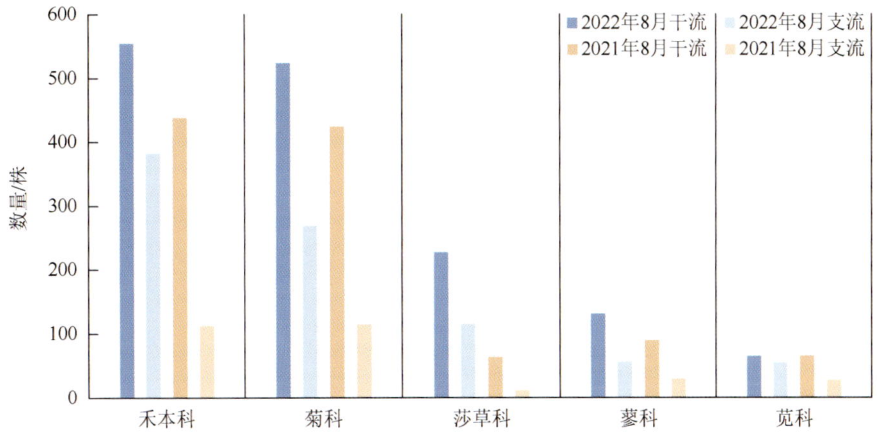

图 7-11　三峡水库消落区植物科分布（仅展示占总数 5%以上科）

在生活型方面，消落区植物以一年生草本植物为主（图 7-12）。2021 年 8 月调查发现干流植物中一年生草本约占总数的 60%，多年生草本约占总数的 32%；支流植物中一年生草本约占总数的 62%，多年生草本约占总数的 29%。和 2021 年相比，2022 年 8 月发现一年生和多年生草本植物数量有略微差异，其中，消落区干流植物中一年生草本约占总数的 65%，多年生草本约占总数的 26%；支流植物中一年生草本约占总数的 62%，多年生草本约占总数的 32%。

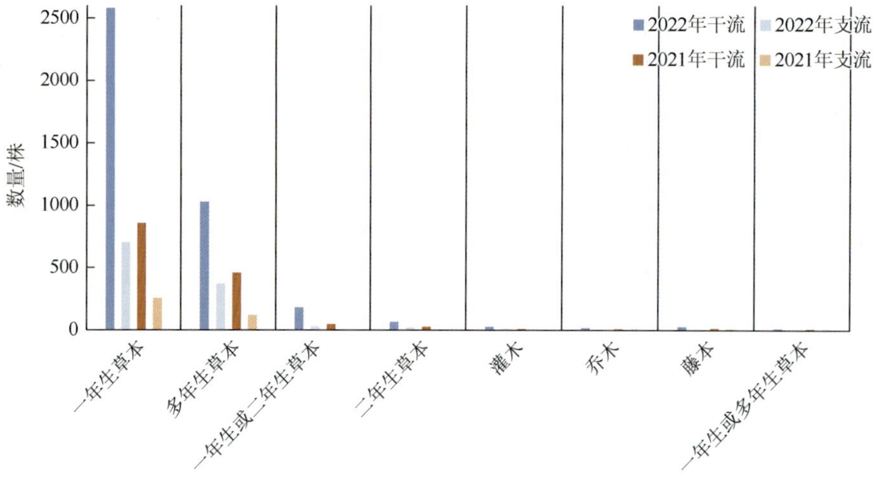

图 7-12　三峡水库消落区植物生活型

在物种多样性方面，通过计算物种丰富度、Shannon-Wiener 指数、Simpson 指数和均匀度指数（图 7-13），发现 2021 年 8 月调查的干流消落区植物的物种丰富度、Shannon-Wiener 指数、Simpson 指数均比支流植物的高，但支流植物的均匀度指数更高。在 2022 年 8 月调查的消落带支流植物中，其 Shannon-Wiener 指数、Simpson 指数和均匀度指数均比干流植物的高，但支流植物的物种丰富度更高。与 2021 年 8 月相比，2022 年 8 月调查消落区的干流植物发现，其均匀度指数、Shannon-Wiener 指数和 Simpson 指数均有所上升，而物种丰富度则有所下降。但支流植物的物种丰富度、Shannon-Wiener 指数和 Simpson 指数均有所下降，物种均匀度指数则有所上升。

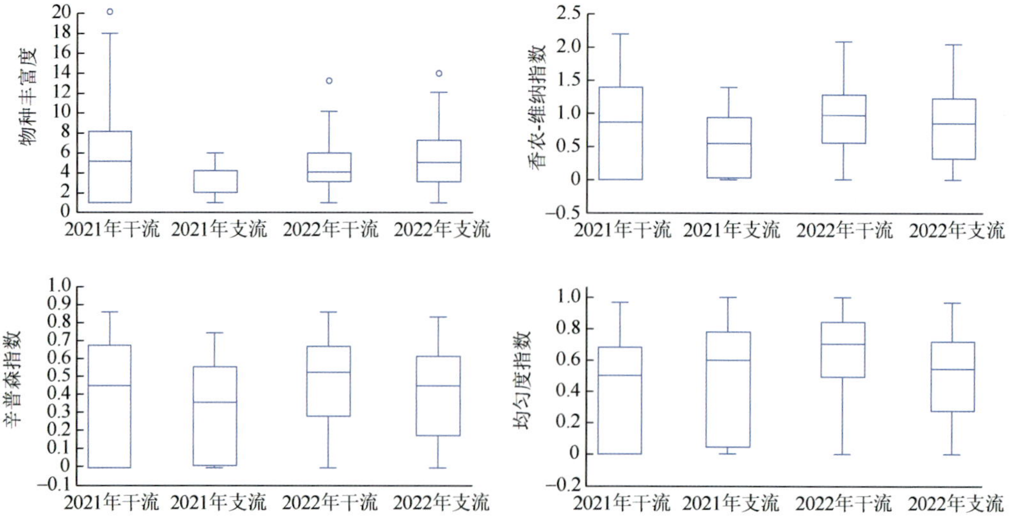

图 7-13　三峡水库消落区干流和支流植物物种多样性

在优势物种方面，2021 年 8 月调查发现，消落区干流植物中狗牙根出现的频次最多，占总频次的 9.2%；其次为苍耳和大狼耙草，分别占总频次的 7.6%和 5.9%；相比干流植物，支流植物中狗牙根和苍耳出现的频次分别占总频次的 8.0%和 6.8%，其中狗牙根和苍耳出现的频次均有所下降，但大狼耙草、狗尾草和酸模叶蓼出现的频次有所上升，分别占总频次的 6.5%、6.5%和 5.8%。2022 年 8 月调查发现，干流植物中狗牙根、苍耳和大狼耙草出现的频次分别占总频次的 8.3%、7.5%和 5.9%；另外，鳢肠和酸模叶蓼出现的频次有所上升，分别占总频次的 5.8%和 5.0%。相比干流植物，支流植物中狗牙根出现的频次显著升高，占总频次的 13.2%；其次为苍耳，其出现的频次占总频次的 8.3%。另外，无芒稗出现的频次有所上升，占总频次的 6.1%。总之，根据分析结果可知，狗牙根和苍耳在消落区的干流和支流均广泛分布，其中狗牙根是最主要的优势物种，其次是苍耳（图 7-14）。

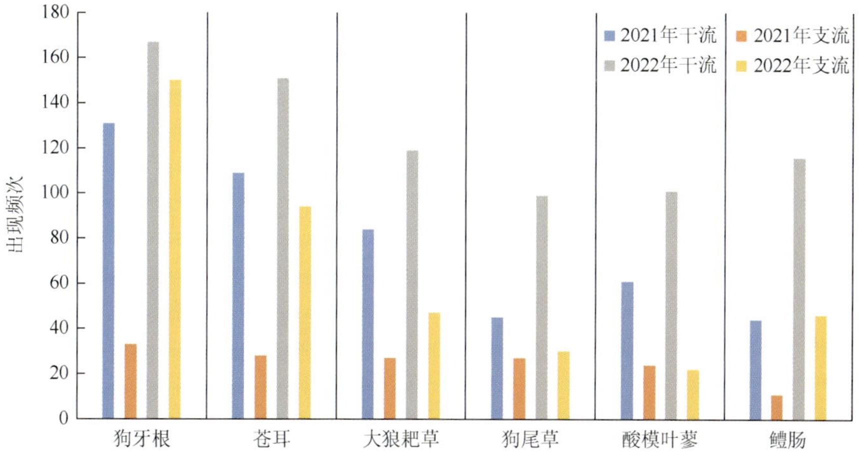

图 7-14　三峡水库消落区干流和支流优势植物

总体来看，从库尾到三峡大坝，植物物种丰富度、Shannon 指数和 Simpson 指数沿河流方向的变化趋势基本一致，总体呈现“弓”形分布，在库区中游河段的物种多样性最高，上游库尾区和下游近坝区的物种多样性相对较低（图 7-15）。此外，上、中、下游三个河段

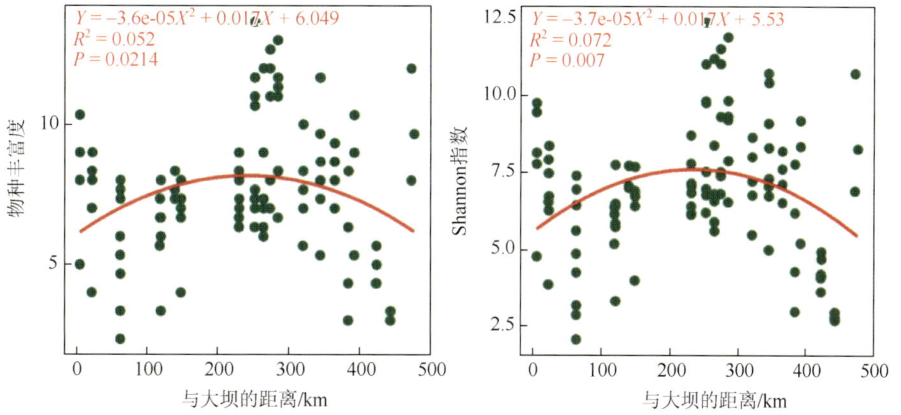

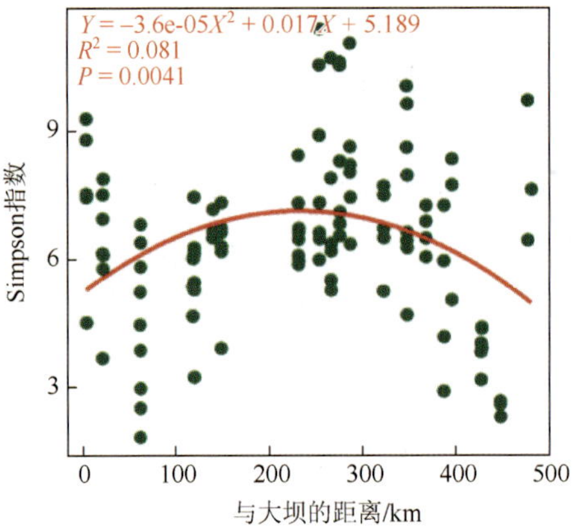

图 7-15　三峡水库消落区植物多样性与离坝距离关系

之间的物种丰富度和物种多样性存在显著差异，物种丰富度（$q=0$）和 Simpson 指数（$q=2$）均表现为下游显著低于中游和上游河段，而在上游和中游河段间差异不显著。Shannon 指数（$q=1$）的分布模式则表现为上游显著高于中游和下游，中游显著高于下游（图 7-16）。

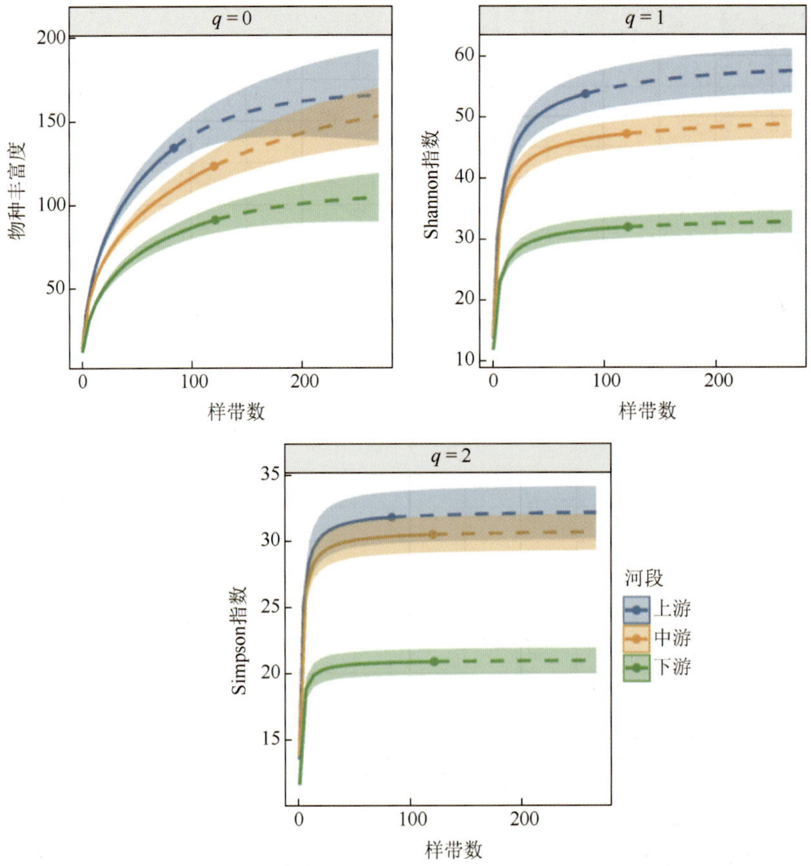

图 7-16　三峡水库消落区不同河段植物多样性的 Hill 稀疏化曲线

三、植物对干湿交替环境的响应特征

三峡水库消落区冬季高强度的淹水胁迫导致多数原有陆生植被消亡，仅有少数植物因其种子或地下根系耐淹性较强而存活下来，待夏季出露时，重新生长，因而形成夏季陆生、冬季水生的新生湿地生态系统，这导致消落区植物在个体-种群-群落水平上的环境响应均发生显著变化。

1. 植物个体对干湿交替环境的响应特征

1）优势植物淹水后的恢复生长

经历长时间的冬季淹水后，消落区植物的恢复生长能力决定了植物后期的营养和繁殖生长。消落区优势植物狗牙根和双穗雀稗的平均出芽时间均随淹水深度的增加而推迟（表 7-5）。弱淹水胁迫处理（5 m）种植的狗牙根平均出芽时间最早，为露出水面后的第 3d；出芽时间最迟的为强淹水胁迫处理（25 m）种植的双穗雀稗，出芽时间为露出水面后的第 11 d。相同淹水深度下，狗牙根的出芽时间早于双穗雀稗。植株露出水面恢复生长 15 d 后，狗牙根和双穗雀稗的平均芽长随着淹水深度的增加而变短。相同淹水深度下，狗牙根的平均芽长大于双穗雀稗。狗牙根存活率最高，3 个淹水深度处理下均为 100%；双穗雀稗存活率随着淹水深度的增加而降低，弱淹水胁迫处理下存活率达到 100%，中等（15 m）和强淹水胁迫处理下存活率在 80%以上。这些结果表明强淹水胁迫显著抑制了狗牙根和双穗雀稗的恢复生长，且狗牙根的耐淹及恢复生长能力大于双穗雀稗。

表 7-5　淹水胁迫环境下狗牙根和双穗雀稗的恢复生长和存活率

物种	淹水深度(高程)/m	平均出芽时间/d	平均芽长/mm	存活率/%
狗牙根	5（170）	2.67±0.33a	71.5±3.5a	100.0
	15（165）	4.67±0.33b	64.0±5.0ab	100.0
	25（155）	6.67±0.33c	50.0±3.0b	100.0
双穗雀稗	5（170）	6.00±0.00a	70.0±6.0a	100.0
	15（165）	7.67±0.33b	37.5±2.5b	83.3
	25（155）	10.67±0.33c	22.0±4.0b	80.0

注：引自谭淑端等（2008）。

2）优势植物功能性状变化特征

比叶面积（specific leaf area，SLA）和叶干物质含量（leaf dry matter content，LDMC）是反映植物资源获取和生存策略的重要指标。SLA 作为植物碳收获策略的关键叶性状之一，通常与叶寿命呈负相关关系，即具有较高 SLA 的植物种类，其叶寿命较低，但具有较高的净光合速率，而 LDMC 越高，植物资源获取能力越强。

狗牙根和苍耳的 SLA 和 LDMC 随淹水深度的变化趋势相反，即在中等淹水胁迫（160～170 m）下，狗牙根和苍耳的 SLA 低而 LDMC 高；但在弱（170～175 m）和强（155～160 m）淹水胁迫下，二者的 SLA 高而 LDMC 低（图 7-17）。这表明强淹水胁迫下，消落区较短的出露时间可能会导致植物叶片寿命较短，但其获取资源的能力较强，促使草本植物快速生长，迅速完成生命周期。在弱淹水胁迫下，相对较多的物种更容易在逆境中定植，草本植物会提高 SLA 以应对光照和水分的竞争。而在中等淹水胁迫下，SLA 和 LDMC 表现出相反的格局，这可能与中等淹水胁迫水平下，生境内物种多样性最大，导致营养限制有关，植物可能会优先分配资源用于贮藏和防御。SLA 变小和 LDMC 增大可以减少植物组织的水分损失，并节省植物组织的有效养分，从而帮助植物群落有效地积累生物量。

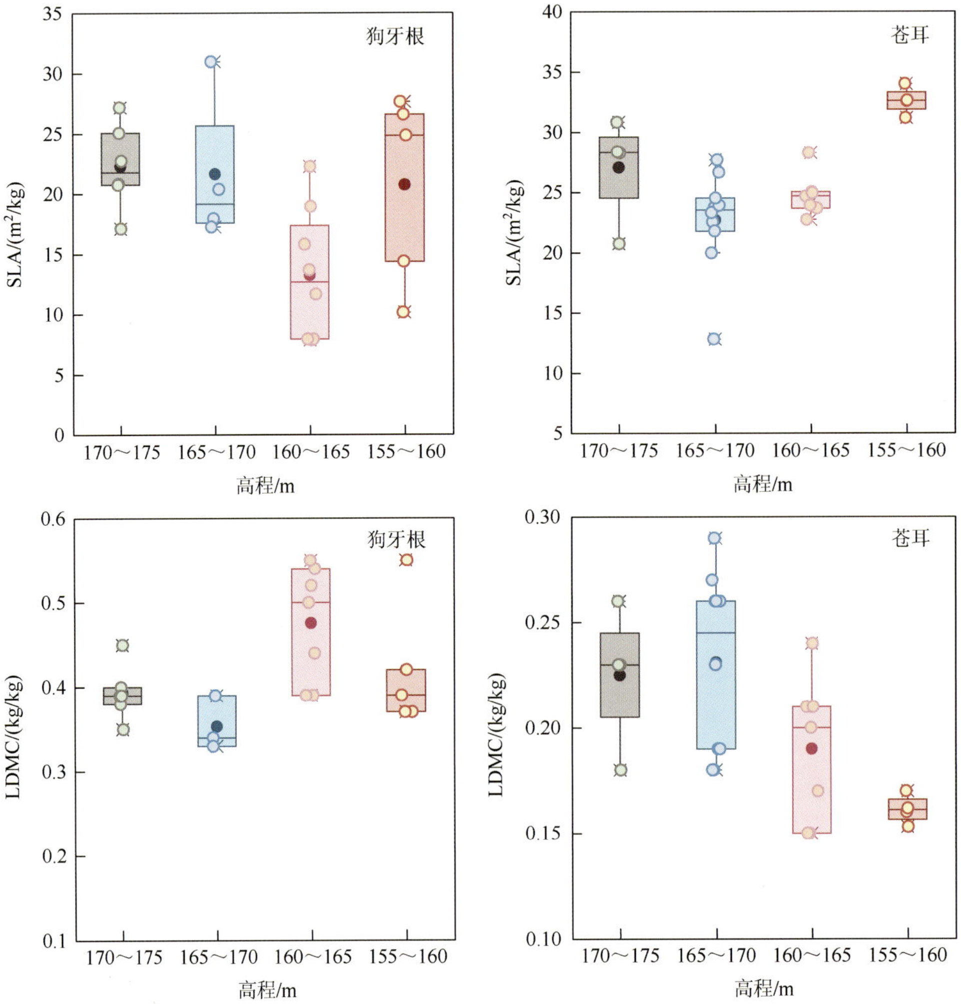

图 7-17　三峡水库消落区优势植物功能性状随淹水胁迫梯度的变化特征[改自孙小祥等（2021）]

3）优势植物的适应策略

在 CSR 对策理论中，C 对策者（competitor）属于竞争型植物，表征植物在肥沃及低干扰生境中迅速抢占资源的能力；S 对策者（stress-tolerator）属于耐胁迫型植物，表征植物在胁迫生境中的存活能力；R 对策者（ruderal）属于杂草型植物，具有良好的拓殖能力，表现为发芽快、生命周期短、开花早和繁殖投入大等特征。三峡水库消落区不同优势物种间的适应策略存在明显差异。狗牙根（53.4%）以 S 型策略投资为主，耐淹水能力较强；苍耳以 C 型策略投资为主（61.3%），其叶面积和比叶面积较大，能在消落区出露初期较快地抢占光热资源；小蓬草（64.6%）和鬼针草（50.9%）均以 R 型策略投资为主，能在消落区出露末期将占用的资源转化为个体小而数量极为庞大的种子；牛鞭草属于 SR 型策略投资（分别为 40.0%和 45.0%），兼具了耐淹水能力强和繁殖能力强的特性（图 7-18）。

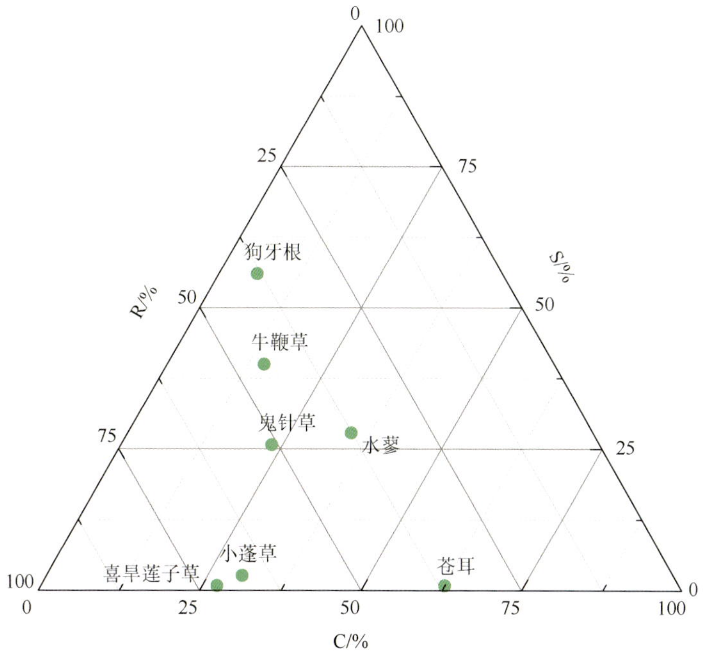

图 7-18　三峡水库消落区优势植物 CSR 策略图[改自张永志等（2023）]

2. 植物种间联结性及种间关系对干湿交替环境的响应特征

植物种间联结性可以揭示植物间的生态适应性及资源利用的重合程度，负联结表明植物之间的生态习性和生境要求不一致，群落结构不稳定；正联结则相反。在不同淹水胁迫梯度下，三峡水库消落区植物种间联结性出现分层现象，即强淹水胁迫（150～165 m）下植物种间联结以负联结为主，植物群落结构相对不稳定；而弱淹水胁迫（165～175 m）下植物种间联结以正联结为主，植物群落结构趋于相对稳定（表 7-6）。

表 7-6　不同水位高程下植物群落种间联结性

水位高程/m	方差比（VR）	统计量 W 值	$\chi^2\left[\chi^2_{0.95}(N), \chi^2_{0.05}(N)\right]$	结果
150～160	0.94	32.09	（1.15，11.07）	负联结，显著
160～165	0.71	29.61	（2.17，14.07）	负联结，显著
165～170	1.02	53.30	（3.33，16.92）	正联结，显著
170～175	1.19	60.76	（3.94，18.31）	正联结，显著

注：VR = 1 表明种间彼此独立，VR>1 表明种间正联结，VR<1 表明种间负联结。当 W 值落入 χ^2 分布的 90%置信区间，即 $\chi^2_{0.95}(N) < W < \chi^2_{0.05}(N)$ 时，表明种间联结不显著。

种间关系是群落构建的关键驱动力。种间关系在淹水胁迫梯度下的响应及其调控机制可以帮助理解三峡水库消落区植物群落构建的过程。三峡大坝蓄水引发的极端淹水胁迫很大程度上改变了三峡水库消落区优势物种之间的关系。例如，随着淹水胁迫的增加（高程的降低），先锋植物狗牙根对一年生优势物种苍耳的抑制作用呈减弱趋势，甚至转变为促进作用，但是，对多年生克隆植物香附子的作用则由中性向抑制作用转变（图 7-19）。这可能意味着在极端淹水环境下先锋植物（多年生）更容易促进一年生植物的生长，而对多年生植物的生长更倾向于抑制作用。

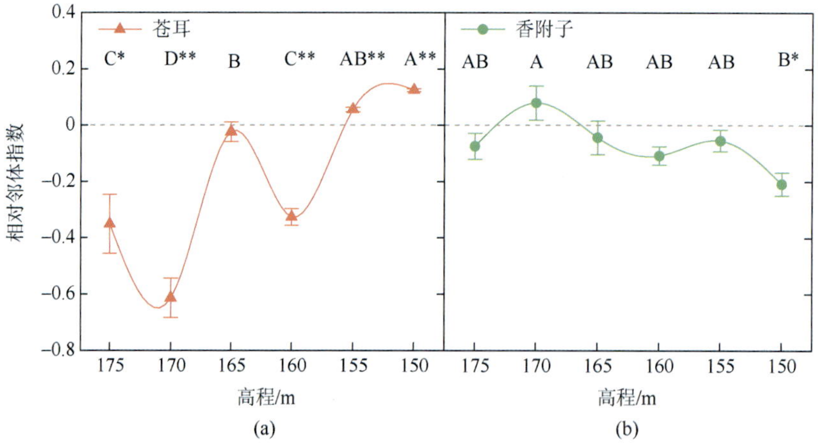

图 7-19　三峡水库消落区主要优势植物苍耳、香附子与狗牙根的种间关系沿高程梯度的响应特征［引自 Liu 等（2023）］

不同的大写字母代表不同高程之间存在显著性差异；***（$p<0.001$）、**（$p<0.01$）和*（$p<0.05$）代表相对邻体指数与 0 存在显著性差异

从功能性状的角度来看，无论苍耳是否与狗牙根混合种植，仅其株高随淹水胁迫的减弱而降低[图 7-20（a）～（c）]，表明淹水胁迫是影响苍耳株高的主要因素，这可能与苍耳是高大型草本植物，地上竞争优势明显有关。对于香附子来说，淹水胁迫和狗牙根的存在均显著抑制了香附子株高、分蘖数和根生物量的生长，尤其是在强淹水胁迫环境下[图 7-20（d）～（f）]。进一步的分析表明，株高代表的光资源获取能力可能是驱动一年生植物苍耳与多年生克隆植物狗牙根种间相互作用的关键因素，而对多年生克隆植物香附子来说关键因素是根系生物量代表的水和养分资源获取能力（图 7-21）。

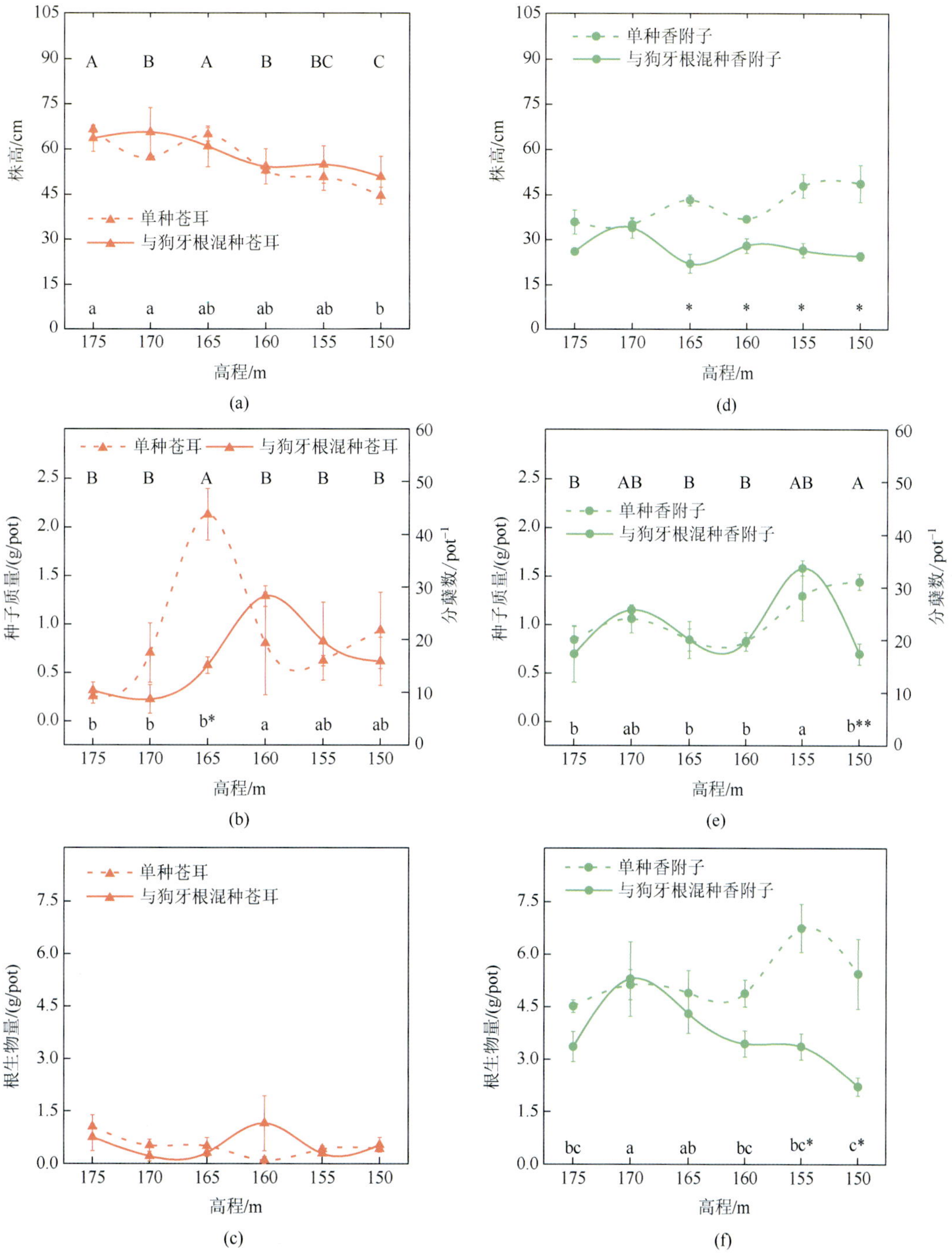

图 7-20　苍耳和香附子株高、种子质量/分蘖数、根生物量沿高程梯度的响应特征[引自 Liu 等（2023）]

不同的大写和小写字母分别代表单种和混种物种的性状在不同高程之间存在显著性差异；**（$p<0.01$）和*（$p<0.05$）代表单种与混种物种性状之间存在显著性差异

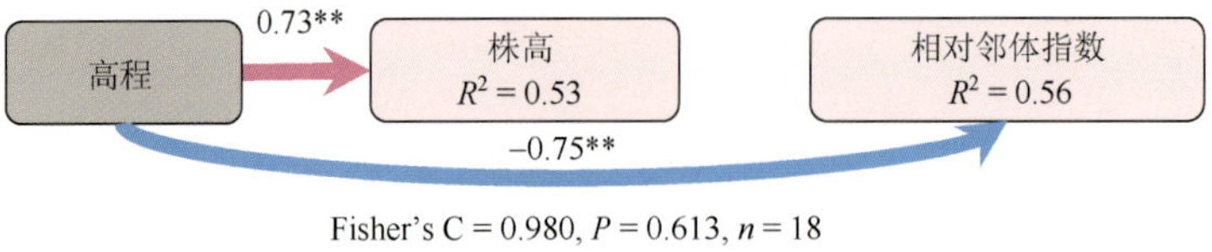

(a) 苍耳

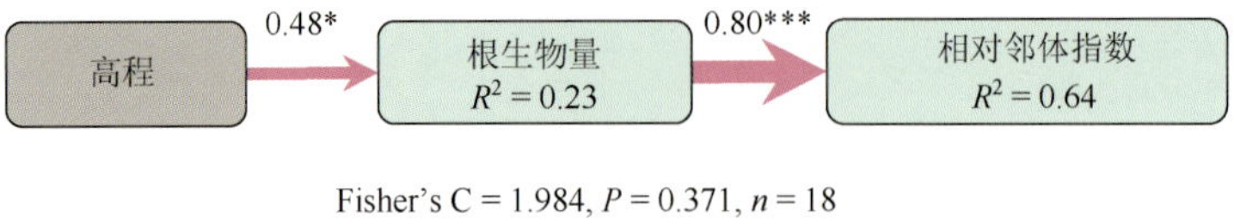

(b) 香附子

图 7-21　基于结构方程模型的淹水胁迫（高程）、功能性状与种间相互作用（相对邻体指数）之间相关性的分析[引自 Liu 等（2023）]

箭头宽度代表相关性的强度，箭头上的数字代表标准化路径系数；R^2 代表模型中预测变量可解释的部分；***$p<0.001$，**$p<0.01$，*$p<0.05$

3. 干湿交替环境下三峡水库消落区植物群落构建机制

总体上来看，三峡水库消落区植物群落构建是由淹水胁迫和随机过程共同主导的。在整个淹水胁迫梯度上植物群落构建处于聚集模式（图 7-22），且淹水胁迫强度是影响植物群落系统发育和功能的关键环境因子（图 7-23），这表明在周期性干湿交替环境胁迫下，水文波动导致的淹水胁迫主导了三峡水库消落区植物群落的构建过程。此外，仍有一些植物群落构建是由随机过程主导的，特别是在水库消落区的高高程区域。植物繁殖体的水媒传播对于河岸带植物群落构建过程非常重要。水位波动导致河岸带生境改变，进而影响植物繁殖体到达河岸带的顺序，植物群落构建模式随之改变，因此，扩散限制（随机过程）通过调节植物群落动态来影响植物群落构建。此外，有研究表明繁殖体扩散模式与淹水强度相关，当淹水强度较弱时，扩散限制在群落构建中可能变得更加重要。因此，扩散限制也可能是影响三峡水库消落区植物群落构建的另一个重要的决定性因素。

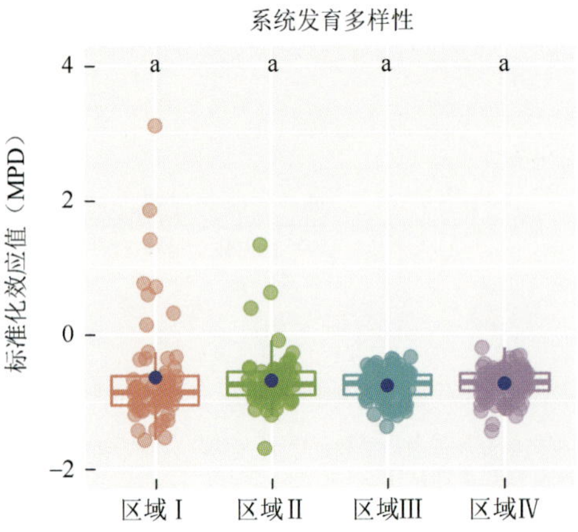

(a)

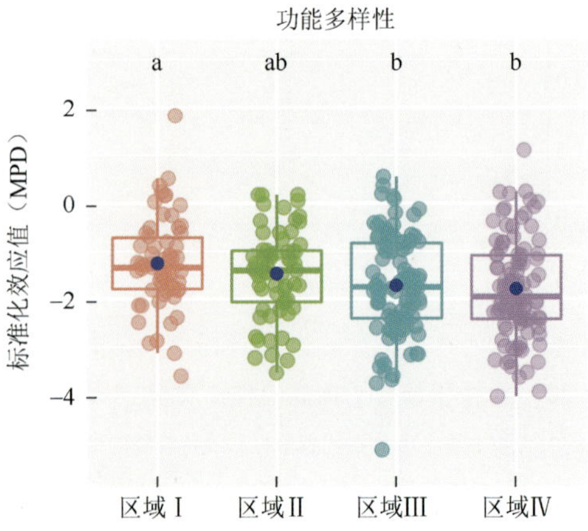

(b)

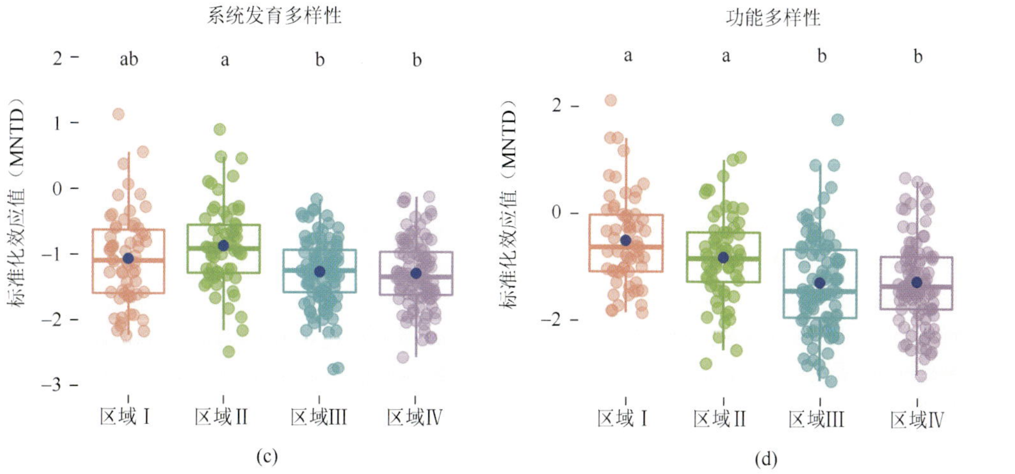

图 7-22　三峡水库消落区植物群落系统发育和功能多样性的聚散性特征[改自 Zheng 等（2023）]

不同的小写字母代表不同水位之间存在显著性差异；MPD：平均成对距离，MNTD：平均最近分类单元距离；区域Ⅰ：170～175 m，区域Ⅱ：165～170 m，区域Ⅲ：160～165 m，区域Ⅳ：145～160 m

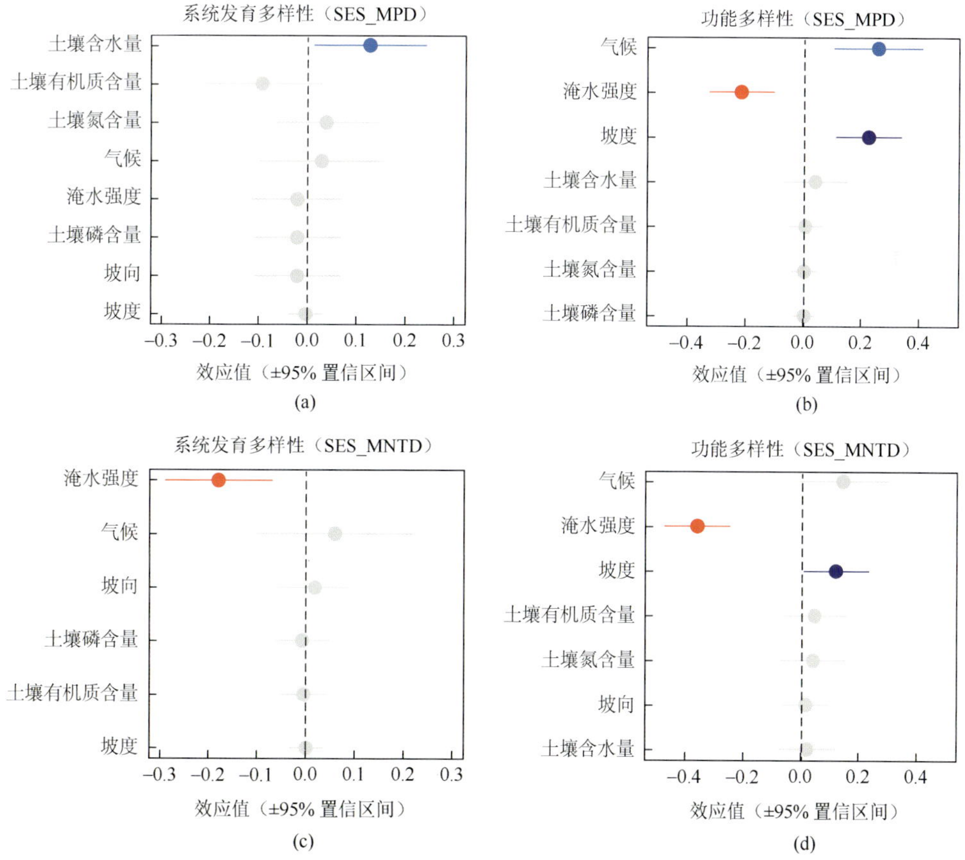

图 7-23　三峡水库消落区多维变量对植物群落系统发育和功能多样性标准化效应值（SES）的影响［改自 Zheng 等（2023）］

MPD：平均成对距离，MNTD：平均最近分类单元距离

4. 干湿交替环境下三峡水库消落区植物群落演替特征

1）消落区植物群落科属种组成年际变化特征

从 2003 年三峡水库开始蓄水至今，三峡水库消落区的植物群落科属种数量均发生了巨大变化。三峡水库蓄水之前，长江自然消落区（64.5～175 m）分布有维管束植物 83 科 240 属 405 种（2001 年调查数据），其中，菊科、禾本科、豆科、蓼科、唇形科、蔷薇科、玄参科、毛茛科、十字花科、伞形科为优势科，所属植物占总种数的 50%以上。三峡大坝于 2006 年和 2007 年进行实验性蓄水至 156 m，2008 年蓄水至 173 m，2009 年调查到 61 科 169 属 231 种维管束植物。与 2001 年的长江自然消落区相比，维管束植物科数减少了 26.5%，属数减少了 29.6%，种数减少了 43%。虽然优势科类型没有发生太大变化，但是 30 种以上的大科已经不复存在。2009 年三峡水库正式蓄水至 175 m，2010 年调查到维管束植物 78 科 253 属 466 种，物种数量达到最高，这可能与消落区的区域范围扩大有关。三峡水库消落区在经历十多次的周期性淹水后，2017 年调查到 35 科 78 属 98 种维管束植物，科属种数量跌落至最低值。之后，三峡水库消落区的植物群落表现出了自然恢复的趋势，截至 2022 年共调查到 59 科 157 属 235 种维管束植物，与 2009 年调查到的科属种数相当（图 7-24）。

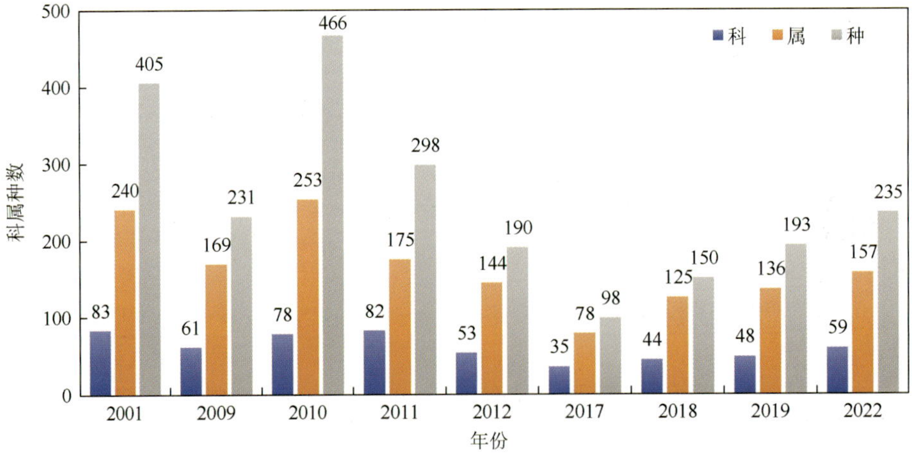

图 7-24　三峡水库消落区维管束植物科属种组成年际变化特征

2）消落区植物生活型年际变化特征

蓄水前，长江自然消落区植被生活型以多年生草本、一年生草本和灌木为主，且多年生草本植物所占比例远远高于一年生草本和灌木。蓄水后，虽然一年生草本和多年生草本植物仍然为主要生活型，但是两类生活型植物种数大幅下降，甚至多年生草本植物种类已经少于一年生草本植物，而且灌木已不再是优势生活型（图 7-25）。草本植物群落往往出现于植被群落演替的初期，相较于 2001 年三峡自然消落区的植被群落结构，新形成的水库消落区植被群落呈现出退化的趋势，这与现阶段周期性水陆交替引发的极端淹水胁迫环境密不可分。

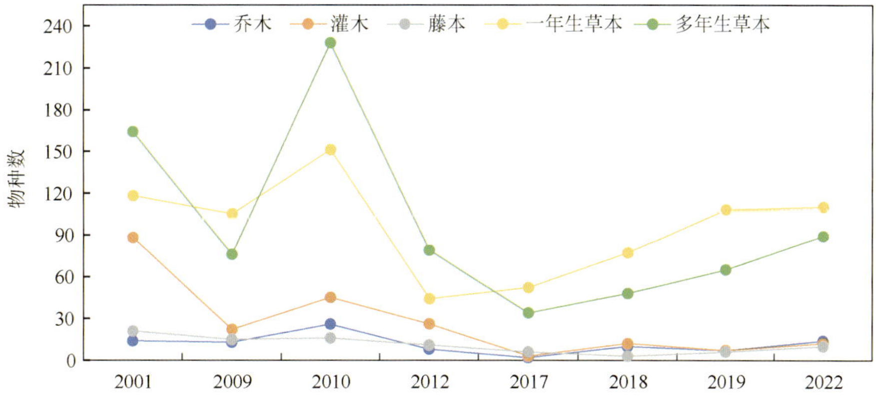

图 7-25　三峡水库消落区维管束植物生活型年际变化特征

3）消落区植物优势物种演替特征

三峡水库淹水初期（2008～2010 年），消落区的优势植物群落已经发生彻底改变，原优势物种仅有狗牙根和双穗雀稗存活下来且仍是优势物种，长江自然消落区特有优势物种（如疏花水柏枝、球结藨草等）已经消失，甚至分布较广、生长旺盛、抗水淹能力强的部分优势物种（如秋华柳、溪边野古草、荩草、犬问荆等）也已经消失（表 7-7）。同时，由于原有优势物种的消失，三峡水库消落区的生存空间被打开，使得更能适应新生淹水胁迫环境的原有伴生种（如狗尾草、苍耳、牛鞭草等）及外来入侵物种（如喜旱莲子草、大狼耙草、香附子、狼耙草等）成为新生消落区的优势植物群落。但是，由于新生消落区植物群落正处于演替的初级阶段，群落结构极其不稳定，至 2017 年，原自然消落区的优势物种除狗牙根仍是优势物种外，仅有不到一半的新生优势物种仍为优势植物群落，其他的新生优势物种都退化为了伴生种。

表 7-7　三峡水库消落带植物优势物种演替特征

年份	优势物种排序									
2001	狗牙根	秋华柳	溪边野古草	双穗雀稗	球结藨草	疏花水柏枝	看麦娘	荩草	犬问荆	小灯芯草
2008	牡荆	盐麸木	毛马唐	小蓬草	荩草	狗牙根	白茅	插田泡	狗尾草	牛鞭草
2009	狗牙根	苍耳	黄花蒿	大狼耙草	反枝苋	狗尾草	扁穗莎草	葎草	喜旱莲子草	酸模叶蓼
2010	小蓬草	牛鞭草	升马唐	狗尾草	光头稗	续随子	喜旱莲子草	狗牙根	狼耙草	苍耳
2017	狗牙根	苍耳	大狼耙草	稗	香附子	喜旱莲子草	草木樨	水蓼	狗尾草	野胡萝卜
2019	苍耳	狗牙根	牛鞭草	马唐	大狼耙草	大狗尾草	酸模叶蓼	狗尾草	喜旱莲子草	鳢肠

续表

年份	优势物种排序								
2021	狗牙根	苍耳	大狼耙草	牛鞭草	酸模叶蓼	狗尾草	葎草	鳢肠	稗	马唐
2022	狗牙根	苍耳	牛鞭草	苘麻	大狼耙草	鳢肠	喜旱莲子草	酸模叶蓼	马唐	稗

经过近二十年的植物群落演替，相较于水库蓄水初期，植物群落结构稳定性有了一定的提高，因此，2017 年与 2022 年的优势植物群落类型重合度较高，达到 70%以上。总体来看，三峡水库运行至今，原有植物群落结构发生了根本性改变，原有优势物种仅有狗牙根仍为优势物种，原有伴生种（狗尾草、苍耳、喜旱莲子草等）成为新生优势植物群落，且在新生优势植物群落中，外来入侵物种所占比例相较于蓄水之前大幅提升。

4）消落区植物多样性年际变化特征

通过对消落区近 10 年的植物多样性进行调查，发现多样性指数有下降的趋势（图 7-26），主要的降低出现在 2011 年和 2016 年；从 2016 年开始，多样性指数显著递增。而均匀度指数年际变化范围较小，集中在 0.84～0.94。

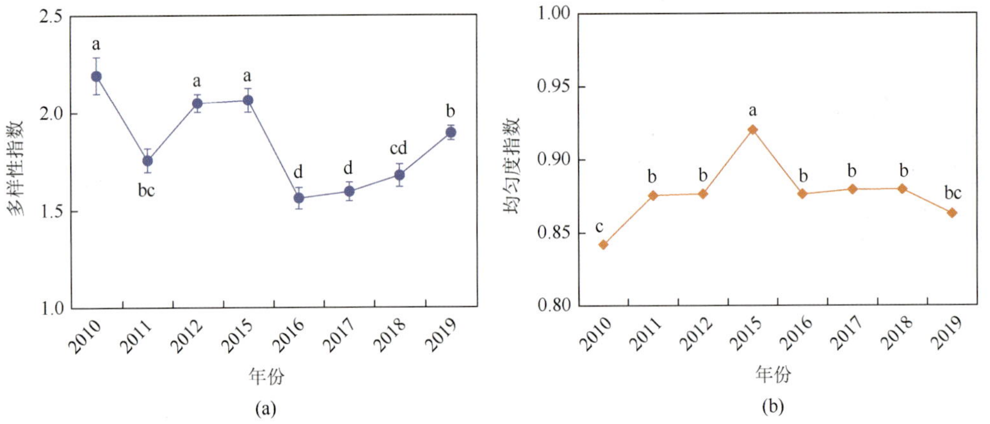

图 7-26　三峡水库消落区植物群落多样性指数和均匀度指数年际变化特征

四、外来入侵植物特征

1. 外来入侵植物概况

1）外来入侵植物组成

据统计，三峡水库消落区共记录外来入侵植物 71 种，隶属于 21 科 54 属（图 7-27）。其中，菊科、苋科、茄科、豆科和禾本科是三峡水库消落区外来入侵植物的优势科，共有 46 种，约占消落区总种数的 64.8%。具体来看，菊科物种数最多，达到 22 种，占总种数的 31.0%；苋科次之，有 8 种，占总种数的 11.3%；茄科有 7 种，占总种数的 9.9%；豆科有 5 种，占总种数的 7.0%；禾本科有 4 种，占总数的 5.6%。由此可见，三峡水库消落区外来入侵植物的科级分布相对集中，优势科特征明显。

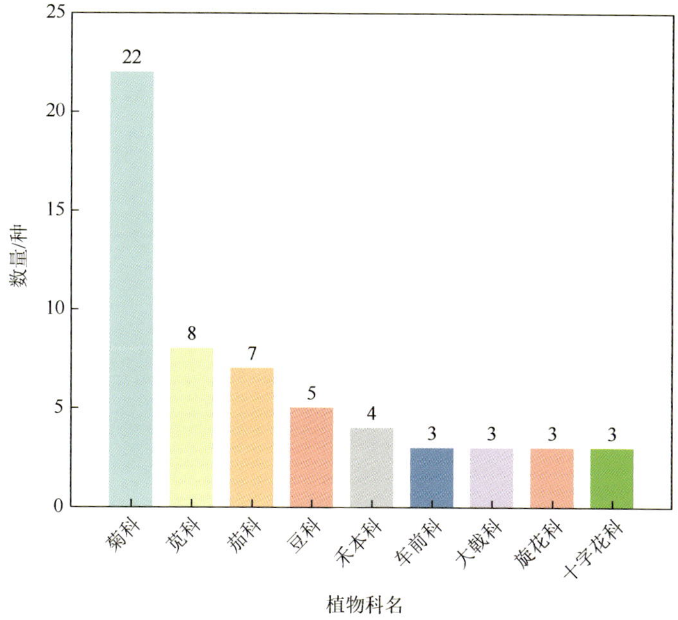

图 7-27　三峡水库消落区外来入侵植物科分布（部分科）

从属级分类结构来看，苋属所包含的外来入侵植物种数最多，共 6 种，明显高于其他属，但其仅占总种数的 8.5%；飞蓬属有 4 种外来入侵植物，占总种数的 5.6%；而剩余 52 个属所含的物种数均在 3 种及以下（图 7-28）。因此，在属级分类层面上，外来入侵植物分布得较为分散，未形成明显的优势属。

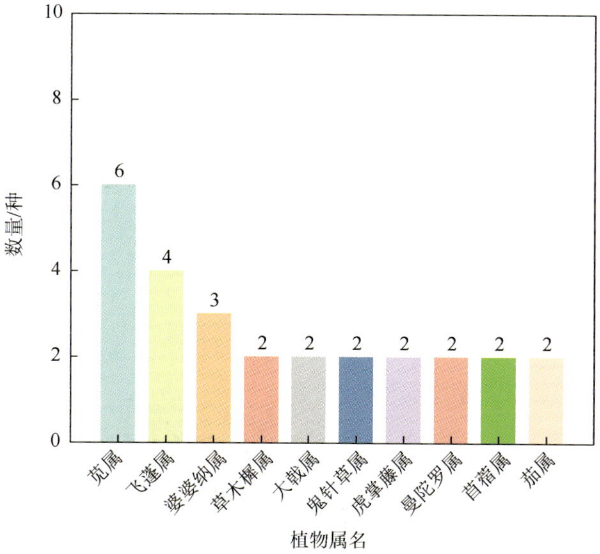

图 7-28　三峡水库消落区外来入侵植物属分布（部分属）

从种的样方出现频次与生态位宽度来看，三峡水库消落区出现频次最高的外来入侵植物是大狼耙草，共记录 136 次；其次为喜旱莲子草和小蓬草，分别出现 94 次和 63 次（图 7-29）；此外，鬼针草出现 46 次、钻叶紫菀出现 35 次，藿香蓟和土荆芥的出现频次分别为 28 次和 27 次，草木樨为 24 次，苘麻、一年蓬、假酸浆、豚草、细叶旱芹、野胡萝卜和苏门白酒草的出现频次均在 5 次及以上，其他外来入侵植物出现频次均低于 5 次，分布较少。生态位宽度最高的是大狼耙草，达到 34.1；其次是喜旱莲子草，生态位宽度为 23.3；鬼针草、小蓬草、钻叶紫菀和土荆芥的生态位宽度均在 10 以上；藿香蓟、豚草、草木樨、苘麻和一年蓬的生态位宽度分别是 8.95、8.84、7.8、7.1 和 5.4，其他外来入侵植物的生态位宽度均低于 5，分布较为狭窄。

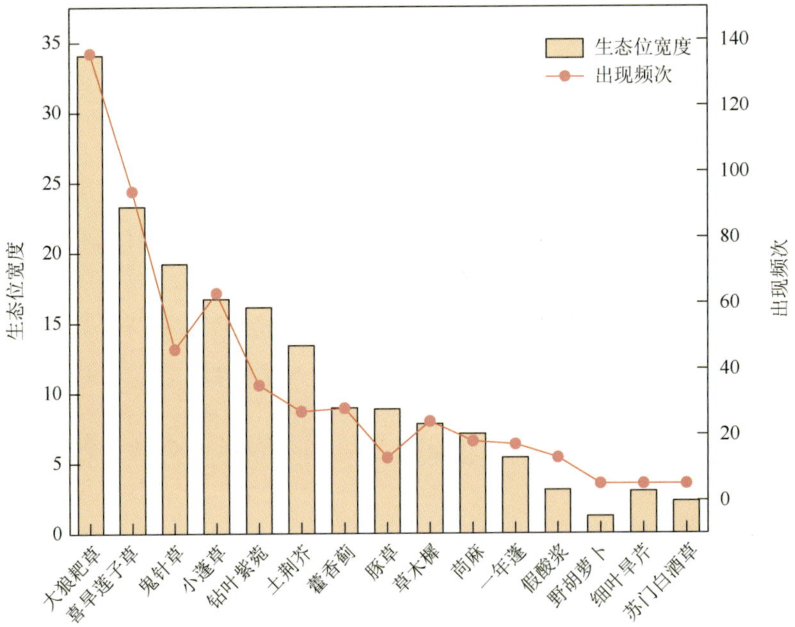

图 7-29　三峡水库消落区外来入侵植物出现频次和生态位宽度

基于外来入侵植物的出现频次和生态位宽度可知，三峡水库消落区最主要的六种外来入侵植物为大狼耙草、喜旱莲子草、小蓬草、鬼针草、钻叶紫菀和土荆芥。

2）植物生活型

在三峡水库消落区 71 种外来入侵植物中，有 68 种草本植物，约占入侵植物总数的 95.8%。其中，大多为一年生草本植物，共有 37 种，占入侵植物总数的 52.1%，这类植物的繁殖方式多为有性繁殖，种子产量较高，如小蓬草、大狼耙草和香丝草等；在这些植物中，一般分布较广的植物种子产量较高，而种子产量较少的植物（如豚草和毛曼陀罗）分布范围则较小，分布区域狭窄（图 7-30）。此外，多年生草本植物达 18 种，占入侵植物总数的 25.4%，多年生草本植物通常具有匍匐茎、宿根或根茎、鳞茎、块根等器官，地上部分每年死亡，待第二年春天通过地下部分长出新枝，开花结实，其繁殖方式较本地植物具有更强的扩展能力。

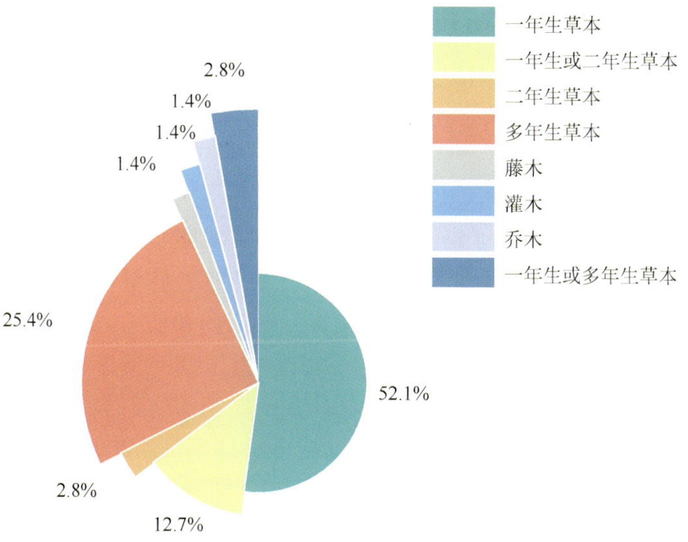

图 7-30　三峡水库消落区外来入侵植物生活型

一年生或二年生草本植物有 9 种，一年生或多年生草本植物有 2 种，二年生草本植物有 2 种。此外，消落区有灌木、藤本和乔木各 1 种，分别是马缨丹、落葵薯和刺槐。三峡水库消落区存在的外来入侵木本植物均由人工种植而来，通过植被主动修复等人类活动，定殖于消落区高高程区域。

3）外来入侵植物等级

由图 7-31 可知，三峡水库消落区外来入侵植物包括 24 种恶性入侵植物、24 种严重入侵植物、17 种局部入侵植物、6 种一般入侵植物，分别占消落区所有入侵植物的 33.8%、33.8%、23.9%、8.5%。在消落区 71 种外来入侵植物中，共有 25 种在目前已公布的四批

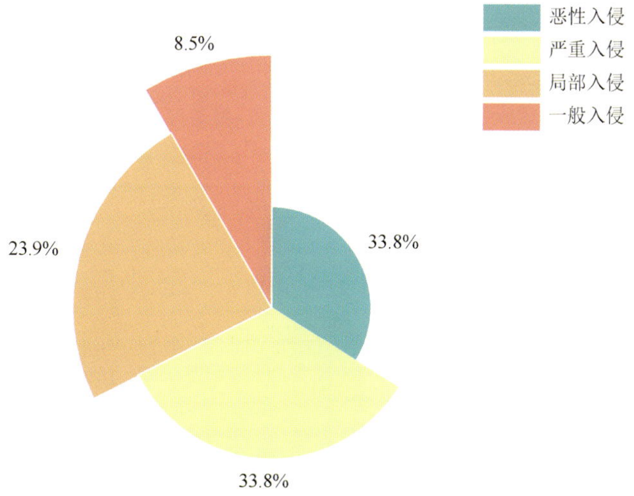

图 7-31　三峡水库消落区外来入侵植物等级分布

中国外来入侵物种名单上，其中 24 种为恶性入侵植物，而野燕麦则被定性为严重入侵植物。这些外来入侵植物均在三峡水库消落区定植并长期生存，已经对当地生物多样性产生部分干扰，对消落区生态修复和环境治理造成了一定影响，需要严加防治和有效控制。

2. 外来入侵植物的分布特征

1）外来入侵植物纵向分布（沿河流方向）

三峡水库库尾河段现有入侵植物数量和所有入侵植物数量均高于库首河段，而新入侵植物数量则呈相反趋势[图 7-32（a）]。现有入侵植物和所有入侵植物的覆盖度在库中河段达最高水平，与离坝距离呈驼峰关系；而新入侵植物的覆盖度在库中河段最低，与离坝距离呈“U”形[图 7-32（b）]。对于现有入侵植物而言，大狼耙草覆盖度最高，约为 36.0%，主要分布在库首、库中河段；其次是喜旱莲子草（20.6%）和小蓬草（4.6%），主要分布在三峡水库所有河段的消落区范围内。对于新入侵植物，藿香蓟覆盖度最高，约为 5.0%；其次为灯笼草，其覆盖度约为 3.6%，两者主要分布在库中河段；草木樨的覆盖度约为 2.7%，主要分布在库首和库中河段（图 7-33）。

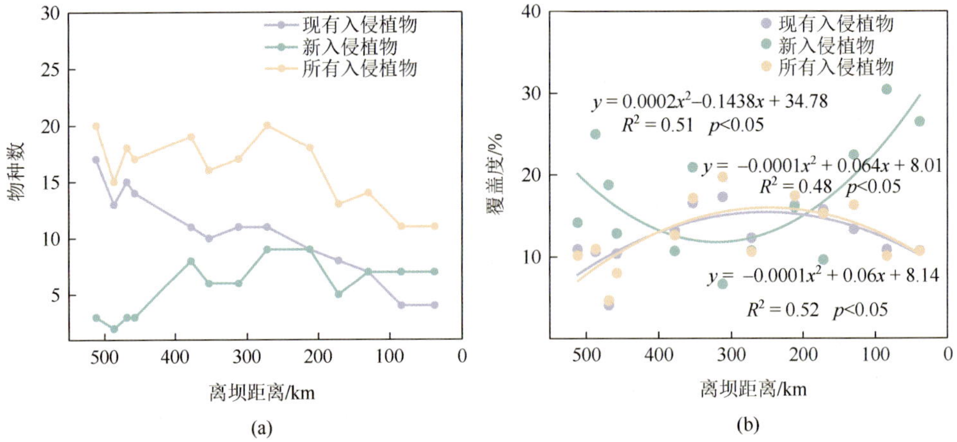

图 7-32　三峡水库消落区入侵植物数量、覆盖度与离坝距离的关系

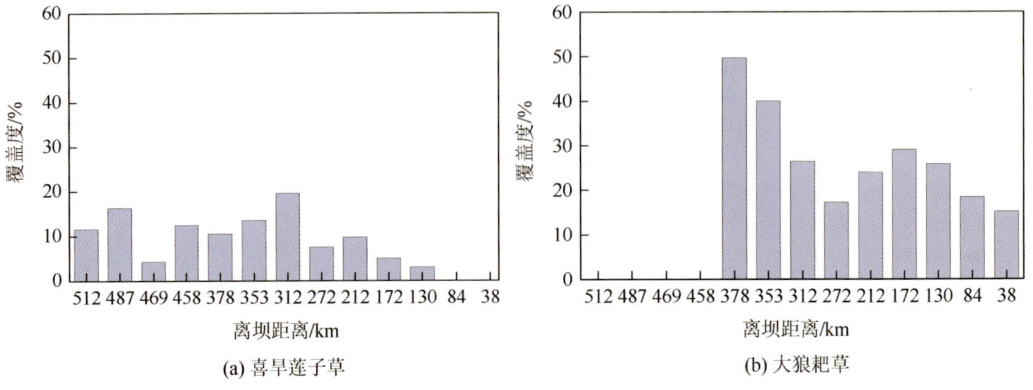

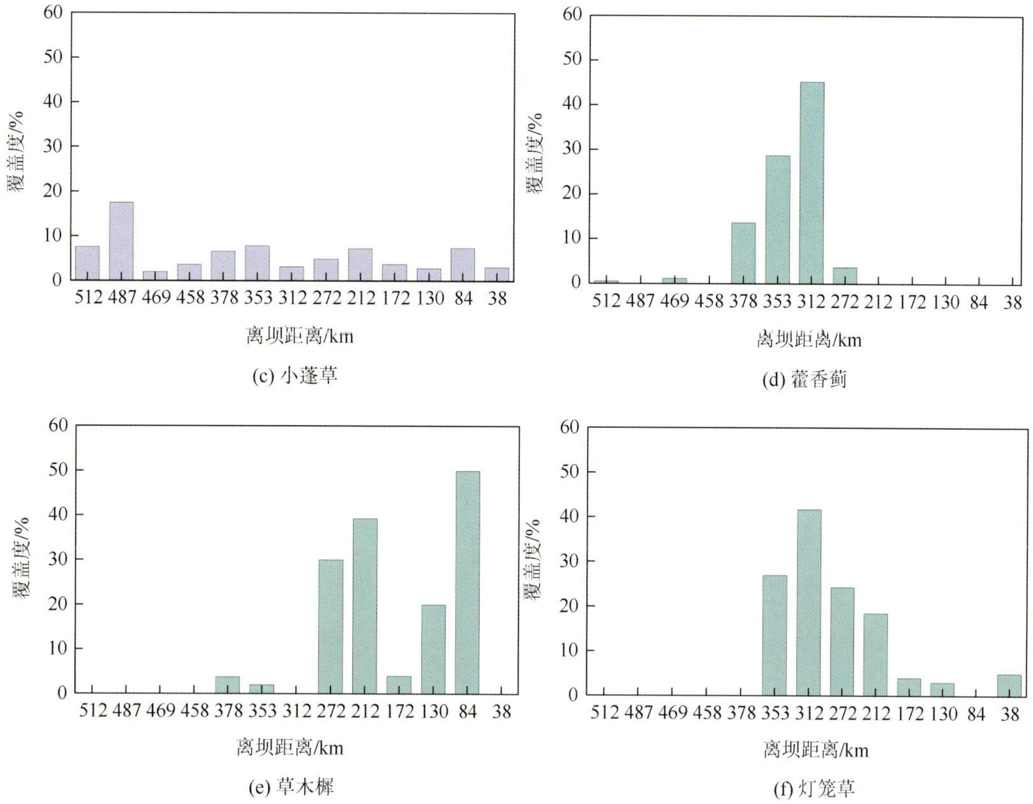

图 7-33　三峡水库消落区主要入侵植物数量、覆盖度与离坝距离的关系

在三峡水库消落区，喜旱莲子草分布最广，其分布于 17 个区县，重要值最高的区县为万州区；鬼针草自重庆市江北区顺流而下，直至湖北省宜昌市秭归县的 16 个区县均有出现，分布具有连续性，其重要值在库中和库首区域明显较高；钻叶紫菀在 15 个区县内均有分布，重要值最高的大渡口区和渝北区均位于重庆市主城区域；大狼耙草在涪陵区顺流而下至夷陵区的 14 个区县均有分布，在水库常年回水区重要值明显较高；小蓬草则分布于 13 个区县，在库中的万州区和忠县，以及重庆主城九区的重要值较高；上述五种外来入侵植物均表现出明显的连通聚集特征。土荆芥虽在 12 个区县内有所分布，但整体分布却较为零散，重要值在支流消落区开州区最高（图 7-34）。

2）外来入侵植物垂向分布（沿高程方向）

在不同程度的水淹胁迫下，随着水淹胁迫的增强，外来入侵植物（包括现有入侵植物、新入侵植物和所有入侵植物）的数量呈现出显著下降的趋势[图 7-35（a）]。现有入侵植物、新入侵植物和所有入侵植物的覆盖度均在 160～165 m 高程区间达到最高[图 7-35（b）]。喜旱莲子草、灯笼草和草木樨在中高程（160～170 m）的覆盖度显著高于低高程（145～160 m）和高高程（170～175 m）。大狼耙草和小蓬草的覆盖度在各高程之间无显著差异；

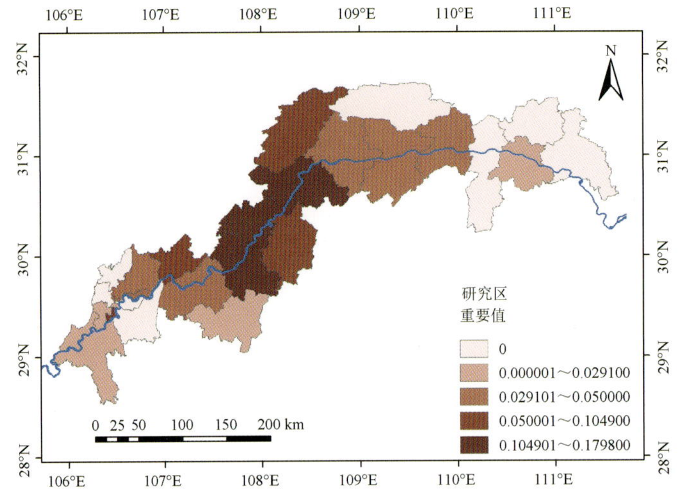

(a) 喜旱莲子草

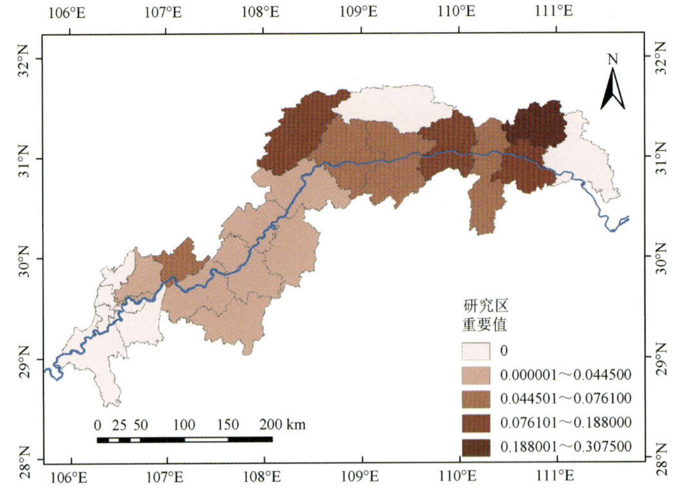

(b) 鬼针草

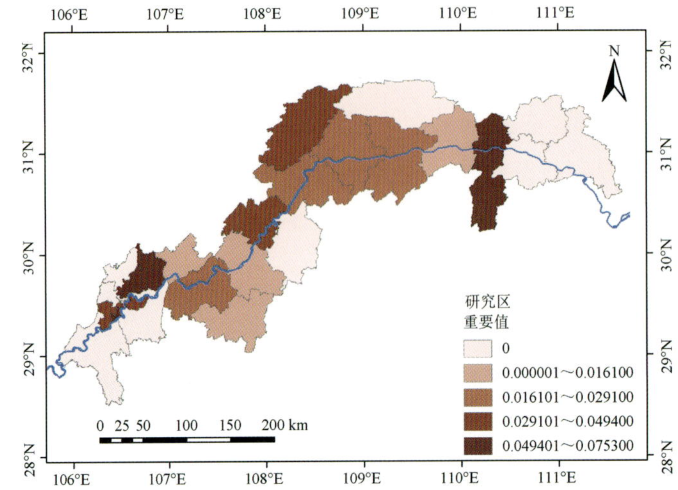

(c) 钻叶紫菀

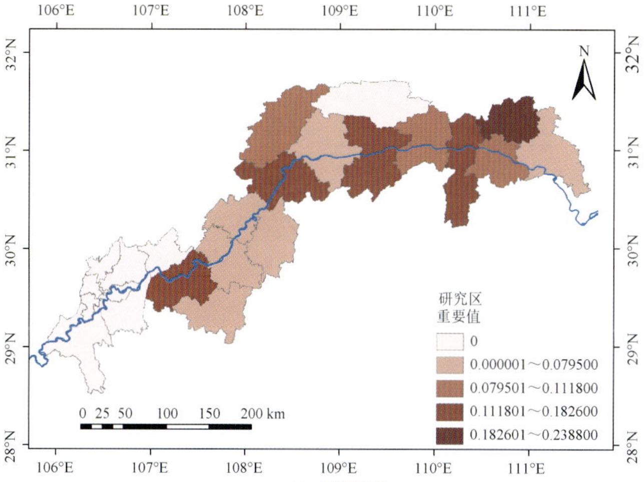

(d) 大狼耙草

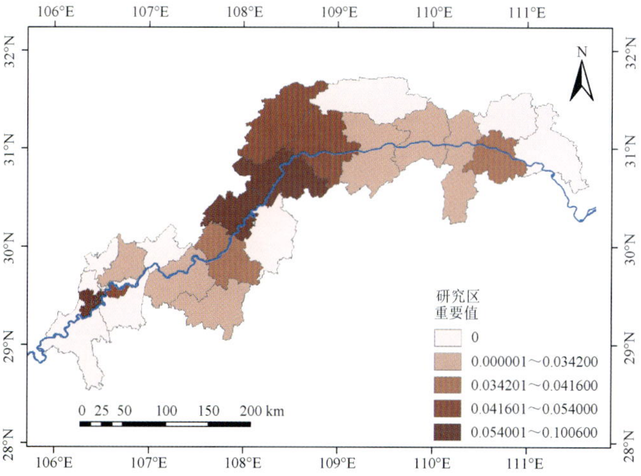

(e) 小蓬草

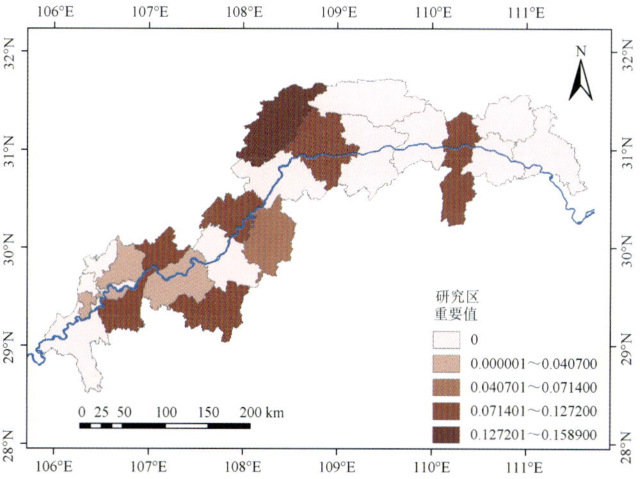

(f) 土荆芥

图 7-34　三峡水库消落区主要外来入侵植物分布区县

而对于藿香蓟，其覆盖度在 160～165 m 和 170～175 m 高程范围内显著高于 145～160 m 和 165～170 m（图 7-36）。

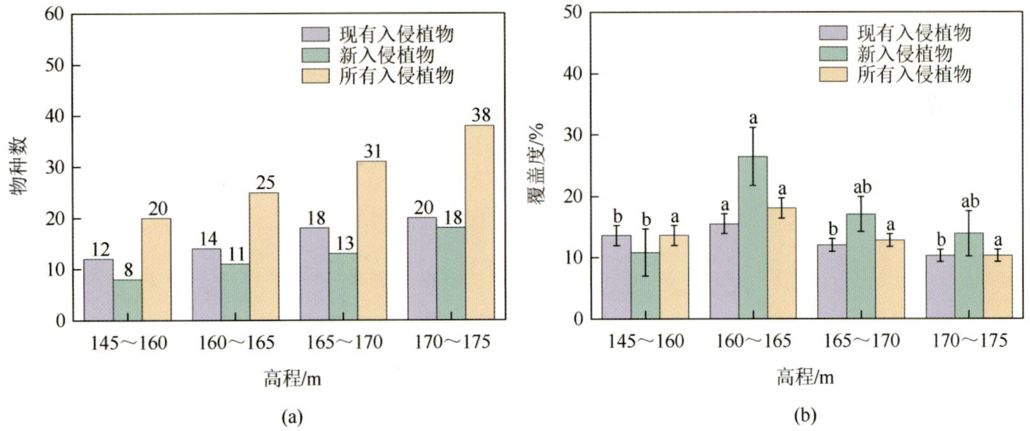

图 7-35　三峡水库消落区入侵植物数、覆盖度沿高程梯度分布格局

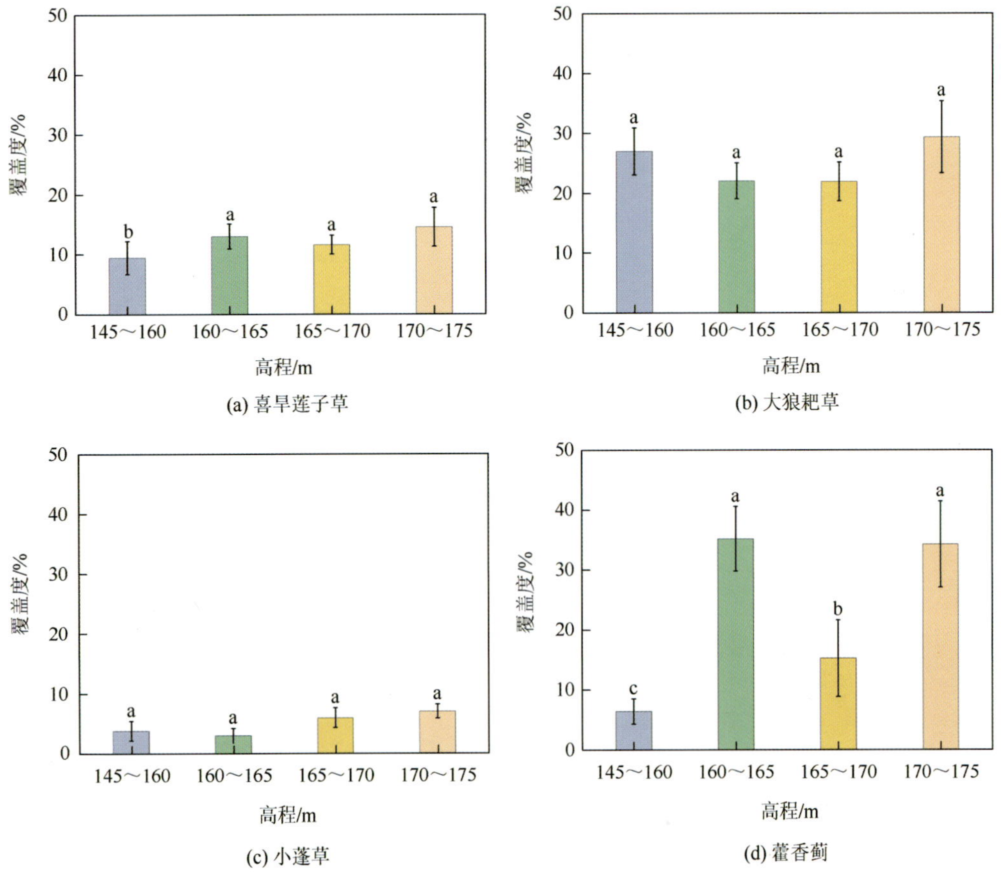

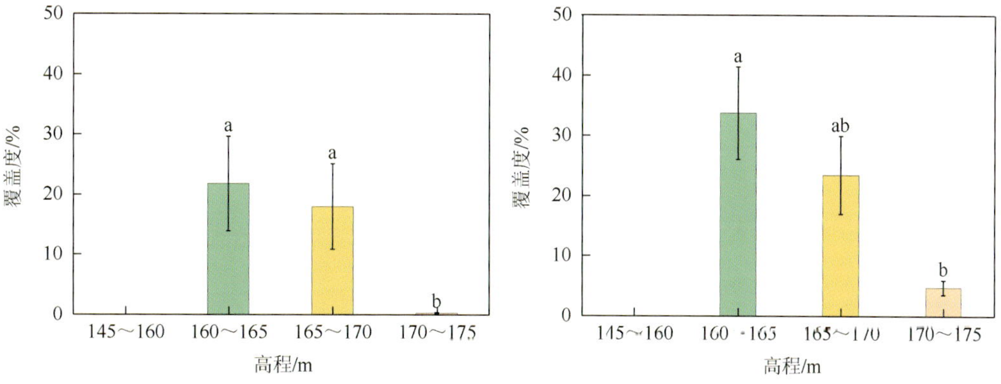

(e) 草木樨　　(f) 灯笼草

图 7-36　三峡水库消落区主要入侵植物覆盖度沿高程梯度分布格局

3. 外来入侵植物对水淹胁迫的响应

三峡水库消落区采取冬涨夏落的水位调度模式，记录 145～175 m 高程的水文波动情况，计算各个高程的水淹天数和水淹深度，将其划分为 5 个水淹胁迫等级，分别是低强度水淹胁迫（Ⅰ）、较低强度水淹胁迫（Ⅱ）、中强度水淹胁迫（Ⅲ）、较高强度水淹胁迫（Ⅳ）和高强度水淹胁迫（Ⅴ）（表 7-8）。

表 7-8　水淹强度划分

水淹强度	水淹天数/d	水淹深度/m
低强度水淹胁迫（Ⅰ）	[0，80)	[0，5)
较低强度水淹胁迫（Ⅱ）	[80，150)	[5，10)
中强度水淹胁迫（Ⅲ）	[150，220)	[10，15)
较高强度水淹胁迫（Ⅳ）	[220，310)	[15，20)
高强度水淹胁迫（Ⅴ）	[310，365)	[20，30)

1）物种丰度

在不同程度的水淹胁迫下，随着水淹强度的增加，外来入侵植物的丰度呈现先增加后下降的趋势，在中强度水淹胁迫下，外来入侵植物最多，达到 29 种（图 7-37），该结论符合中度干扰假说，即中等程度的水淹干扰频率能维持较高的物种多样性。

在高强度水淹胁迫下，外来入侵植物的种类仅有 7 种，本地植物也最少，仅有 62 种。而在较低强度、中强度和较高强度水淹胁迫下，外来入侵植物的丰度变化不大。在较高强度水淹胁迫下，水淹天数为[220，310) d，水淹深度大于等于 15 m，外来入侵植物相比于中强度水淹胁迫下只减少了 4 种，而本地植物却减少了 55 种，外来入侵植物的相对丰度达到 17.7%，在五种水淹强度中降幅达到最高（图 7-37）。

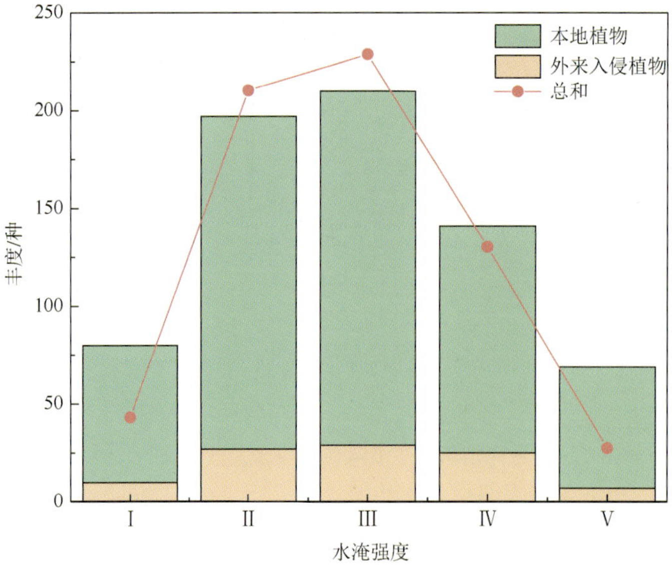

图 7-37　不同水淹强度下外来入侵植物和本地植物的丰度

2）重要值

随着水淹强度的增加，外来入侵植物和本地植物的重要值累积值的变化趋势完全相反。外来入侵植物的重要值累积值呈现先增大后减小的趋势，在中强度水淹胁迫下达到最大值；而本地植物的重要值累积值则在中强度水淹胁迫下最低[图 7-38（a）]，表明外来入侵植物在中强度水淹群落中的重要性最高，竞争能力最强。

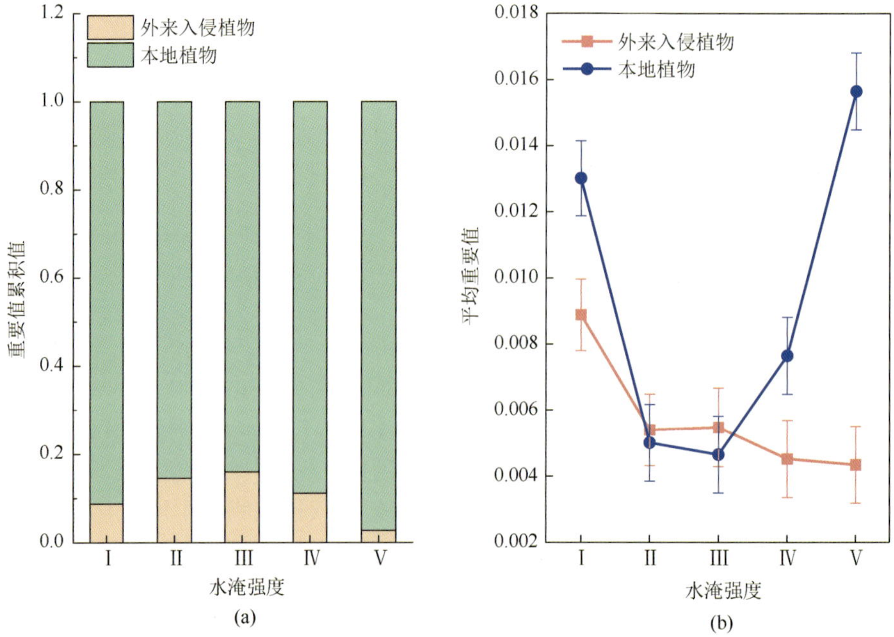

图 7-38　不同水淹强度下外来入侵植物和本地植物的重要值

只有在较低强度水淹胁迫和中强度水淹胁迫下，外来入侵植物的平均重要值才高于本地植物[图 7-38（b）]；而在低强度水淹胁迫、较高强度水淹胁迫和高强度水淹胁迫下，外来入侵植物的平均重要值均低于本地植物，且差值较大。随着水淹强度的增加，外来入侵植物的平均重要值逐渐减小。该结果表明，水淹强度越高，外来入侵植物的重要性呈现缓慢下降的趋势，而本地植物的重要性随着水淹强度的增加呈现先下降后上升的趋势，即外来物种的入侵优势主要在较低强度、中等强度水淹胁迫下表现明显。

3）生物量

随着水淹强度的增加，外来入侵植物的相对生物量先增加后减少，在中强度水淹胁迫下达到最大值，在高强度水淹胁迫下下降明显；本地植物的相对生物量变化趋势与此相反，在中强度水淹胁迫下的相对生物量最低，在高强度水淹胁迫下相对生物量达到最高[图 7-39（a）]。

外来入侵植物的平均生物量随水淹强度的递增呈现倒“S”形的变化规律，在中等强度水淹胁迫下最大，在高强度水淹胁迫下最小[图 7-39（b）]；本地植物的平均生物量随水淹胁迫强度的变化规律与外来入侵植物相似，但变化幅度较小。只有在较高强度水淹胁迫下，外来入侵植物的平均生物量才高于本地植物，其他水淹强度下本地植物的平均生物量均显著高于外来入侵植物，尤其是在低强度水淹胁迫和高强度水淹胁迫下，外来入侵植物的平均生物量远低于本地植物。

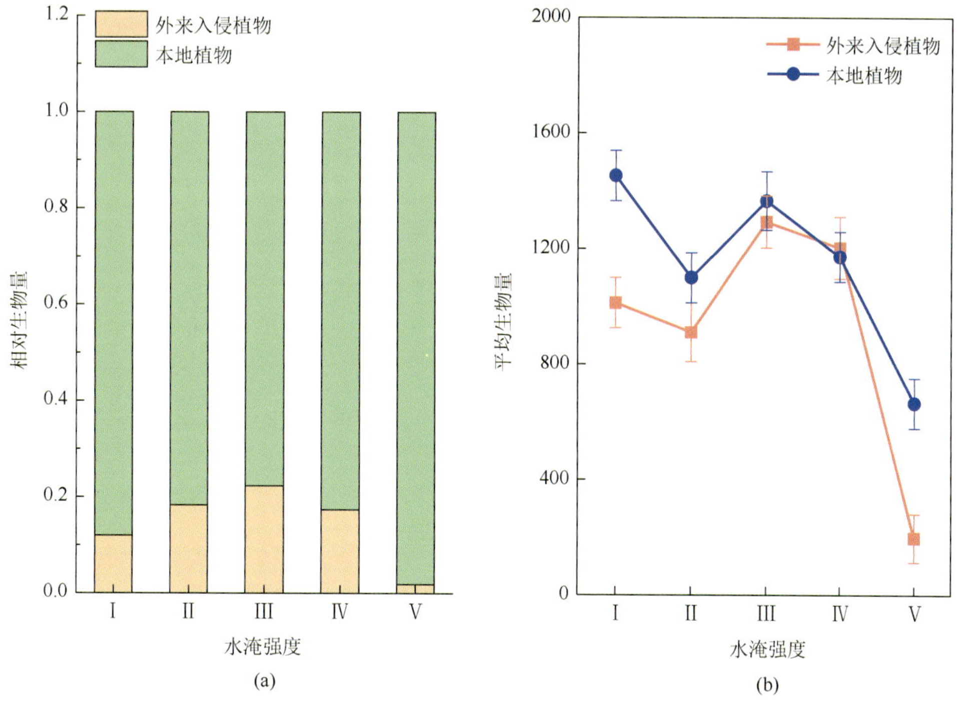

图 7-39　不同水淹强度下外来入侵植物和本地植物的生物量

4）植株高度

植株高度（株高）可以在一定程度上反映植物对光资源的竞争。三峡水库消落区内，外来入侵植物的相对株高随着水淹强度的增加呈现出先升高后下降的趋势，于中强度水淹胁迫下达到最高值，而本地植物则呈现相反趋势，其相对株高于高强度水淹胁迫下达到最高值[图 7-40（a）]。

外来入侵植物和本地植物的平均株高均随着水淹强度的增加呈现出先升高后下降的趋势[图 7-40（b）]。然而，外来入侵植物的平均株高只有在高强度水淹胁迫下才低于本地植物，此时外来入侵植物平均株高仅 34.2cm，相对株高也最低；在其他四种水淹强度下，外来入侵植物的平均株高均明显高于本地植物，相对株高也较为稳定。此外，在中强度水淹胁迫下，外来入侵植物的平均株高显著高于本地植物[图 7-40（b）]，该结果再次证明，三峡水库消落区外来入侵植物在中高程区域优势明显。

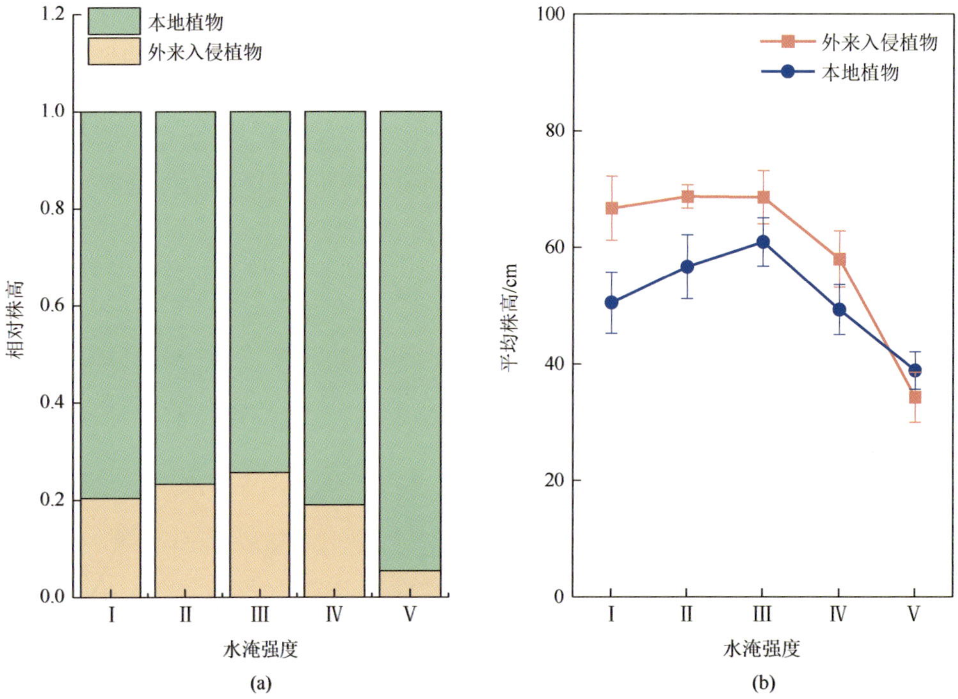

图 7-40　不同水淹强度下外来入侵植物和本地植物的株高

5）覆盖度

植被覆盖度是指植物地上部分在地面上的垂直投影面积与单位地面面积的比值，反映了植物所占有的水平空间，在一定程度上可表示其同化面积的大小。在三峡水库消落区范围内，外来入侵植物的相对覆盖度随着水淹强度的增加呈现出先升高后下降的趋势，于中强度水淹胁迫下达到最高值（约 0.18），而本地植物则呈现相反趋势，其相对覆盖度于高强度水淹胁迫下达到最高值（0.03）[图 7-41（a）]。

此外，外来入侵植物的平均覆盖度随着水淹强度的增加表现出先上升后下降的趋势[图 7-41（b）]，于高强度水淹胁迫下降至最低（约 4.1%）；而本地植物的平均覆盖度随水淹强度的增加表现为倒“S”形，于高强度水淹胁迫下降至最低（约 13.4%）。在三峡水库消落区不同水淹强度下，外来入侵植物的平均覆盖度均低于本地植物，在较高强度水淹胁迫下平均覆盖度最高，达到 14.4%；在高强度水淹胁迫下，外来入侵植物的平均覆盖度最低，为 4.1%。

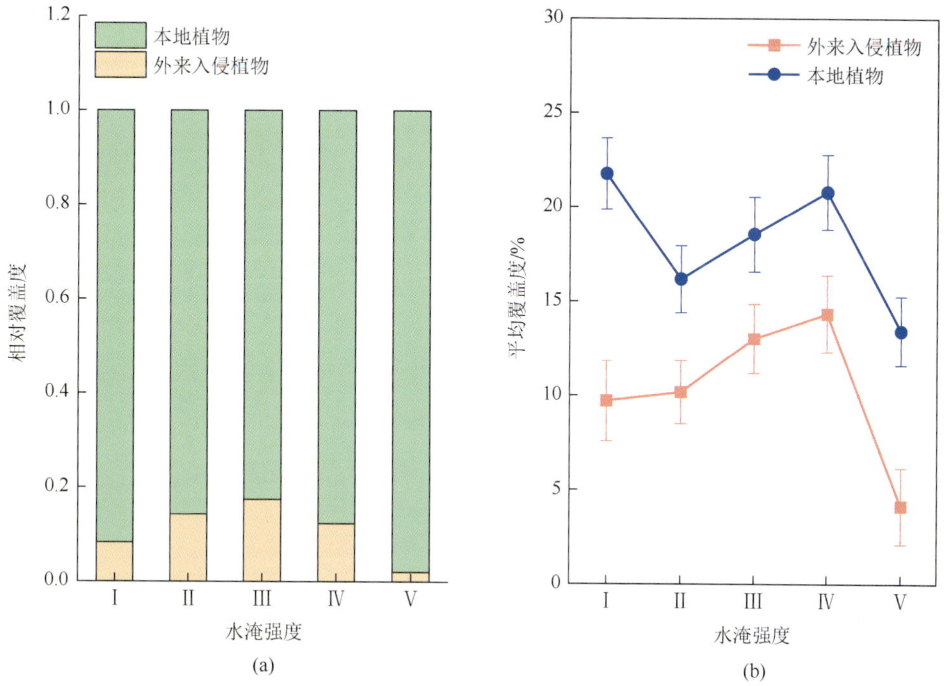

图 7-41　不同水淹强度下外来入侵植物和本地植物的覆盖度

6）叶片指标

随着水淹强度的增加，消落区内本地植物的平均叶绿素值呈现逐渐上升的趋势；外来入侵植物的平均叶绿素值仅在低强度水淹胁迫下略高于本地植物，而在其他强度水淹胁迫下均略低于本地植物[图 7-42（a）]。在叶片厚度方面，本地植物的平均叶片厚度变化不大，相比之下，入侵植物的平均叶片厚度在中强度水淹胁迫下最低，在较高强度和较低强度水淹胁迫下较高[图 7-42（b）]。

综上所述，三峡水库消落区外来入侵植物的入侵性在中强度水淹胁迫下达到最高，在高强度水淹胁迫下，入侵植物受到的水淹胁迫的影响明显高于本地植物，其入侵能力较低；在较低强度和中强度水淹胁迫下，外来入侵植物比本地植物的重要性更高，更能适应消落区的水淹胁迫。外来入侵植物在中强度水淹胁迫下的相对重要性最高，竞争能力最强；株高优势是外来入侵植物表现出入侵性和较高竞争力的关键性状。入侵植物在消落区的生长策略较符合竞争能力增强进化假说，入侵植物将更多的资源分配给株高这种有利于竞争阳光、提高光合能力的性状，从而成功实现入侵。

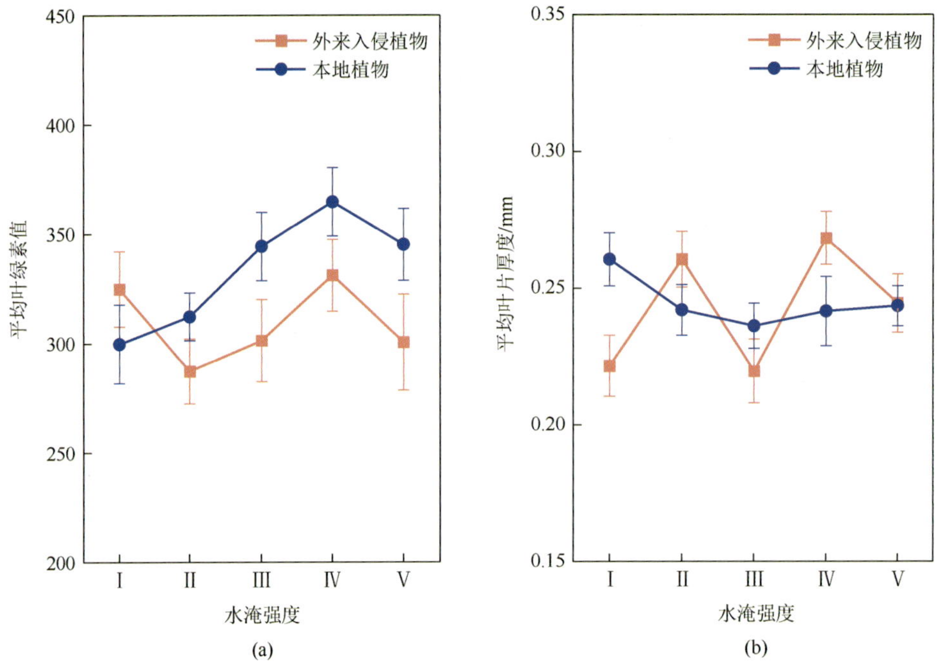

图 7-42　不同水淹强度下外来入侵植物和本地植物的平均叶绿素值和平均叶片厚度

4. 外来植物群落构建机制

1）外来植物入侵的发生过程

三峡水库消落区外来入侵植物的入侵途径有 3 种：人为有意地引入、由旅客和轮船运输的货物无意携带而进入、通过风力水流等自然因素传入。入侵植物的形成有一个漫长的发生、发展和定植的过程，一般要经历引入、暂居、逃逸生长、入侵、产生影响 5 个阶段。外来植物引入后，先在消落区环境下暂时定居下来，在水库周期性调度作用下，这些植物不断适应反季节性水淹胁迫，在当地条件下生长繁殖，形成野生或半野生种群。

由图 7-43（a）可以看出，三峡水库消落区外来入侵植物的原产地可分为美洲、欧洲、亚洲、非洲及多重来源。其中原产于美洲的外来入侵植物数目最多，有 48 种，占三峡水库消落区入侵植物总数的 67.6%，尤其是南美洲地区，如苏门白酒草、假臭草；来自欧洲的外来入侵植物有 12 种，占比达到 16.9%，如苦苣菜和野胡萝卜；来自亚洲的外来入侵植物有 7 种，占比为 9.9%，其中来自印度的居多，如苘麻和洋金花；来自非洲的外来入侵植物有 3 种，占比为 4.2%，如蓖麻；有多重来源的外来入侵植物只有 1 种，即原产地分布于欧洲及西亚的豆瓣菜。

根据是否有人为主动因素的参与，可将三峡水库消落区外来入侵植物的引入途径分为无意引入和有意引入两种方式，另外将自然扩散的方式列为无意引入中。由图 7-43（b）可知，在三峡水库消落区的 71 种外来入侵植物中，有 33 种外来入侵植物属于有意引入，大多是作为牧草、药物、观赏植物或农产品被人为引进，比如苜蓿、喜旱莲子草等作为牧草或饲料被引进，垂序商陆则作为药用植物被引进。有 35 种外来入侵植物属于无意引入，其中包括通过自然扩散方式引入的植物，如鬼针草通过附着于动物皮毛或人类活动无意携带引入；钻叶紫菀通过产生大量具有冠毛的瘦果，随风散布进行传播；自然扩散的紫茎泽兰种子产量大且细小有毛，可随风飘散。另有 3 种外来入侵植物（假酸浆、球序卷耳和老鸦谷）的引入途径暂不确定。

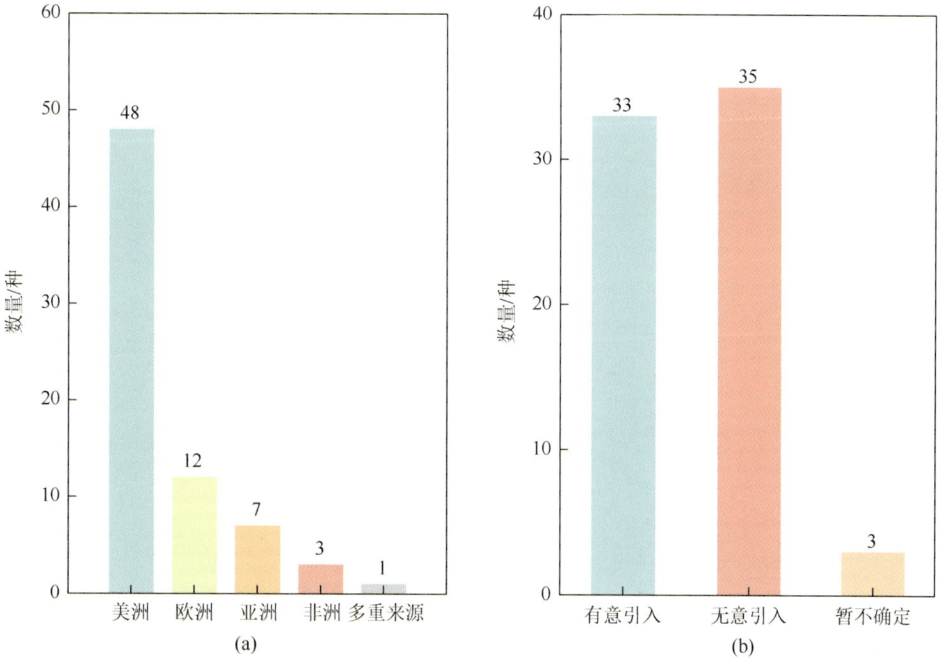

图 7-43 三峡水库消落区外来入侵植物原产地及引入途径

2）外来植物入侵的特征

外来植物的生物学特性对其入侵、生存和扩展极为重要。具体而言，外来植物的繁殖方式关系着其入侵能否成功，如多年生草本入侵植物以地下茎等方式进行无性繁殖，可避免或少受干扰；而一年生草本入侵植物靠种子繁殖，且种子具有易传播、发芽率高、种群增长速度快等特点，均有利于外来植物的入侵和扩展。此外，资源竞争力强、抗干扰能力强、恢复能力强的外来植物也容易发生入侵。

三峡水库消落区外来入侵植物主要是一年生菊科植物。一方面，草本植物的种子产量高且质量轻，具有特殊的附属结构，如冠毛和刺，这一特性导致一年生草本植物在三峡库区容易随风、水等自然条件迅速传播扩散。此外，该类植物还可通过贸易、交通运输等方式被有意或无意引入，造成恶性入侵或严重入侵现象。另一方面，一年生草本植物生命周期短、耐淹性强，消落区周期性的水淹胁迫限制了大多数植物的生长，造成了部分生态位的空缺，同时也为生长发育迅速、适应性强、繁殖快、能在较短的时间内完成整个生活史的一年生外来植物提供了入侵契机和生存空间。同时，菊科作为双子叶植物中最大的科，生长速度快、瘦果数量多且易于传播，与其他科相比，有更多的机会被迁入和定居到新的生境。

外来入侵植物与本地植物的功能性状分布模式表明，外来入侵植物的功能性状效应值高于本地植物，说明外来入侵植物能够通过功能性状的可塑性变化避免被非生物环境过滤，并且性状优势使其比本地植物能占据更多生存空间（图 7-44）。一方面，这可能是由于三峡水库处于植物演替早期，河岸生态系统尚不稳定，因此三峡水库消落区易受植物入侵的影响；另一方面，外来入侵植物通常在春季比本地植物更早开始生长（即优先效应），并优先占据生存空间，从而降低本地植物的抵抗力。

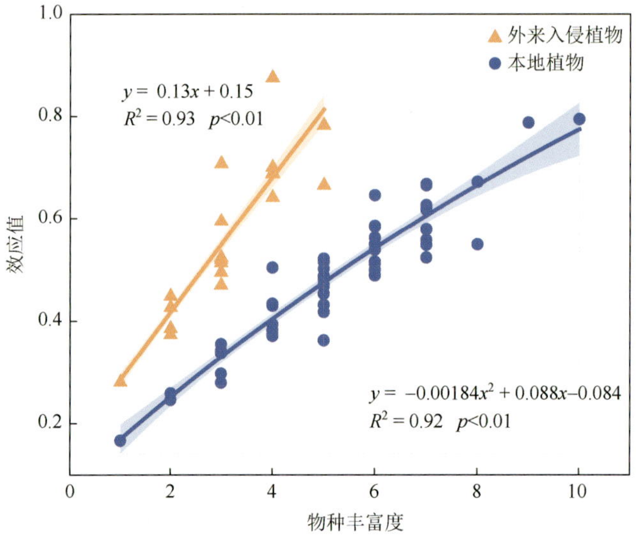

图 7-44　外来入侵植物和本地植物的群落构建模式

从群落构建模式来看，外来入侵植物的性状效应值普遍高于本地植物，且在叶性状和根性状方面均表现出更高的效应值（图 7-44、图 7-45），说明外来入侵植物能够凭借其地上、地下器官的性状优势参与植物群落构建。

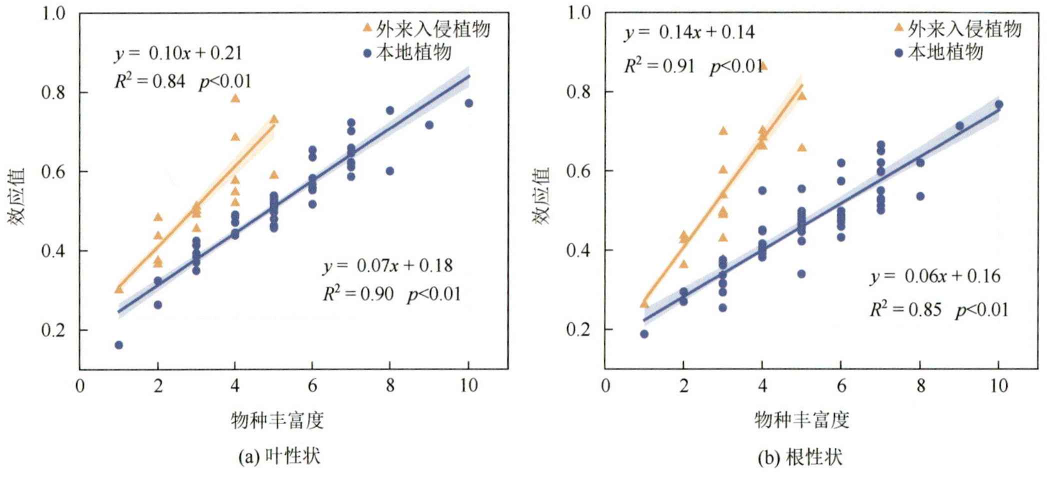

图 7-45　外来入侵植物和本地植物叶性状和根性状的群落构建模式

第二节　动 物 状 况

一、陆生无脊椎动物

1. 物种概述

三峡水库消落区陆生无脊椎动物主要包括环节动物、软体动物、节肢动物等，节肢动物在种类和种群数量上占绝对优势。三峡库区分布节肢动物3483种，隶属于21目265科，而三峡水库消落区节肢动物有400～600种，隶属于21目216科。其中，地表昆虫和蜘蛛类优势明显，主要类群为鳞翅目、鞘翅目、同翅目、膜翅目、双翅目、半翅目和蜘蛛目等，步甲科、狼蛛科、蟋蟀科、皿蛛科、鼠妇科和蚁科等是优势科；土壤动物中的优势类群为蜱螨目、线虫纲、等足目等，气肢虫科、蚁科、摇蚊科幼虫、棘𧊕科、矛线总科、小杆总科等是优势科。物种最丰富的类群是鞘翅目，约35科；其次是蛛形纲，约20科。在数量上，三峡水库消落区陆生无脊椎动物的主要分类群为蛛形纲，约占所有个体的20%，其余依次是鞘翅目（19%）、膜翅目（17%）、多足纲（16%）、等足纲（12%）和直翅目（10%）。

2. 分布特征

（1）纵向分布差异：三峡水库消落区陆生节肢动物群落表现出明显的纵向分布格局。沿河流纵向梯度，节肢动物种类和数量都呈现出先升高后降低的趋势；长江干流消落区节肢动物种类和数量均低于支流。在群落组成上，三峡水库消落区昆虫呈现显著的纵向分布差异。长江干流消落区地表昆虫106种，支流消落区地表昆虫167种，二者共有51种，群落相似系数仅为0.37；三峡水库消落区西段地表昆虫113种，消落区东段地表昆虫143种，东西段共有34种，群落相似系数仅为0.26。植物、水文和土壤等是影响消落区节肢动物群落的主要因素，淹水深度是消落区节肢动物群落结构和纵向分布格局的主要影响因素。

（2）垂直分布格局：高程对消落区节肢动物种类、数量和多样性指数都存在显著影响。三峡水库消落区节肢动物多样性随高程的增加而增加，节肢动物群落组成和结构也随高程变化。不同高程上，节肢动物的种类、数量和优势类群存在明显的差异。节肢动物种类和数量在175 m高程最高，155 m高程最低。垂直梯度上，从150 m至175 m，各高程数量最多的类群分别是步甲科、狼蛛科、蟋蟀科、皿蛛科、鼠妇科和蚁科。类群最丰富的节肢动物是鞘翅目和蜘蛛目，分别含有35科和20科。节肢动物的数量、种类，以及杂食者和腐食者的比例随高程的增加而增加，捕食者的比例随高程的增加而降低。淹水时间是消落区节肢动物群落结构和垂直分布格局的主要影响因素。

（3）水文节律动态：水位波动影响节肢动物多样性和群落结构的时空分布。三峡水库消落区出露后，节肢动物群落能迅速建立。栖息于消落区生境的节肢动物来源于水体、陆地及河流上游等地，绝大部分的物种来源于陆地，少量来源于水体。节肢动物的种类和数量在出露后的第 10 天达到最高，总体呈现出先升高后降低的趋势。最先拓殖的消落区节肢动物主要是捕食性昆虫，其数量呈现出先降低后增加的趋势。植食者昆虫的数量则呈先升高后降低的趋势。

3. *群落动态*

自三峡大坝开始运行以来，消落区昆虫群落发生了显著的变化。三峡水库周期性水位干扰、植被类型单一和植物多样性的下降都严重影响消落区陆生无脊椎动物群落的变化。尽管如此，三峡水库消落区陆生无脊椎动物仍具有丰富的物种和较多的数量。尽管三峡水库蓄水一方面改变了消落区节肢动物的生境条件，导致节肢动物物种丰富度降低，超过 20% 的类群在蓄水后消失；另一方面也导致了一些节肢动物的数量和种类增加。三峡大坝修建后，在目和科的分类群等级上，三峡水库消落区昆虫数量逐年增加，增加了 4.4 倍，生物多样性大致为上升趋势。但在总体上，三峡水库蓄水仍导致消落区节肢动物多样性降低。

二、两栖动物

1. *物种概述*

长江三峡水库消落区两栖类动物约 25 种，隶属于 2 目 9 科 16 属。有尾目仅包含巫山北鲵、大鲵和尾斑瘰螈 3 个物种，且消落区内数量极其稀少。无尾目的蛙类和蟾蜍类是三峡水库消落区最主要的两栖动物类群，共计 22 种，隶属 6 科 13 属。蛙科、蟾蜍科、姬蛙科是优势科，物种和种群数量都占绝对优势；锄足蟾科、雨蛙科和树蛙科物种和数量都极少。川村陆蛙、中华蟾蜍、饰纹姬蛙、黑斑侧褶蛙和沼水蛙是三峡水库消落区内两栖动物的优势物种，它们种群数量大，出现频次高（图 7-46）；花臭蛙、合征姬蛙和泛树蛙是较为常见的物种，但种群数量较少、出现频次低；其余两栖动物在三峡水库消落区内都较为稀少。

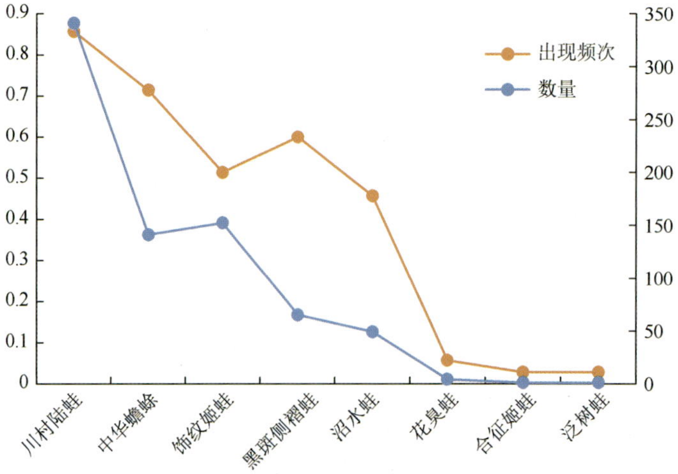

图 7-46　三峡水库消落区常见两栖动物及其种群数量和出现频次

2. 分布特征

（1）纵向分布差异：在物种组成和种群大小方面，长江干流和支流、消落区东部与西部的两栖动物均存在明显差异。长江支流消落区两栖动物的种类和数量均大于长江干流。长江支流消落区常见的蛙类有 8 种，而长江干流消落区常见的蛙类仅 5 种，长江支流消落区两栖动物的数量比长江干流多约 60%；两栖动物数量的差异在三峡水库消落区东西部之间更加显著，消落区西部两栖动物的数量是东部两栖动物数量的 2.5 倍。在优势物种组成上，支流消落区和干流消落区也存在明显差异。在支流消落区，川村陆蛙是第一优势物种，其后是饰纹姬蛙、中华蟾蜍、黑斑侧褶蛙和沼水蛙等；而在干流消落区，第一优势物种是中华蟾蜍，其次是川村陆蛙、黑斑侧褶蛙、沼水蛙和饰纹姬蛙等。三峡水库消落区西部和东部的优势物种组成较为一致，依次为川村陆蛙、中华蟾蜍、饰纹姬蛙、黑斑侧褶蛙和沼水蛙等。消落区西部两栖动物群落各物种的数量差异极为明显，川村陆蛙占绝对优势，中华蟾蜍和饰纹姬蛙次之，黑斑侧褶蛙和沼水蛙为第三级优势种；而消落区东部两栖动物群落各物种的数量较为均匀，川村陆蛙、中华蟾蜍、饰纹姬蛙和黑斑侧褶蛙种群大小差别不大。

（2）垂向分布格局：三峡水库消落区的蛙类和蟾蜍类在垂直分布上受到多种生态因子的影响，表现出对水源、食物来源、庇护所和温度的依赖性和适应性。在消落区，它们更倾向于分布在靠近水源的低高程区域，特别是附近有池塘、水沟的区域，这些区域往往位于消落区的低洼地带，容易积水，是蛙类和蟾蜍类理想的繁殖和栖息地。蛙类和蟾蜍类多分布在植被丰富、昆虫繁多的区域，同时它们倾向于选择在消落区的土壤裂缝、石头缝隙、草丛等地方建立庇护所。这些区域既能为它们提供安全的环境，又能保持适宜的温度和湿度。黑斑侧褶蛙、川村陆蛙等喜湿物种更偏向在消落区的浅水区活动，而中华蟾蜍则更多在消落区高高程的陆地上活动。

（3）季节性变化：三峡水库消落区的蛙类和蟾蜍类在季节动态上表现出明显的活动模式、繁殖行为、栖息地选择和食物来源的变化。这些变化与它们的生命周期、繁殖需求和生态环境的变化密切相关。春季是蛙类和蟾蜍类的繁殖高峰期，它们会选择在水源附近进行繁殖。夏季是蛙类和蟾蜍类最为活跃的季节，它们会频繁地在消落区活动，捕食昆虫等猎物，并寻找合适的栖息地。在春季和夏季，昆虫等小动物数量较多，蛙类和蟾蜍类的食物供应相对充足；而在秋季和冬季，随着昆虫数量的减少，蛙类和蟾蜍类通过减少活动或改变食物选择来适应食物短缺的情况。随着气温的逐渐降低，蛙类和蟾蜍类的活动减少，逐渐进入冬眠状态。

3. 群落动态

长江三峡工程的修建和运行对三峡水库消落区两栖动物群落的物种组成和分布格局产生了显著影响。由于水库的形成和周期性的水位变化，一些原有的两栖动物种类因无法适应新的环境条件而减少或消失。特别是那些对特定生态环境有高度依赖性的物种，如锄足蟾科、雨蛙科、树蛙科的所有物种和蛙科中的林蛙类，受到较大影响。三峡水库运行后，形成了特定的水文情势，包括水位的周期性涨落。这种变化导致两栖动物群落的分布格局发生重新调整。消落区的形成也创造了一种特殊的生态环境，有利于某些特定的两栖动物种类在此聚集。蟾蜍类通常选择在高高程栖息以避免被淹没，而川村陆蛙则能利用低水位时期的陆地生境，二者的种群在三峡水库消落区占据优势。在水库消落区，喜水、喜热、喜湿的两栖类的种群数量有一定增长。

三、鱼类

1. 物种概述

在三峡库区淹没区内能够生存的鱼类大约 150 种，隶属于 10 目 25 科 92 属。鲤形目物种最多，占总数的 65%左右；鲇形目、鲈形目物种数次之，各占总数的 10%左右；其余目物种数较少，均不超过 3 种。鲤科、鳅科、鲇科物种丰富，其中鲤科物种数占总数的一半以上。常见的优势鱼类有黄颡鱼、大口鲇、鲤、鳘、鲌、鲢、鲫等。

按照摄食习性，三峡库区鱼类可分为 3 个生态类型：草食性、肉食性和杂食性。草食性鱼类 5 种，以水生维管植物或浮游植物为食；肉食性鱼类 50 余种，以鱼、虾、水生昆虫等脊椎或无脊椎动物为食；杂食性鱼类 90 余种，兼具肉食性和草食性。按照鱼类栖息水域生境和水流适应性特征，可将三峡库区鱼类划分为喜流水性鱼类和喜静缓流鱼类。喜流水性鱼类约 67 种，包括鳡、圆口铜鱼、紫薄鳅等；喜静缓流鱼类 80 余种，包括达氏鲌、似鳊、黄颡鱼等。

2. 分布特征

（1）纵向分布差异：鱼类物种和数量在三峡库区分布不均。整体上，库尾江段的鱼类物种多样性最高，库首江段的鱼类物种多样性最低；鱼类密度和鱼类物种数从库区上游到库区下游逐渐减少。库尾江段的鱼类种类组成的年际变化程度较小，而库首和库中江段的鱼类种类组成的年际变化程度较大。库首和库尾江段鱼类群落结构差异大。喜静缓流鱼类的种类和数量在干流江段库首最大，库中次之，库尾最低。库首及其支流的短颌鲚和贝氏鳘等喜静缓流鱼类相对丰度较高，库中、库尾的蛇鮈和光泽黄颡鱼等广适性鱼类相对丰度较高。库首江段的鱼类优势种多为肉食性，营养级较高；库中和库尾江段的优势种多为杂食性鱼类，营养级中等。

（2）季节性动态变化：鱼类密度和群落组成存在季节性动态变化，受三峡水库调度和上游来水影响，不同季节下的鱼类群落分布存在显著差异。冬季鱼类群落具有较高丰富度和多样性，春季次之，夏季较低。夏季的鱼类群落组成与春冬两季的鱼类群落组成具有较大差异，而春冬两季的鱼类群落组成差异较小。冬季整个江段鱼类密度平均值明显大于春季；而在一些支流，鱼类密度在春季最高，秋季鱼类密度略大于冬季，且秋冬季中、下层鱼类密度大于上层，春季下层鱼类密度大于中、上层。

（3）水位变化：水位变化影响鱼类群落组成和鱼类密度。水位变化会引起鱼类栖息地环境，包括水流缓急形势、活动空间、食物组成等的改变，导致鱼类的种类组成和密度发生变化。三峡水库高水位时，鱼类多样性和种类丰富度均大于低水位。水位变化也影响优势鱼类的组成，三峡水库低水位时，优势种为银鮈、似鳊、鳘、蒙古鲌和鲤；三峡水库高水位时，优势种为似鳊、鲤、鲫、张氏䱗和鲇。因此，鱼类群落结构在三峡水库低、高水位时存在较大差异，呈现季节性变化特征。冬季时，各层鱼类密度的差异最明显，下层的鱼类密度最大，并且水库蓄水位越高，库区整体的鱼类平均密度越大。

3. *群落动态*

三峡工程蓄水后，三峡库区由自然流水生境变为兼有流水、缓流水和静水的复合栖息生境，导致库区内鱼类物种组成和结构发生变化。鱼类物种多样性与丰度在靠近大坝的江段最低。随着三峡大坝的建成，鱼类区系也由适应流水生存的种类转变为适应静水生存的种类。相对静水的环境使得藻类大量繁殖，成为鱼类重要食物来源，而消落区的植被则为鱼类提供了潜在的外源性食物。汛期的水文波动改变了鱼类的平均营养层级，汛期水位的降低会加剧鱼类之间的食物竞争，迫使其摄食低营养水平的食物。三峡水库蓄水时期，高水位导致大量缓坡、草地被淹没，湖面积扩大，水体中有机质大量增加，鱼类生存空间增大，饵料生物增多，生境类型复杂性增高。三峡水库蓄水已经明显地改变了其原有的鱼类群落结构，鱼类组成的相对丰度也随着时间发生了改变。

四、鸟类

1. *物种概述*

长江三峡水库消落区栖息鸟类约 320 种，隶属于 17 目 49 科。其中雀形目物种最多，雁形目、鸻形目、鹈形目等物种次之；鸭科、鹭科和鹟科物种丰富；优势种为白鹭、金翅雀和[树]麻雀；常见鸟类有普通翠鸟、牛背鹭、棕头鸦雀、棕背伯劳等；包括中华秋沙鸭、青头潜鸭、黄胸鹀、普通鵟、雀鹰、鸳鸯等国家重点保护野生动物 20 种（表 7-9），其种群数量都较稀少。

表 7-9　三峡水库消落区国家重点保护鸟类

物种	拉丁名	保护等级
雀鹰	*Accipiter nisus*	II
鸳鸯	*Aix galericulata*	II
白腹隼雕	*Aquila fasciata*	II
青头潜鸭	*Aythya baeri*	I
普通鵟	*Buteo japonicus*	II
鹊鹞	*Circus melanoleucos*	II
白腹鹞	*Circus spilonotus*	II
黄胸鹀	*Emberiza aureola*	I
红脚隼	*Falco amurensis*	II
游隼	*Falco peregrinus*	II

续表

物种	拉丁名	保护等级
斑头鸺鹠	*Glaucidium cuculoides*	Ⅱ
水雉	*Hydrophasianus chirurgus*	Ⅱ
红嘴相思鸟	*Leiothrix lutea*	Ⅱ
蓝喉歌鸲	*Luscinia svecica*	Ⅱ
斑头秋沙鸭	*Mergellus albellus*	Ⅱ
中华秋沙鸭	*Mergus squamatus*	Ⅰ
黑鸢	*Milvus migrans*	Ⅱ
棉凫	*Nettapus coromandelianus*	Ⅱ
鹗	*Pandion haliaetus*	Ⅱ
花脸鸭	*Sibirionetta formosa*	Ⅱ

按照鸟类的主要栖息地，三峡水库消落区鸟类可以分为水鸟、林鸟和草原鸟。水鸟约 65 种，多栖息于水库边缘和湿地区域，依赖水生植物和鱼类等食物资源。林鸟约 145 种，多栖息于消落区周围的树林和灌木丛，食性多样，食物包括昆虫、种子和果实。草原鸟约 100 种，通常出现在消落区的开阔地带，主要以昆虫和草籽为食。按照生态类群划分，六大生态类群中鸣禽的物种最多，约占物种总数的一半；涉禽和游禽物种数次之，分别占物种总数的 22%和 15%；陆禽、猛禽和攀禽物种较少，均低于物种总数的 5%。

2. 分布特征

（1）纵向分布均匀：三峡库区东西部鸟类物种数总体差别不大，库区东部鸟类的种类和数量稍大于西部。各区县鸟类物种分布较均匀，库区东部平均每区县分布鸟类 133 种，库区西部平均每区县分布鸟类 131 种，部分东部区县鸟类物种多样性较高。三峡库区各区县平均鸟类分布科数占库区鸟类科总数的 70%～85%；各区县分布的鸟类物种数占库区鸟类物种总数的 40%～60%。

（2）垂向分布差异：三峡水库消落区鸟类群落结构沿高程梯度呈现显著差异。鸟类物种丰富度在高高程最高，低高程其次，中高程最低，这与草本植物群落结构、草籽和昆虫资源的垂向分布特征相关。高高程草本植物群落多样性高、空间结构复杂，能够提供隐蔽的栖息地和丰富的食物资源；中、低高程的植被以狗牙根为优势种，群落结构单一，草籽和昆虫资源匮乏，鸟类物种多样性较低。

（3）季节性变化：受三峡水库水位变化的影响，三峡水库消落区鸟类群落结构及其多样性随季节变化显著。夏季低水位期鸟类物种数较高，主要为肉食性与食虫鸟类，此时消落区植物生长旺盛，生境类型多样，食物资源丰富，适宜鸟类活动。冬季高水位期鸟类物种数稍低，主要为植食性鸭科鸟类，此时水面开阔，生境类型单一，但高水位期的宽水面有利于鸭类集群越冬。

3. 群落动态

三峡大坝建成，水域面积增加，游禽的种类和数量增加，涉禽的种类和数量稍微减少，其他生态类型鸟类显著减少。雁形目、鹳形目、鹈鹕目、鹈形目、鹤形目等的种类和数量增加，绿头鸭、斑嘴鸭、绿翅鸭、小鹈鹕、苍鹭和白鹭成为优势物种。在消落区和浅水地带形成大面积耐湿、速生草本植物群落和水生植物群落，并有较丰富的鱼、虾、昆虫和软体动物，为鹭科、鸻科、鹬科等游禽和涉禽提供了良好的栖息环境和食物条件，故其数量增长。

随着三峡水库的蓄水，游禽数量和种类逐年增加，而涉禽和其他类型鸟类的数量和物种数则随蓄水进程持续减少。以小江为例，游禽数量随蓄水高程的增加呈指数增长趋势（图 7-47）。139 m 高程蓄水后的第 1 年，即 2005 年，小江出现的游禽数量便显著增加，第二年数量继续增多；而在 156 m 高程蓄水后的第一年游禽数量明显降低，但之后数量又快速增加；至 2010 年蓄水高程达 173 m，游禽数量比蓄水前增加了约 14.75 倍，游禽物种数由蓄水前的 5 种增加至 18 种。涉禽总体数量较蓄水前降低了约 30%，物种数由 9 种下降至 4 种。对于其他类型鸟类，随着蓄水高程的增加，其数量和物种数总体上为下降趋势，并呈现剧烈变动状态。

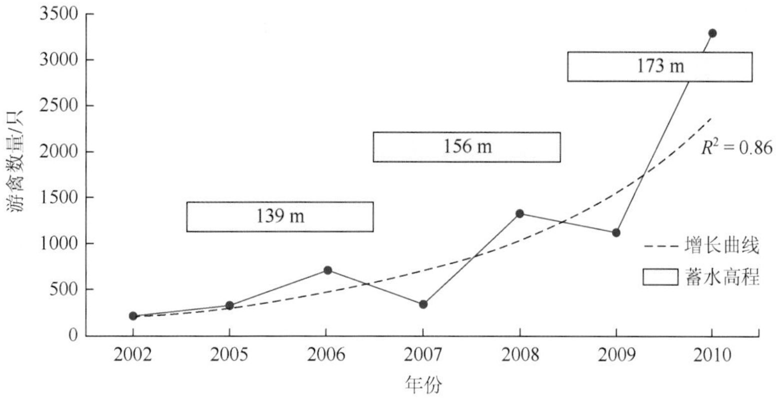

图 7-47　三峡水库消落区（小江）游禽数量动态变化[引自苏化龙等（2012）]

五、病媒生物

1. 病媒生物概述

病媒生物指鼠、蚊、蝇、蟑等能传播人类疾病的媒介生物，它们是病原体从宿主和环境传播到人体的重要媒介。三峡水库消落区是三峡大坝规律性蓄水放水致使岸边土地交替出现淹没和出露的结果，此区域的主要病媒生物包括鼠类和蚊类。其中鼠类主要是褐家鼠、小家鼠、黄毛鼠、黑线姬鼠、黄胸鼠、鼩鼱等，蚊类包括淡色库蚊、致倦库蚊、三带喙库蚊、中华按蚊、骚扰阿蚊等。而黄胸鼠和褐家鼠是鼠疫的主要传染源，黑线姬鼠和黄胸鼠分别会引起肾综合征出血热和钩端螺旋体病。蚊类中的伊蚊主要传染登革热，三带喙库蚊和中华按蚊是乙脑和疟疾的传染源。

2. 病媒生物分布变化

三峡水库二期蓄水后，整个库区鼠密度始终低于蓄水前 5 年的平均密度，维持在一个较低水平且不同年份间伴随轻微波动。整个库区室内密度最大的鼠类是褐家鼠，其次依次是小家鼠和黄胸鼠，且其密度随不同年份交替变化。在室外，四川短尾鼩一直以最高密度占据首位，第二位和第三位分别为褐家鼠和黑线姬鼠。在消落区，鼠密度较整个库区降低，且随年份变化持续降低（图 7-48）。但消落区内优势鼠种与整个库区有所不同，其中黑线姬鼠占据首位，其次是褐家鼠，其他鼠种占比均较低。从消落区高程来看，在 165～175 m 高程以家鼠为主，黑线姬鼠主要分布在 155～165 m 高程区域。尽管消落区鼠密度较低，但是密度最高的作为肾综合征出血热传染源的黑线姬鼠需要引起一定的关注。

蚊密度的变化与鼠密度情况相似，蓄水后不同年份蚊密度始终低于蓄水前 5 年平均密度，保持低水平且随年份轻微波动。整个库区优势蚊种为骚扰阿蚊和致倦库蚊，淡色库蚊、中华按蚊和三带喙库蚊的占比在不同年份间略有变化。在消落区，蚊密度近年来持续降低（图 7-48），占据优势地位的是致倦库蚊，而中华按蚊和骚扰阿蚊分别占据第二位和第三位，且密度随不同年份略有变化。从高程上来看，高蚊密度区域分布于 155～165 m 高程，且蚊密度随高程降低而递减。虽然消落区蚊密度远低于库区人群居住区，但是分别作为乙脑和疟疾主要传播媒介的三带喙库蚊和中华按蚊占有一定比例，值得引起关注。

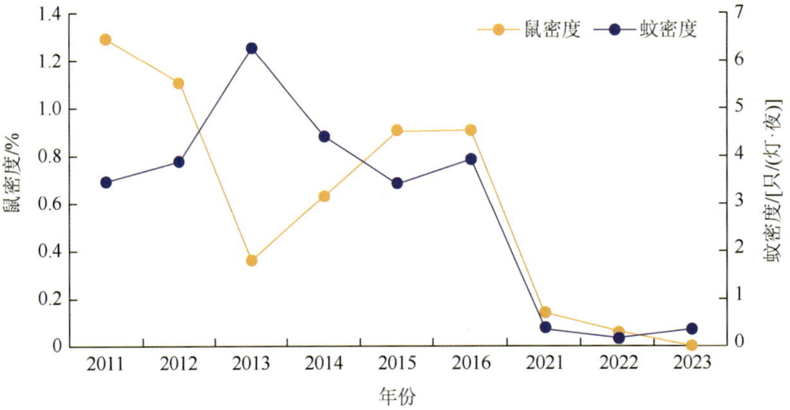

图 7-48　消落区病媒生物鼠、蚊的密度变化

2011～2016 年的数据来源于《长江三峡工程生态与环境监测公报》

3. 病媒生物与传染病

从三峡库区传染性疾病的数据来看，整个库区传染病发病率从 2009～2016 年表现为稍降低之后又开始呈现出逐年升高的趋势。在所有的传染病病例中，与病媒生物有关的病例占比均低于 0.1%，且有年份无病媒引发的传染病病例。整个库区病媒性病例占比较

低且没有形成大规模的传染。进一步发现，相较于整个库区，消落区病媒生物密度处于相当低的水平，因此，消落区周边居民暴发病媒性传染病的风险较低，且不易引起大规模传播。这些数据表明消落区鼠、蚊类病媒传播疾病的能力较低，但是对病媒生物的监测工作仍需进行并加强，以便在其密度突然增高时及时采取相应的控制措施，降低传染性疾病暴发的风险。

病媒生物密度处于动态变化中，受外界环境影响较大，因此需要长期监测，掌握其分布及密度变化规律，以及时发现异常情况，应对可能突发的因种群数量增加而带来的疾病大肆传播的情况，进一步指导病媒性传染病的科学防治。

第八章　三峡水库消落区生态系统组分、结构与功能

消落区生态系统是过渡带生态系统，因环境条件的波动和特殊性而独具特色。水位周期性变化导致从淹没到出露成陆的剧烈变化。经过近 20 年的演变，其结构组成正在从简单、不确定向复杂、确定的过程转变，并逐渐趋于动态的稳定，同时也具备了河岸带和生态过渡带的典型功能。尽管消落区物种多样性依然较低，但其生态系统结构与功能正在逐步形成，其中，生产者（如植物）、消费者（如昆虫、鸟类、哺乳动物等）、分解者（如微生物、真菌、无脊椎动物）各自表现出特殊的适应性和功能贡献。

此外，非生物性因子（如水文条件、土壤成分、温度、光照、风速）也影响消落区生态系统各组分的分布、适应性和功能，决定其演变过程。各组成部分通过相互作用和能量物质循环，共同促进着消落区生态系统向动态稳定阶段过渡。

第一节　消落区生态系统组分特征

一、消落区的生产者

在消落区生态系统中，植物作为生产者占据核心地位，通过光合作用提供基本能量。它们的种类和分布受水位波动、土壤条件和气候因素影响，表现出独特的动态适应性，如耐淹、耐旱和快速生长的能力。水位波动要求植物既能耐淹也能迅速适应陆地环境。含水量高、氧气含量低的土壤条件要求植物植根能力强，土壤肥力和营养元素也影响其生长。气候因素（如温度、降水和光照强度）则影响植物的生长期和生长速率。

目前消落区生态系统处于物质能量的积累过程，因此生产者在消落区生态系统中扮演着至关重要的角色。此外，植物与微生物、动物形成复杂的生态互作关系，共同维持生态系统的动态趋稳。因此，了解这些生产者的特性和适应机制，有助于理解消落区生态系统的能量流动和物质循环。通过归纳和总结，现阶段消落区生产者具有如下基本特征：

1. 适应水陆交替的环境可塑性

消落区生态系统的碳积累主要依赖优势生产者。这些生产者具有较强的环境适应能力，这是它们在强烈水文动态和长时间的水淹环境中能够生存和繁衍的关键特征之一。这些植物在周期性水位变化的条件下不仅能够维持生长，还能有效地繁殖后代，以确保种群的延续。具体来说，这些适应性强的生产者表现出以下几个显著特征：

1）耐受干湿交替的环境变化

消落区环境的主要胁迫因子是水位的周期性涨落，植物必须能够承受长时间的淹没和随后的干旱。例如，某些草本植物在水位上升时能够进入休眠状态，而在水位下降和

土壤露出时迅速恢复生长。这种“能屈能伸”的生理机制使它们能够在极端环境中保持活力。水位涨落带来的双重挑战促使这些植物发展出独特的适应机制，如通过暂停生长活动以节约资源，在环境条件好转时又迅速反应恢复生长。

2）耐淹的根系结构

消落区生产者通常具有发达且多样化的根系结构，以应对变化多端的水位条件。例如，某些植物具有发达的根系以便在不同水位条件下有效吸收水分和养分。这些植物通过扩展宽广的根系网，不仅能在干旱期间获取深层土壤中的水分，还能在土壤湿润或淹没时迅速吸收表层的养分。尤其值得注意的是，一些植物的根系能在淹没期间进行气体交换，以防止缺氧，这种能力部分归因于其根系的特殊结构（如气通道结构），该结构可帮助根系在潮湿或完全淹没的状态下进行呼吸。

3）灵活的繁殖策略

为了适应环境变化，消落区的植物通常发展出迅速繁殖的能力。它们不仅通过种子繁殖，还依靠无性繁殖（如根茎、匍匐茎、鳞茎等）快速占据新的空地。这些植物的种子通常具有耐久性，能够在不利条件下保持较长时间的活力，等待适宜环境条件出现时快速发芽。此外，无性繁殖的能力使它们能迅速扩大种群，在适宜条件下以最快的速度占领空地，填补生态位。

4）具有逆境下的生理适生策略

三峡库区消落区的植物表现出高度的生理适应性。生理上，这些植物（如狗牙根）具有较强的耐淹和耐旱能力，通过形成抗氧化酶和调整代谢来应对周期性水位变化。此外，植物会形成通气根或气孔，以增强氧气获取。根系和茎叶结构会根据水淹和干涸条件进行可塑性调整，如浅根系统和伸长茎节，以确保在不同条件下的生存和繁殖。这些适应特征使植物能够在极端环境中维持生长。

2. 陆生阶段生长迅速

通过分析发现，消落区生产者在水位下降后具有显著的快速生长能力，这是它们能在环境变化中占据优势的关键。快速生长不仅能迅速覆盖地表，防止土壤侵蚀，还能降低地质灾害发生风险，维护生态系统稳定。例如，一年生草本植物苍耳可迅速完成生命周期，多年生植物（如狗牙根）则通过根茎快速恢复生长，形成密集植被覆盖层。这种反应确保了植被覆盖的连续性，增强了土壤稳定性，减少了洪水和泥石流等地质灾害。高效的资源利用和生长策略使这些植物不仅保护了土壤和水资源，还为其他生物提供了栖息地和食物。具体特征如下：

1）快速萌发和生长

消落区的生产者通常具备迅速萌发和生长的特性。一些植物的种子在适宜的条件下能够迅速萌发，并在短时间内大幅度增殖。这种快速萌发和生长的能力使它们能够在水位下降后迅速占据开放生境，覆盖裸露地表，并减少侵蚀。例如，一年生草本植物可以在水撤退后的几天内就发芽，并在几周内生长成株，形成厚实的植被覆盖层。

2）高光合作用效率

生产者在消落区环境下普遍具有较高的光合作用效率，这意味着它们能够在有限的时间内快速积累能量和生物量。特别是一些 C4 和 CAM（景天酸代谢）光合作用途径的植物，它们在高温和强光条件下能够高效地利用二氧化碳，将其转化为有机物，进而快速生长。在高温、强光的环境中，C4 植物（如狗牙根和牛鞭草）是通过特化的光合作用路径，极大地提高了二氧化碳固定的效率，从而在短时间内积累大量的能量和有机物的（图 8-1）。

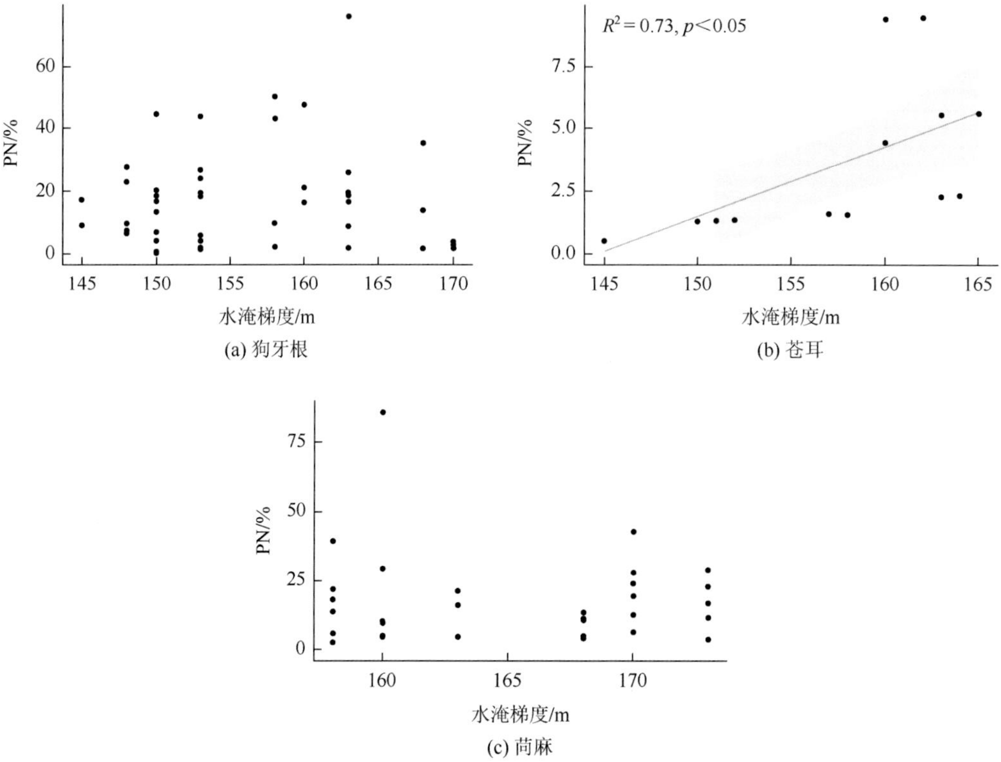

图 8-1　消落区优势生产者狗牙根、苍耳和苘麻的光合作用效率

3）短生命周期和高繁殖力

为适应周期性变化的水文环境，消落区的生产者通常具有较短的生命周期，从萌发、开花、结实到死亡均很迅速。这种特性还伴随着高繁殖力，其一季内能够完成多个繁殖周期，迅速增加种群数量。由于生命周期短，因此它们能够在淹没或干旱等极端环境条件来临之前便迅速完成生长和繁殖。例如，消落区一年生菊科植物可以在一个生长季节内多次开花结实，迅速扩展种群规模。这一点在消落区非优势植物中表现得尤为明显。

4）生物量快速积累

为了应对水淹胁迫，消落区的许多一年生植物能够在成陆阶段短时间内积累大量的生物量，为生态系统奠定重要的物质基础。快速生长的地上部分不仅可以有效覆盖地表，还能通过其根系稳定土壤结构（如苍耳）降低侵蚀和泥沙流失的风险。又例如，狗牙根等多年生禾本科植物，其快速匍匐生长的地下根茎系统，不仅有助于固持土壤，还能防止岸边侵蚀，特别是可在汛期来临之前形成有效的自然屏障（图 8-2～图 8-3）。

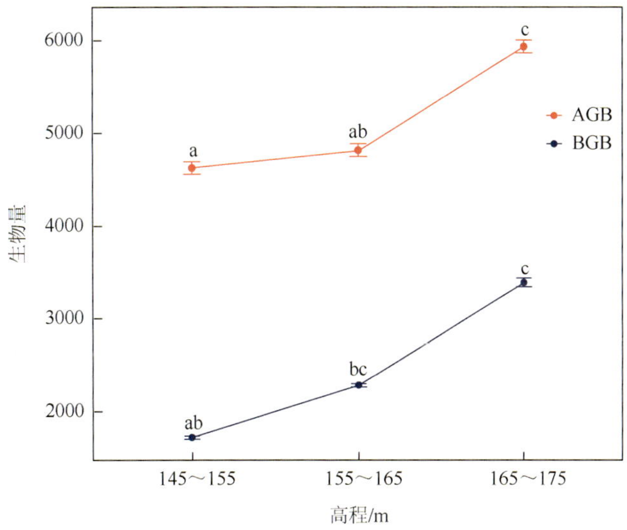

图 8-2　生产者地上及地下生物量与高程的关系

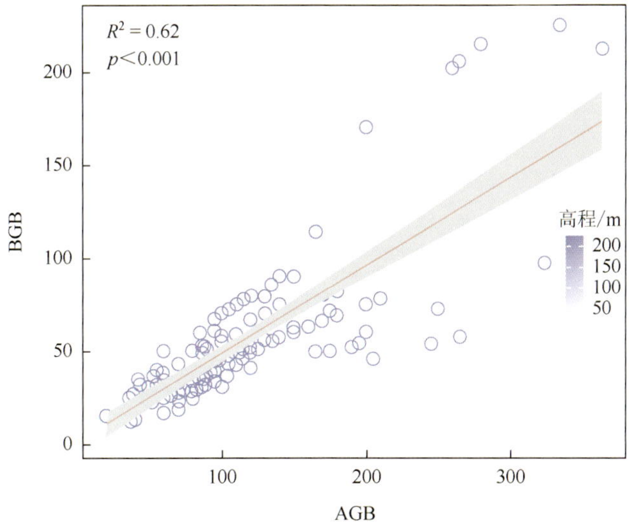

图 8-3　生产者地上生物量和地下生物量的关系

5）优化利用资源

消落区生产者对资源的利用效率较高。它们能够在降水期充分吸收并储存水分和养分，在干旱期通过快速消耗自我储备来维系生长。这种对资源的优化利用策略进一步支持了它们的快速生长，使得它们在短时间内能够有效覆盖地表，促进生态系统的恢复和稳定。比如，消落区优势植物通常会在地上部叶片和地下部根系之间分配养分，并且会根据水淹强度的变化优化、调整其分配量，当水淹来临时，这些植物甚至可以将大部分养分投入根系中维系植物在水中的生存（图 8-4～图 8-7）。

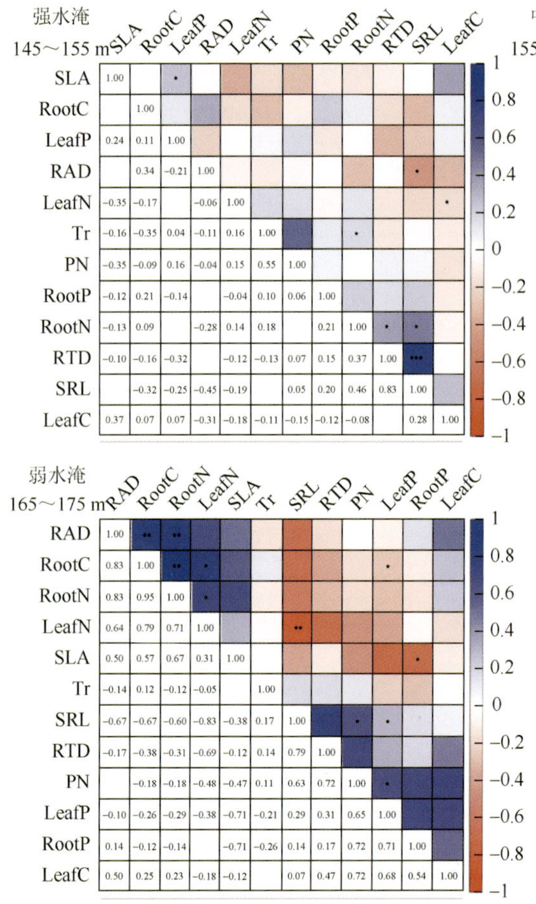

图 8-4　优势生产者狗牙根在不同水位的功能性状权衡分析[引自 Zou 等（2024）]

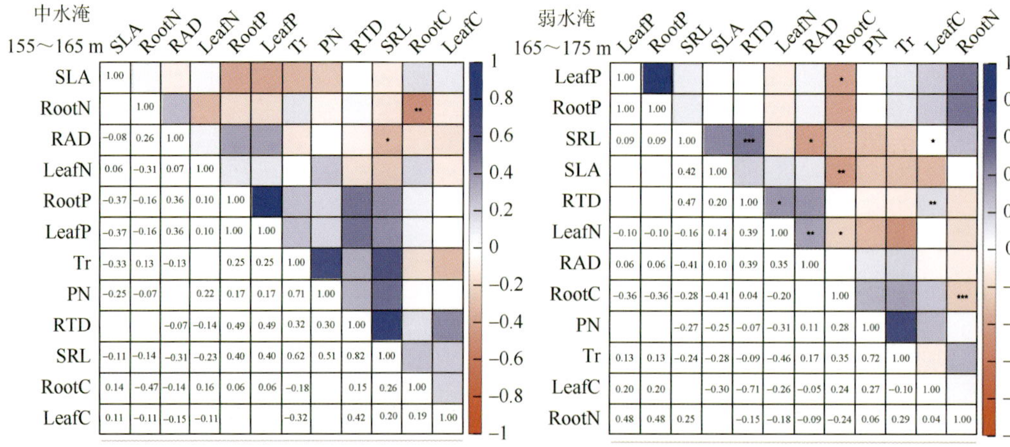

图 8-5　优势生产者苍耳在不同水位的功能性状权衡分析[引自 Zou 等（2024）]

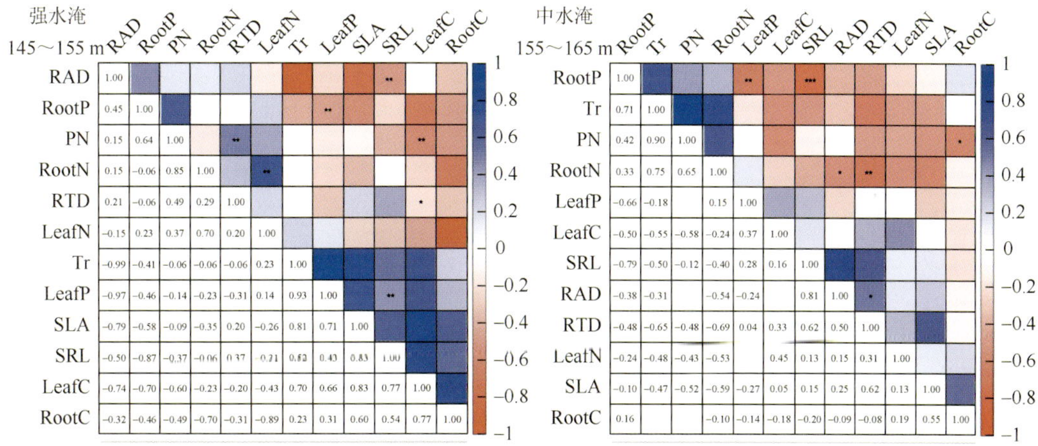

图 8-6　优势生产者苘麻在不同水位的功能性状权衡分析[引自 Zou 等（2024）]

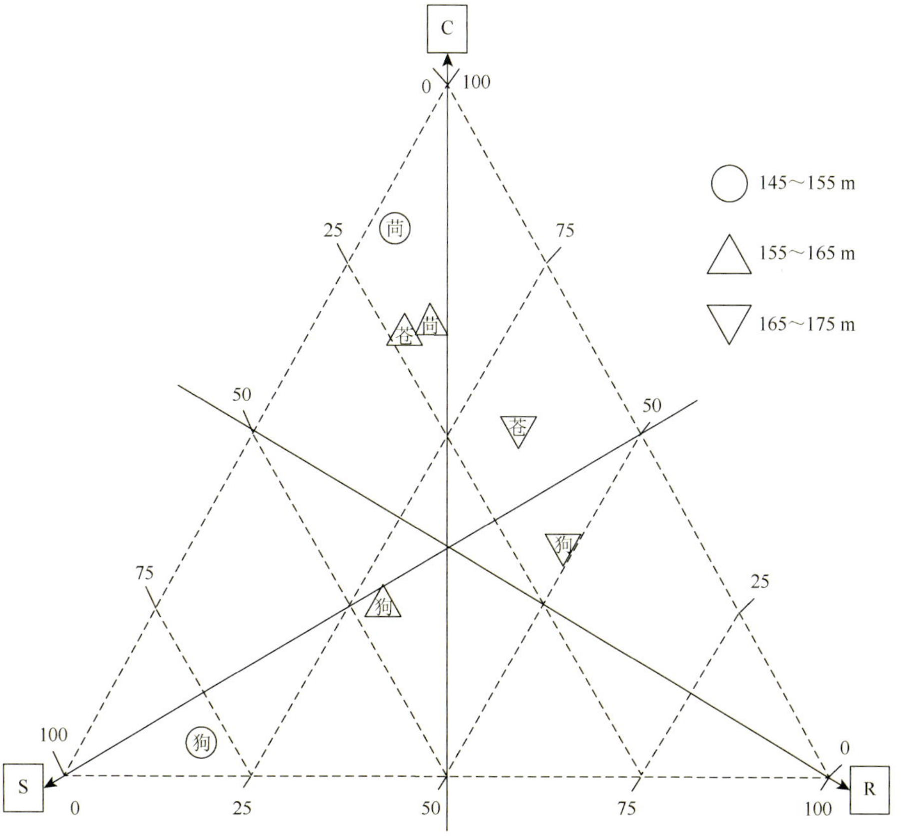

图 8-7　优势生产者的 CSR 适生策略图[引自 Zou 等（2024）]

6）物种间协同生长

现阶段消落区的植物往往形成协同共生的种间关系，表现为群落间的互惠关系。例如，先锋植物狗牙根可以迅速覆盖地表，为后续植物的生长提供庇护和有利条件。先锋植物通过共生菌根、根际微生物等机制进一步优化了养分获取，推动整个植物群落快速生长。通过改善土壤结构和养分条件，先锋植物还为其他植物创造了更适宜的生长环境，从而促进整个植被群落的恢复和稳定。优势植物甚至可以通过“护士效应”为非优势的短命植物提供微庇护生境，从而使得优势植物与非优势植物协同生长，一些短命的豆科植物又可以通过固氮进一步提升生境质量。

7）优势生产者多为禾本科和菊科植物

目前来看，消落区生产者组成相对简单，通常由少量耐受恶劣环境的植物构成（图 8-8）。然而，近年来已出现大量次优势物种，层级分化明显，并出现物种间的共生现象。与优势物种不同，次优势物种的出现呈现出动态变化的特征，且多为一年生植物。

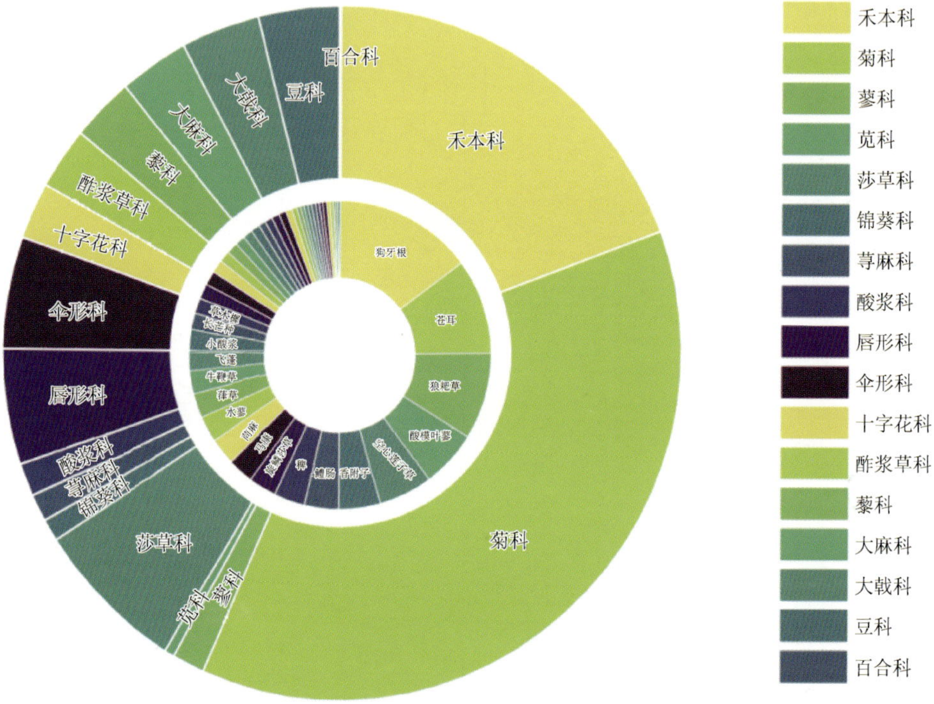

图 8-8　三峡库区消落区优势生产者植物物种（科）组成[引自黄金夏（2022）]

二、消落区的主要消费者

消落区消费者的种类和数量受植被类型、水位变化和人类活动的影响。消落区草本植物为昆虫和小型哺乳动物提供食物，水位变化改变植被分布，进而影响消费者的食物和栖息环境。蓄水期，陆生动物迁移到高地，水生动物进入消落区觅食；排水期，水生植物和水生动物都减少。人类活动（如休憩和放牧）也影响消费者。高强度放牧改变植被，过度放牧则导致植被和土壤被破坏，影响消费者生存。由于消落区生态系统重构仅近 20 年，消费者种类和数量还相对较少，系统仍以生产者为主。现有消费者较为脆弱，其重要特征如下：

1. 食性多样化

消落区生态系统消费者以鸟类为主，其种类和数量具有显著的动态性，尚未形成稳定的种群。尽管如此，这一区域的主要消费者仍能够摄食多种类型的生产者和其他消费者，包括草本植物、种子、昆虫等。这种食性多样化显著增强了主要消费者在食物资源匮乏的消落区环境中的生存能力。例如，消落区中的白鹭能够取食消落区水退后滩地上的水生昆虫、植物种子和小型鱼类，而两栖动物（如青蛙和蟾蜍）则以昆虫、蠕虫和植物碎片为食（图 8-9）。这些多样化的捕食行为不仅有助于各类消费者在环境中维持生存，还在一定程度上促进了生物多样性的提升。

图 8-9　三峡库区消落区中觅食的白鹭

消落区的食性多样化是其生态系统由不稳定向稳定过渡的重要驱动因素之一。消费者的多食性有助于它们在资源不稳定的情况下找到替代食物，从而提高了生态系统的弹性和适应能力。

2. 高机动性

消落区鸟类和两栖动物在面对水位变化时表现出较高的灵活性和适应性。鸟类（如鹭类和鸭类）在水位上升时会迅速迁移到更高的区域，以避免被淹没和寻找新的觅食地。而在水位下降时，它们则会返回低洼地带觅食，此时这些区域通常会暴露出丰富的食物资源，如昆虫、鱼类和植物种子。

两栖动物（如青蛙和蟾蜍）则拥有迁移能力，它们能够在水位变化时迅速找到新的栖息地。这些动物在水位上升时会向更高的地势移动，以避免被淹没；而在水位下降时，它们则会迁移到新的水域或湿地，以继续获取食物和进行繁殖活动。

这种高机动性不仅有助于个体消费者在环境变化中找到适宜的栖息地和食物资源，还在一定程度上促进了种群的基因流动和生物多样性的维持。消落区消费者的高机动性和强适应能力是其在频繁水位变化环境中生存的重要策略，使其能够迅速迁移到更合适的环境中觅食和繁殖，从而提高了种群的生存率和繁殖成功率。

3. 灵活的繁殖策略

消落区的主要消费者已经表现出灵活的繁殖策略，以应对不稳定的环境条件。例如，两栖动物在水位较高的季节会快速繁殖，以充分利用丰富的水资源和食物供应。这些动物在雨季时会集中产卵，幼体在水位较高的环境中易于发育和成长。而在干旱季节，它们则会进入休眠状态，以缓解高温和缺水的压力。这种繁殖和休眠交替的策略使得两栖动物能够在消落区的动态环境中保持种群稳定。鸟类（如鹭类和鸭类）也会根据水位变化调整繁殖时间和地点。这些鸟类在水位上升时会选择更高的区域筑巢，以避免巢穴被淹没。而在水位下降时，它们则会迁移到低洼地带觅食，并在这些区域繁殖，以利用丰富的食物资源。这种繁殖时间和地点的调整使得鸟类能够在消落区的动态环境中确保后代的生存和成长。

消落区消费者的灵活繁殖策略是其适应环境变化的重要手段。这些策略使得它们能够在不同的季节和环境变化中有效地繁殖和养育后代，从而提高种群的生存率和繁殖成功率。

4. 对极端环境的适应能力

在消落区，消费者更倾向于分布在靠近水源的低高程区域，特别是附近有池塘、水沟的区域，这些区域往往位于消落区的低洼地带，容易积水，是蛙类和蟾蜍类理想的繁殖和栖息地。黑斑侧褶蛙、川村陆蛙等喜湿物种更偏向在消落区的浅水区活动，而中华蟾蜍则更多在消落区高高程的陆地上活动。

这些昆虫能够在干旱季节通过卵或幼虫的休眠状态度过不利期。相对来说，三峡水库消落区的昆虫种类较为丰富，节肢动物在种类和种群数量上占绝对优势。地表昆虫和蜘蛛类优势明显，主要类群为鳞翅目、鞘翅目、同翅目、膜翅目、双翅目、半翅目和蜘蛛目等。土壤动物中的优势类群为蜱螨目、线虫纲、等足目等。消落区的生态系统虽然脆弱，但这些消费者的适应和自我调节能力能够在一定程度上缓解水文环境变化带来的压力。

5. 对人类活动的适应

消落区内有放牧和游憩等人类活动，但强度整体较弱。由于消落区镶嵌在强烈的人为活动景观中，其主要消费者表现出一定的适应能力，但过度活动仍可能威胁它们的生存。例如，某些候鸟能在低强度人类活动中生存和繁殖，但当人类活动强度过大时，这些候鸟便会受到严重影响。

放牧活动以散养和较大规模养殖为主，在强度较低的情况下，草本植物和耐践踏植物继续生长，为草食性动物提供食物，同时控制外来入侵植物，维持生态平衡。但过度放牧会导致植被退化、土壤侵蚀，影响植物再生和生态系统稳定性，尤其在坡度大的区域，会导致严重的水土流失。

游憩活动包括观光、野餐、露营、垂钓和游泳。在低强度下，游憩活动对环境的影响较小，一些鸟类能在这些活动中生存和繁殖。但过度的游憩活动会污染水体和土壤，减少鸟类种群，破坏尚脆弱的食物链。

三、消落区的分解者

分解者在消落区生态系统中扮演着关键角色，其通过分解有机物质，促进养分循环，维持生态系统的过程和功能。消落区是水库水域与陆域生态系统的过渡与衔接区域，其分解者具有多样性和复杂性等特征，这些特征使得分解者在不同环境条件下能够持续发挥作用。分解者不仅在水质净化、土壤改良和污染物降解等方面提供了重要的生态系统服务功能，还表现出显著的动态性，能够应对频繁的水位波动和人类活动带来的干扰，维持消落区生态系统过程。以下是关于分解者在三峡水库消落区生态系统中的重要特征。

1. 呈现出多样性特征

分解者在三峡水库消落区生态系统中具有较高的多样性。主要包括各种真菌和细菌，如担子菌门（Basidiomycota）、子囊菌门（Ascomycota）、梳霉门（Kickxellomycota）、被孢霉门（Mortierellomycota）等真菌，以及放线菌门（Actinobacteriota）、绿弯菌门（Chloroflexi）、酸杆菌门（Acidobacteriota）、厚壁菌门（Firmicutes）、蓝细菌门（Cyanobacteria）、变形菌门（Proteobacteria）等细菌。这些分解者在不同的环境条件下发挥作用，分解各种类型的有机物质，维持生态系统的稳定和功能。

2. 缺氧和有氧条件下的快速适应

分解者在生态系统中扮演重要角色，其适应能力使其能够在消落区频繁的水位波动中生存和繁衍。水位波动导致土壤环境在缺氧和有氧条件间变化，影响土壤生物化学过程。然而，分解者在缺氧和有氧条件下都能进行代谢活动，维持生态功能。

在缺氧条件下，厌氧微生物通过发酵和厌氧呼吸分解有机物，释放能量和养分；在有氧条件下，好氧微生物通过有氧呼吸分解有机物，释放二氧化碳和水，促进植物营养供应。分解者的适应性使其在复杂环境中持续发挥作用，其多样性和功能冗余性确保了在环境变化时，另一类微生物能进行补充，维持整体分解功能。

因此，分解者的环境适应能力不只体现于个体代谢，也体现在群落动态平衡上。这保证了消落区在频繁水位波动中，仍能维持其生态和生物地球化学功能，促进生态系统向动态稳定方向演变。

3. 在消落区生态系统演变过程中发挥关键作用

分解者在消落区生态系统演变过程中起着至关重要的作用，其独特的功能和适应性使其能够在动态且具有挑战性的环境中持续发挥生态功能。通过分解有机物，分解者不仅促进了消落区现有的养分循环和再利用，还在维持生态系统过程和功能方面发挥了关键作用。

首先，分解者能够将复杂的有机物分解成简单的无机物，这一过程释放出消落区植物所需的各种养分，如氮、磷、钾等。这些养分是植物生长和繁殖的基本元素，直接影响到植物群落的健康和多样性。通过提供稳定的养分供应，分解者促进了植物的生长，提高了植被覆盖率和生物多样性，从而增强了消落区的生态恢复能力。

其次，分解者在分解有机物的过程中，能够将一些难以降解的有机污染物转化为无害物质。这种转化过程不仅减少了这些污染物对生态系统的负面影响，还为改善水质和土壤质量贡献了力量。例如，分解者可以分解农药残留、工业废弃物等污染物，通过复杂的生物化学反应，将污染物最终转化为无毒或低毒的物质。这样一来，可见分解者在净化环境、减少污染源方面发挥了重要的生态服务功能。

此外，分解者通过其代谢活动和生物相互作用，增强了土壤的结构和健康。它们的分解活动释放出大量有机酸，促进矿物质溶解和释放，从而提高了土壤的肥力和保水能力。这对于消落区这样水位变化频繁的区域尤为重要，因为良好的土壤结构能够帮助植物在干旱和淹水条件下更好地适应和生存。

最后，分解者的活动也有助于维持消落区生态系统过程。其功能冗余性和多样性确保了在环境条件变化时，总有部分分解者能够继续发挥功能，从而维持整体系统的代谢和生物地球化学循环。例如，当环境条件苛刻时，某些耐受性较高的分解者会成为主导，确保分解过程不间断。这种机制不仅增强了生态系统的适应性和弹性，还提高了生态系统应对环境变化和外来干扰的能力。

4. 动态变化特征

分解者在消落区生态系统中展现出显著的动态性，可适应季节性和年际变化，维持生态系统稳定和功能。季节性变化会影响分解者的种群数量和活性。在高水位季节，水生微生物活跃，快速分解有机物，释放养分并净化水质。在低水位季节，土壤微生物活跃，增加土壤氧气含量，促进有机物分解和植物生长。

年际变化也影响分解者群落结构和功能，与气候变化、环境扰动和人类活动有关。例如，降水量多的年份，水生微生物增加；降水量少的年份，土壤微生物增加。这种变化使分解者适应性强，能应对环境变化和外来干扰。

分解者的代谢灵活性和功能冗余性也体现了其动态性。不同分解者有不同代谢途径，当环境变化时，一类分解者减少，另一类分解者则补偿其功能。例如，土壤缺氧时，厌氧微生物增加；土壤有氧时，好氧微生物增加。这确保了分解过程在各种环境下持续进行。

由此可见，分解者在消落区生态系统中具有典型的动态特征。由于水位波动和其他环境变化，分解者的群落结构和功能会发生动态变化，表现出明显的季节性和年际变化。这种暂态特征使得分解者能够在不同的环境条件下持续发挥作用，维持生态系统的稳定和功能。通过分解有机物，分解者促进了养分的循环，维持了生态系统的生产力和稳定性，为生态系统的健康和可持续发展提供了重要保障。

第二节　消落区生态系统结构特征

三峡库区消落区作为水库水域与陆域生态系统的过渡地带，具有独特的生态系统结构特征。消落区的生态系统不仅是水陆交错的湿地生态系统，还在库区水体与陆岸之间形成了巨大的生态隔离带。其生态系统结构复杂多样，涵盖了从植物、动物到微生物的多种生物群落。这些生物群落通过食物链和食物网相互连接，形成了一个复杂的生态网络。消落区的生态系统结构特征不仅反映了生物种群之间的相互关系和生态互动，还揭示了其在维持生态平衡、净化环境和提供生态服务功能方面的重要作用。理解消落区生态系统的结构特征，对于保护和管理该区域的生态环境至关重要。

一、消落区生态系统独特的垂直结构

现阶段，消落区具有频繁的能量物质流动和时空异质性，形成了独特的多层次垂直结构。该区域因水位的周期性涨落，形成了既有水生又有陆生的生境，为多种动植物提供了栖息地。草本植物在消落区占主导地位，适应频繁的水位变化；灌木和乔木则分布在较高的非水淹区域；两栖类、爬行类和鸟类等动物的数量也呈现梯度变化。

频繁的物质流动由水位涨落引起，导致土壤、水体和生物群落间的物质交换。这种流动不仅能维持消落区的生态平衡，还对土壤质量和水质状况产生重要影响。

例如，狗牙根因其坚韧的茎秆和多年生特性，在强水淹区域（145～155 m）占有显著优势。此外，鳢肠和香附子也表现出较高的重要值。在中水淹区域（155～165 m），狗牙根和苍耳因其适应性和资源利用能力在植物群落中占据重要位置。弱水淹区域（165～175 m）依然以狗牙根为主，展示了其适应广泛生态环境的能力（表 8-1～表 8-3）。

消落区的垂直结构和物种分布的梯度变化，以及植物的生态位宽度和重要值的显著差异，突出了其独特的生态适应性和对环境变化的动态响应。这些特点确保了消落区在复杂环境条件下维持其生态过程与功能。

表 8-1　消落区 145～155 m 水位下物种重要值和生态位宽度

物种名	科	属	I_v	B_i
稗 *Echinochloa crus-galli*	禾本科 Poaceae	稗属 *Echinochloa*	0.0422	0.0018
苍耳 *Xanthium strumarium*	菊科 Asteraceae	苍耳属 *Xanthium*	0.0190	0.0004
狗牙根 *Cynodon dactylon*	禾本科 Poaceae	狗牙根属 *Cynodon*	0.5561	0.3093
鬼针草 *Bidens pilosa*	菊科 Asteraceae	鬼针草属 *Bidens*	0.0024	0.0001
蔊菜 *Rorippa indica*	十字花科 Brassicaceae	蔊菜属 *Rorippa*	0.0225	0.0005
空心莲子草 *Alternanthera philoxeroides*	苋科 Amaranthaceae	莲子草属 *Alternanthera*	0.0026	0.0001

续表

物种名	科	属	I_v	B_i
狼耙草 *Bidens tripartita*	菊科 Asteraceae	鬼针草属 *Bidens*	0.0209	0.0004
鳢肠 *Eclipta prostrata*	菊科 Asteraceae	鳢肠属 *Eclipta*	0.0460	0.0021
芦苇 *Phragmites australis*	禾本科 Poaceae	芦苇属 *Phragmites*	0.0028	0.0001
马齿苋 *Portulaca oleracea*	马齿苋科 Portulacaceae	马齿苋属 *Portulaca*	0.0025	0.0001
牛鞭草 *Hemarthria sibirica*	禾本科 Poaceae	牛鞭草属 *Hemarthria*	0.0261	0.0007
苘麻 *Abutilon theophrasti*	锦葵科 Malvaceae	苘麻属 *Abutilon*	0.0223	0.0005
雀稗 *Paspalum thunbergii*	禾本科 Poaceae	雀稗属 *Paspalum*	0.0034	0.0000
香附子 *Cyperus rotundus*	莎草科 Cyperaceae	莎草属 *Cyperus*	0.0177	0.0003
酸模叶蓼 *Polygonum lapathifoliun*	蓼科 Polygonaceae	蓼属 *Persicaria*	0.0326	0.0011
碎米莎草 *Cyperus iria*	莎草科 Cyperaceae	莎草属 *Cyperus*	0.0443	0.0020
苋 *Amaranthus tricolor*	苋科 Amaranthaceae	苋属 *Amaranthus*	0.0025	0.0001
香附子 *Cyperus rotundus*	莎草科 Cyperaceae	莎草属 *Cyperus*	0.0576	0.0033
小酸浆 *Physalis minima*	茄科 Solanaceae	酸浆属 *Physalis*	0.0083	0.0001
旋鳞莎草 *Cyperus michelianus*	莎草科 Cyperaceae	莎草属 *Cyperus*	0.0621	0.0039
黄花蒿 *Artemisia annua*	菊科 Asteraceae	蒿属 *Artemisia*	0.0060	0.0001

表 8-2　消落区 155～165 m 水位下物种重要值和生态位宽度（前 20 个物种）

物种名	科	属	I_v	B_i
狗牙根 *Cynodon dactylon*	禾本科 Poaceae	狗牙根属 *Cynodon*	0.2105	0.0443
苍耳 *Xanthium strumarium*	菊科 Asteraceae	苍耳属 *Xanthium*	0.1606	0.0258
香附子 *Cyperus rotundus*	莎草科 Cyperaceae	莎草属 *Cyperus*	0.0705	0.0050
空心莲子草 *Alternanthera philoxeroides*	苋科 Amaranthaceae	莲子草属 *Alternanthera*	0.0620	0.0038
狼耙草 *Bidens tripartita*	菊科 Asteraceae	鬼针草属 *Bidens*	0.0605	0.0037
苘麻 *Abutilon theophrasti*	锦葵科 Malvaceae	苘麻属 *Abutilon*	0.0584	0.0034
酸模叶蓼 *Polygonum lapathifolium*	蓼科 Polygonaceae	蓼属 *Persicaria*	0.0547	0.0030

续表

物种名	科	属	I_v	B_i
稗 *Echinochloa crus-galli*	禾本科 Poaceae	稗属 *Echinochloa*	0.0425	0.0018
鳢肠 *Eclipta prostrata*	菊科 Asteraceae	鳢肠属 *Eclipta*	0.0358	0.0013
小酸浆 *Physalis minima*	茄科 Solanaceae	酸浆属 *Physalis*	0.0316	0.0010
马唐 *Digitaria sanguinalis*	禾本科 Poaceae	马唐属 *Digitaria*	0.0229	0.0005
水蓼 *Polygonum hydropiper*	蓼科 Polygonaceae	蓼属 *Persicaria*	0.0215	0.0005
旋鳞莎草 *Cyperus michelianus*	莎草科 Cyperaceae	莎草属 *Cyperus*	0.0213	0.0005
长芒稗 *Echinochloa caudata*	禾本科 Poaceae	稗属 *Echinochloa*	0.0189	0.0004
牛鞭草 *Hemarthria sibirica*	禾本科 Poaceae	牛鞭草属 *Hemarthria*	0.0161	0.0003
雀稗 *Paspalum thunbergii*	禾本科 Poaceae	雀稗属 *Paspalum*	0.0118	0.0001
合萌 *Aeschynomene indica*	豆科 Fabaceae	合萌属 *Aeschynomene*	0.0112	0.0001
苋 *Amaranthus tricolor*	苋科 Amaranthaceae	苋属 *Amaranthus*	0.0079	0.0001
焯菜 *Rorippa indica*	十字花科 Brassicaceae	焯菜属 *Rorippa*	0.0077	0.0001
狗尾草 *Setaria viridis*	禾本科 Poaceae	狗尾草属 *Setaria*	0.0075	0.0001

表 8-3　消落区 165～175 m 水位下物种重要值和生态位宽度（前 20 个物种）

物种名	科	属	I_v	B_i
狗牙根 *Cynodon dactylon*	禾本科 Poaceae	狗牙根属 *Cynodon*	0.2683	0.1105
苍耳 *Xanthium strumarium*	菊科 Asteraceae	苍耳属 *Xanthium*	0.1163	0.0173
狼耙草 *Bidens tripartita*	菊科 Asteraceae	鬼针草属 *Bidens*	0.0813	0.0081
牛鞭草 *Hemarthria sibirica*	禾本科 Poaceae	牛鞭草属 *Hemarthria*	0.0632	0.0059
草木樨 *Melilotus suaveolens*	豆科 Fabaceae	草木樨属 *Melilotus*	0.0559	0.0042
空心莲子草 *Alternanthera philoxeroides*	苋科 Amaranthaceae	莲子草属 *Alternanthera*	0.0481	0.0024
葎草 *Lolium rigidum*	禾本科 Poaceae	黑麦草属 *Lolium*	0.0304	0.0012
飞蓬 *Erigeron acris*	菊科 Asteraceae	飞蓬属 *Erigeron*	0.0258	0.0009

续表

物种名	科	属	I_v	B_i
野胡萝卜 *Daucus carota*	伞形科 Apiaceae	胡萝卜属 *Daucus*	0.0234	0.0007
酸模叶蓼 *Polygonum lapathifolium*	蓼科 Polygonaceae	蓼属 *Persicaria*	0.0224	0.0006
蒌蒿 *Artemisia argyi*	菊科 Asteraceae	蒿属 *Artemisia*	0.0236	0.0006
黄花蒿 *Artemisia annua*	菊科 Asteraceae	蒿属 *Artemisia*	0.0208	0.0005
水蓼 *Polygonum hydropiper*	蓼科 Polygonaceae	蓼属 *Persicaria*	0.0161	0.0004
马唐 *Digitaria sanguinalis*	禾本科 Poaceae	马唐属 *Digitaria*	0.0166	0.0004
白苞蒿 *Artemisia lactiflora*	菊科 Asteraceae	蒿属 *Artemisia*	0.0141	0.0003
细叶旱芹 *Petroselinum crispum*	伞形科 Apiaceae	旱芹属 Petroselinum	0.0155	0.0003
雀稗 *Paspalum thunbergii*	禾本科 Poaceae	雀稗属 *Paspalum*	0.0141	0.0002
长芒稗 *Echinochloa caudata*	禾本科 Poaceae	稗属 *Echinochloa*	0.0119	0.0002
钻叶紫菀 *Aster tataricus*	菊科 Asteraceae	紫菀属 *Aster*	0.0107	0.0002
香附子 *Cyperus rotundus*	莎草科 Cyperaceae	莎草属 *Cyperus*	0.0079	0.0001

二、消落区生态系统的生物结构已呈现出食物链基本特征

消落区生物群落之间的物质流动主要体现在食物链和养分循环上。消落区的植物通过光合作用固定太阳能，形成初级生产力；植物被草食性动物食用，草食性动物又被肉食性动物捕食，形成食物链。通过食物链，能量和养分在生物群落之间流动，维持生态系统的稳定和健康。目前消落区生态系统的食物链结构是一个简单但又动态的网络，由生产者、消费者和分解者构成。由于消落区的特殊环境，其食物链结构具有独有的特征，结合上述生态系统结构组分，以下是对消落区生态系统食物链结构的归纳。

首先，消落区的生产者主要包括水生植物和陆生植物。水生植物（如浮萍、耐淹水草等）在水位较高时生长繁茂，而陆生植物（如草本植物和禾本植物）则在水位下降时占据主导地位。这些植物通过光合作用将太阳能转化为化学能，成为食物链的基础。水生植物在消落区水位较高时发挥重要作用，它们不仅为水生动物提供食物，还通过光合作用释放氧气，维持水体的溶氧水平，常见的水生植物包括浮萍、水草、藻类等。在水位下降时，陆生植物（如一年生和多年生草本植物）成为主要的生产者，其通过光合作

用固定二氧化碳，生产有机物，为陆生动物提供食物和栖息地。目前，常见的消落区陆生植物包括狗牙根、苍耳、苘麻等。

初级消费者主要是以植物为食的草食性动物，包括一些水生无脊椎动物（如水蚤、螺类），以及陆生的昆虫和小型哺乳动物。这些初级消费者在食物链中起到连接生产者和更高级消费者的桥梁作用。水生初级消费者包括各种浮游动物和底栖无脊椎动物，如水蚤、螺类和水生昆虫幼虫等，这些动物以水生植物和藻类为食，构成了水生食物链的基础。陆生初级消费者包括各种昆虫和小型哺乳动物，如蚱蜢、蝗虫、田鼠等，这些动物以陆生植物的叶、茎、根等部分为食，构成了陆生食物链的基础。

次级消费者包括以初级消费者为食的肉食性动物和杂食性动物，如两栖动物、鸟类和极少数的小型哺乳动物。这些动物通过捕食初级消费者获取能量，并进一步传递给更高级的消费者。水生次级消费者包括各种水生昆虫，这些动物以水生初级消费者为食，维持了水生食物链的能量流动。陆生次级消费者包括各种捕食性昆虫、鸟类和小型哺乳动物，如蜘蛛、青蛙、蛇、鸟类等，这些动物以陆生初级消费者为食，维持了陆生食物链的能量流动。目前来看，三级消费者及以上的高级消费者在消落区尚未出现。

消落区生态系统中的分解者（如细菌、真菌和一些无脊椎动物）在系统中扮演着重要角色。它们通过分解动植物遗体和排泄物，将有机物转化为无机物，使其重新回到生态系统中，供生产者利用。水生分解者包括各种细菌和真菌，它们分解水生动植物的遗体和排泄物，释放出无机养分，供水生植物利用。陆生分解者包括各种土壤微生物和无脊椎动物（如蚯蚓、甲虫等），它们分解陆生动植物的遗体和排泄物，释放出无机养分，供陆生植物利用。

消落区生态系统的食物链是一个动态且脆弱的网络结构，由生产者、初级消费者、次级消费者和分解者构成。由于消落区的特殊环境，其食物链结构具有独有的特征，表现出显著的动态变化。生产者通过光合作用固定能量，初级消费者通过摄食生产者获取能量，次级消费者通过捕食初级消费者和次级消费者获取能量，而分解者通过分解动植物遗体和排泄物，将有机物转化为无机物，使其重新回到生态系统中，供生产者利用。由此可见，消落区生态系统已经开始形成食物链的雏形，但尚不完整。

三、消落区生态系统结构具有显著动态性

三峡水库消落区生态系统处于演替的草本阶段，这一阶段的显著特征是群落结构和成分动态变化。由于水库的季节性水位涨落和周期性蓄水，消落区的生态系统不断经历淹没和出露的循环，这种水文节律的变化对生态系统的影响是深远且复杂的。消落区生态系统的群落结构在演替过程中表现出螺旋式波动变化的特征（图 8-10）。这种变化是多种因素，包括水位波动、土壤条件变化、外来物种入侵和人为干扰等共同作用的结果。

此外，土壤条件的变化也对群落结构产生了重要影响。消落区的土壤在淹没和出露的过程中经历了氧化反应和还原反应的交替，这改变了土壤中的养分含量和微生物群落结构。例如，在淹水期间，土壤中的氮、磷等养分浓度明显上升，而在出露期间，这些养分可能会被植物迅速吸收或流失，导致土壤质量的波动变化。

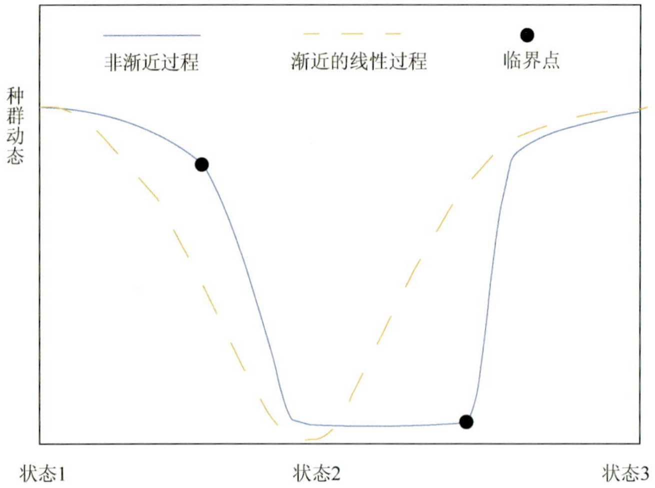

图 8-10　消落区生态系统动态过程模拟

在消落区生态系统的演替过程中，群落结构和成分经历了一系列暂时性的变化。这些变化是生态系统对环境压力和干扰的响应，表现为群落结构的频繁调整和物种组成的动态变化。在演替初期，消落区的植物群落主要由一些快速生长的先锋物种组成，这些物种能够迅速适应环境的变化并占据优势地位。然而，随着时间的推移和环境条件的改变，这些先锋物种的数量和分布会发生显著变化。例如，狗牙根和苍耳等植物起初在消落区占据了主要优势地位，但随着外来植物的入侵和环境的进一步变化，这些优势物种的地位可能会被取代。

这种暂时性的变化过程不仅体现在植物群落中，也体现在动物群落中。消落区的动物群落在水位波动和环境变化的影响下，经历了频繁的物种更替和分布格局的调整。例如，消落区的两栖动物群落在水库蓄水后发生了显著变化，一些无法适应新环境的物种减少或消失，而一些能够适应新环境的物种则迅速占据了新的生态位。

在消落区生态系统的演替过程中，环境过滤和种间相互作用是影响群落结构和成分的重要因素。环境过滤指的是环境条件对物种的选择作用，而种间相互作用则是物种之间的竞争、捕食、共生等关系对群落结构的影响。环境过滤主要体现在水位波动和土壤条件的变化对植物群落的影响。由于消落区的水位波动频繁，只有那些能够耐受水淹和干旱的植物才能在这里生存下来。这种环境过滤作用导致了消落区植物群落的特定组成和结构。然而，在中等强度水淹胁迫带，种间相互作用对群落结构的影响更为显著。在这种环境条件下，植物之间的竞争、捕食和共生等关系对群落结构的形成和演替起到了重要作用。例如，一些植物通过竞争获得更多的资源，从而占据优势地位，而一些植物则通过共生关系获得生存优势。

消落区生态系统的动态变化不仅体现在群落结构和成分上，也体现在生态系统功能上。随着群落结构的变化，消落区的生态系统功能也在不断调整和演变。在演替初期，消落区的生态系统功能主要由先锋物种提供，这些物种通过快速生长和繁殖，迅速占据裸露的土地，形成新的生态系统。然而，随着时间的推移和环境条件的变化，这些先锋物种的功能可能会被其他物种所取代，从而导致生态系统功能的变化。例如，消落区的植物群落在演替过程中逐渐由草本植物向灌木和乔木过渡，这种群落结构的变化导致了生态系统功能的调整。草本植物主要通过快速生长和繁殖提供土壤稳定和养分循环等功能，而灌木和乔木则通过深根系统和较长的生命周期，提供更为稳定的生态系统功能。

理解动态过程对于生态修复也具有重要意义。例如，水陆交错的河岸带生态由于多元环境因素的多尺度影响，群落演替发生频繁，物种丰富度较高。在群落演替、物种交替出现的过程中，生态暂态过程明显，种群变化存在短暂态与长暂态的双重过程。以长江三峡水库为例，建库初期，随着水库的极端周期性水陆交替变化，河岸带原有植物群落消失，群落结构组成发生重构。在重构过程中，某些一年生植物（如苍耳）随水陆交替变化呈现出短暂态过程；某些耐淹的多年生植物在经历了几年高密度分布后突然消失；或者相反，某些多年生植物又突然出现。目前，库区消落区植被群落处于尚未稳定的草本演替阶段，今后物种替代现象还会持续。由此可见，具有不同暂态特征的不同种群交织在一起，群落形成在时间序列上呈现波浪式的、大幅度的正向/逆向演替反复交替的演替格局。目前，以耐淹物种为先锋物种，在正向与逆向演替交互过程中，通过植物与土壤之间的反馈作用，逐渐引入更强的适生植物，并改善土壤结构，形成植物与土壤环境之间的协同演进关系，推动群落向更高层次的演替发展（图8-11）。

整体上，库区消落区生态系统正处于一个通过量变积累产生质变的暂态过程中，其生态系统正在向下一个状态过渡。在生态系统尺度上，水库建立初期由河相转为湖相，会经历一段暂态发育的过程。消落区生态系统的动态变化是一个复杂而漫长的过程，受多种因素的共同作用。未来，随着三峡水库的进一步运行，消落区的生态系统将继续经历演替和调整，逐渐趋于动态的稳定状态。

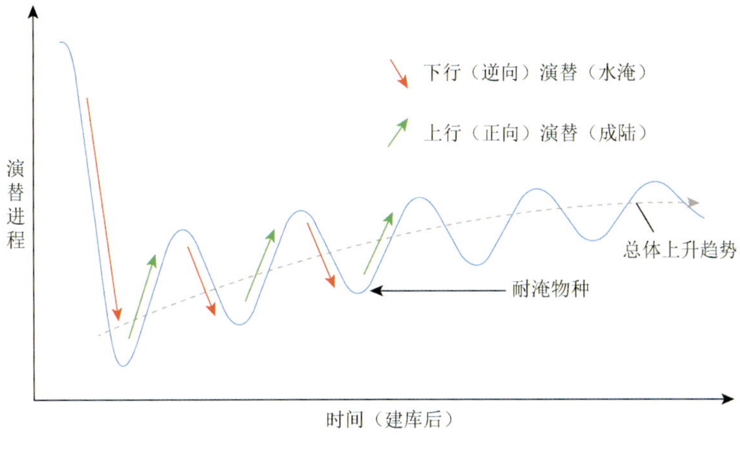

图8-11　消落区“波浪式”生态系统演替格局示意图

其中，耐淹物种将逐渐演化成具有生态韧性的水陆两栖物种

四、消落区生态系统结构的自我维持能力

三峡库区消落区生态系统是一个典型的耗散结构，其通过持续的能量和物质交换维

持动态平衡。周期性的水淹和成陆导致有机物的沉积与分解，加强了物质流动，植物和微生物分别通过光合作用和呼吸作用进行能量转换。此外，生态系统展示出自组织和自适应能力，能够根据环境变化调整种群结构，保持系统结构向趋稳状态演变。消落区生态系统的耗散结构通过物质、能量和信息的交换，逐渐形成有序结构。

消落区生态系统中的各个元素（如植物、动物、微生物等）通过复杂的非线性相互作用进行物质和能量的交换，形成稳定的生态平衡。例如，植物通过光合作用吸收太阳能，生产有机物；动物通过捕食植物和其他动物，获取能量和养分；微生物通过分解有机物，释放养分和能量。这些非线性相互作用又通过反馈机制，调节生态系统的状态和行为，形成有序结构。消落区生态系统还通过自组织机制形成有序结构和功能。自组织机制是指系统通过内部各部分的相互作用和协同，自行组织、形成有序结构和功能的过程。例如，消落区植物通过根系分泌物吸引特定的微生物群落，微生物通过分解有机物，释放出植物可利用的养分，促进植物的生长；动物通过捕食和传播种子，影响植物的分布和生长；微生物通过分解有机物，释放养分和能量，促进土壤肥力和植物生长。这些自组织机制通过复杂的相互作用，最终形成有序结构和功能。

第三节　消落区生态系统功能与服务

消落区作为水库水域与陆域生态系统的过渡地带，既具有典型河岸带的生态系统功能，也有其独特的系统功能。它不仅是水库水体与陆岸之间的生态屏障，还在水文调节、生物地球化学循环、生态栖息等方面发挥了重要功能并提供了服务。消落区的生态系统功能包括蓄水、调节径流、减缓水流和风浪的侵蚀、截留和转移沉积物等水文功能；储存和转移化学物质、生物地球化学循环等生物地球化学功能；以及为多种动植物提供栖息地和繁殖场所的生态栖息功能。同时，消落区还为人类提供了观赏、游憩等生态系统服务。

一、生物多样性的支持功能

在水位较高的时期，消落区的沉水植物得以生存。例如，消落区优势植物狗牙根可以在水下生存数月。当水位下降时，裸露的土地为一年生草本植物提供了快速生长的空间，为陆生动物（如昆虫、两栖动物和小型哺乳动物）提供了食物来源和栖息地。这些动物在消落区的活动形成了一个多样化的生态系统网络。

近年来，消落区的无脊椎动物群落在水位变化过程中显示出物种数量增加的趋势。节肢动物（如甲虫和蚂蚁等）在不同水位时期建立了丰富的群落结构；两栖动物（如青蛙和蟾蜍）在不同水位阶段进行繁殖和觅食；鸟类的群落结构也随季节变化，夏季低水位期适宜肉食性和食虫鸟类生存，冬季高水位期则有利于植食性鸟类越冬。此外，小型哺乳动物（如野兔和田鼠等）利用消落区的植物资源进行觅食和栖息。

然而，消落区环境的周期性变化也为外来植物的入侵提供了机会，虽然这些植物对本地生态系统构成了威胁，但也在一定程度上增加了物种多样性。总体而言，消落区通过支持多种生物的栖息和繁殖，显著增加了区域的生物多样性。

二、缓冲功能

消落区作为陆域集水区进入水库前的生态屏障，对泥沙、有机物、化肥和农药等物质流具有过滤和缓冲功能，在净化污染、美化景观、稳定库岸和维持水陆生态系统动态平衡等方面发挥着重要作用，有助于维持生态平衡，并提供经济和社会服务。

消落区通过植物和土壤截留泥沙、降解有机物，以及吸收化肥和农药，显著减少了这些污染物进入水库。植被根系固定土壤、减缓水流，微生物分解有机物，减少水体污染，从而保护了水库水质。消落区独特的生态功能在减少面源污染方面效果显著。

消落区的植被和土壤结构还有助于防止库岸侵蚀和滑坡。植被根系可固定土壤，减少侵蚀；地表植被可降低水流速度，增强土壤稳定性。消落区的高有机质含量和良好的团粒结构进一步增强了土壤的抗侵蚀能力。

三、水文调节功能

消落区不仅在防止库岸侵蚀和滑坡方面具有重要作用，还具有不同的生态和环境调节功能。这些功能涵盖了水文调节、生物地球化学循环和生态栖息等方面，对区域生态系统的健康和可持续发展至关重要。

消落区通过植被和土壤的吸水能力，在雨季能够有效地蓄积降水，减少地表径流，从而降低洪水的发生风险；在干旱季节，消落区的土壤和植被则可以释放储存的水分，为区域提供水源补给，维持水资源的平衡，因而能够有效地调节地表径流，降低水流速度，减弱水流的侵蚀力。植被通过截留降水、促进土壤渗透，减少地表径流的形成，防止水土流失。消落区的植被和土壤结构能够有效地减缓水流和风浪的侵蚀，保护库岸和土壤结构的稳定，其中植被的根系和茎叶能够分散水流和风浪的能量，从而减少水流和风浪对土壤的直接冲刷。消落区能够截留和转移从上游携带而来的沉积物，减少沉积物在水体中的淤积，保持水体的清洁和生态系统的健康。植被根系则在固定土壤颗粒方面发挥重要作用，防止沉积物被冲入水体。通过蓄水、调节径流、减缓水流和风浪的侵蚀、截留与转移沉积物，消落区不仅有助于减缓洪水冲击，还能在干旱季节提供水源补给，维持区域水资源的平衡。

四、营养循环与水质净化功能

消落区作为一种特殊的过渡带生态系统，在维持环境健康方面起着重要作用。现阶段消落区的营养循环是一个复杂的过程，涉及水生植物、土壤微生物、水生动物等多个生物群体，以及水体和土壤的相互作用。

水生植物通过吸收水中的二氧化碳和营养盐，将其转化为有机物来净化水质。当它们凋落后，有机物被微生物分解，营养盐被释放，重新进入环境。此外，水生植物还能通过物理作用减少水体中的悬浮物和污染物，为水体生物提供栖息地并增加水体生物多样性。水生动物则通过摄食和排泄，将营养盐转化为生物量，并促进营养盐在水体和土壤中的分布和循环，进一步净化水质。

土壤微生物通过分解有机物，将复杂的有机化合物转化为无机营养盐，促进营养循环并改善土壤结构。消落区土壤也具有较强的过滤和吸附能力，能去除水体中的悬浮物和污染物，降低重金属和有机污染物的浓度。通过这些过程，消落区显著改善了水质，增加了生物多样性，提高了生态系统服务功能。

五、土壤保护与洪水调蓄功能

消落区的土壤保护关系到库区生态系统的稳定性和可持续性，主要功能包括防止土壤侵蚀和减少污染物积累。水位周期性涨落和降水作用，消落区土壤容易发生侵蚀，导致肥力下降和水质恶化。通过植被覆盖和工程措施，如种植耐水淹植物和建设挡土墙，可以防止侵蚀并提高土壤肥力。消落区还容易积累污染物，通过保护措施减少重金属和农药积累，可保护水体和土壤环境。

洪水调蓄是消落区的重要功能，指通过水位周期性涨落调节洪水，减少对下游的影响，保障防洪安全。具体措施包括汛期将水位降至 145 m，削减洪峰；汛期后蓄水至最高 175 m，拦蓄清水。调节径流可减缓洪水对下游的冲击，保障防洪安全。

六、消落区生态系统功能的脆弱性与自愈能力

三峡水库消落区是一个复杂且脆弱的生态系统，容易受到水位波动、人类活动和自然灾害的影响。水位的频繁涨落会破坏土壤结构和阻碍植物生长，导致生态系统不稳定。人类在消落区的各种活动，如种植、养殖和旅游等，则加剧了土壤侵蚀和污染物积累。自然灾害（如洪水、干旱和滑坡）进一步威胁生态系统的稳定性和生物多样性。

尽管脆弱，但是消落区的生态系统仍展现了一定的自愈能力。植物通过逐渐适应和扩散，恢复了部分植被群落，动物通过迁徙和繁殖维持生物多样性。土壤的物理和化学性质在有机质和养分的逐渐恢复中得以改善。自我更新和自组织能力（自愈能力）使生态系统能够逐步得到调整和恢复，维护着消落区生态系统的基本过程。

七、景观与休闲娱乐服务

消落区的独特景观为生态旅游和休闲娱乐提供了良好的场所，其水陆交错的动态景观和丰富的生态系统吸引了大量游客，促进了当地旅游业的发展。观鸟、生态摄影、划船和徒步旅行等活动在消落区广泛开展，不仅增强了人们对自然环境的认知和保护意识，也带动了当地经济的发展。

1. 动态景观

消落区的景观具有独特的动态特征，这种特征主要源于水位的周期性变化。随着季节的变化，水位的涨落使得消落区呈现出不同的景观形态。在水位较高的季节，消落区

大部分被水淹没，形成广阔的水域景观；而在水位较低的季节，消落区则露出大片的陆地，形成丰富的湿地景观。这种水陆交错的动态景观不仅具有极高的观赏价值，还为各种动植物提供了多样的栖息环境。

在消落区，游客可以观赏到不同季节的独特景观。例如，在春季和秋季，水位的变化使得消落区呈现出色彩斑斓的湿地景观，吸引了大量的观鸟爱好者和生态摄影师；而在夏季和冬季，消落区的水域景观则为划船和垂钓等水上活动提供了良好的场所。无论是静谧的湿地景观，还是波光粼粼的水域景观，消落区都以其独特的魅力吸引着众多游客。

2. 生态旅游

消落区的独特景观和丰富的生态系统为生态旅游的发展提供了良好的基础。生态旅游是一种以自然环境为主要吸引物，以保护自然环境和促进当地社区发展为目标的旅游形式。消落区的生态旅游不仅能够满足游客对自然美景的追求，还能够增强人们对生态环境的认知和保护意识。

在消落区，观鸟、生态摄影、划船和徒步旅行等生态旅游活动广泛开展。其中观鸟是一项非常受欢迎的活动，消落区丰富的鸟类资源吸引了大量的观鸟爱好者。游客可以在专业导游的带领下，观察和拍摄各种珍稀鸟类，了解它们的生活习性和生态环境。生态摄影也是消落区的一大亮点，摄影爱好者可以在这里捕捉到各种动植物的美丽瞬间，记录下消落区的独特景观。

划船和徒步旅行是消落区的另一类热门活动。游客可以乘坐小船，沿着消落区的水道游览，欣赏两岸的美丽景色；也可以沿着步道，徒步穿越消落区，近距离感受大自然的魅力。这些活动不仅能够让游客亲近自然，放松身心，还能够增强他们对生态环境的认知和保护意识。

3. 休闲娱乐的多样性

消落区不仅是生态旅游的理想场所，也是休闲娱乐的好去处，其丰富的自然资源和多样的景观为各种休闲娱乐活动提供了广阔的空间。垂钓、露营、野餐和游泳等活动在消落区广泛开展，吸引了大量的游客。

垂钓是消落区最受欢迎的活动之一。消落区的水域中生长着丰富的鱼类资源，吸引了大量的垂钓爱好者。无论是专业的钓鱼比赛，还是家庭的休闲垂钓，消落区都为垂钓爱好者提供了良好的场所。露营和野餐也是消落区的热门活动。游客可以在消落区的草地上搭起帐篷，享受露营的乐趣；也可以在湖边的野餐区，和家人朋友一起享受美食，度过一个愉快的周末。

游泳是消落区另一项受欢迎的活动。在夏季，消落区的水域成为天然的游泳池，吸引了大量的游客前来游泳。清澈的湖水和美丽的景色让游客流连忘返。此外，消落区还为游客提供了划船、划皮划艇等水上活动，让游客在享受水上运动的同时，欣赏消落区的美丽景色。

4. 促进当地经济发展

消落区的生态旅游和休闲娱乐活动不仅丰富了人们的生活，也带动了当地经济的发展。随着消落区旅游业的发展，越来越多的游客前来观光旅游，带动了当地的餐饮、住宿、交通等相关产业的发展。当地居民通过开设农家乐、民宿、餐馆等，增加了收入，改善了生活条件。

此外，消落区的旅游业还为当地居民提供了大量的就业机会。导游、服务员、保洁员等岗位的增加，不仅解决了部分居民的就业问题，还提高了他们的收入水平。旅游业的发展还促进了当地基础设施的建设和改善，提高了居民的生活质量。

5. 环境保护知识宣传

消落区的生态旅游和休闲娱乐活动在带动经济发展的同时，也能向人们宣传环境保护知识。通过参与各种生态旅游活动，游客不仅能够欣赏到消落区的美丽景色，还能够了解消落区的生态环境及其保护措施。导游在带领游客观光的过程中，会向他们介绍消落区的生态系统、动植物资源及保护措施，增强游客的环境保护意识。

此外，消落区的生态旅游活动还为游客提供了亲身参与环境保护的机会。例如，游客可以参加植树活动，为消落区的生态恢复贡献一份力量；也可以参加垃圾清理活动，保持消落区的清洁和美丽。这些活动不仅能够增强游客的环境保护意识，还能够让他们亲身体验到环境保护的重要性。

消落区的独特景观和丰富的生态系统为生态旅游和休闲娱乐提供了广阔的发展空间。随着人们对自然环境的日益关注和保护意识的增强，消落区的生态旅游和休闲娱乐活动将会越来越受到欢迎。未来，消落区可以通过以下几方面的发展，进一步提升其旅游和休闲娱乐的吸引力。首先，消落区可以进一步完善旅游基础设施，如修建更多的步道、观景台、休息区等，为游客提供更好的旅游体验。同时，可以增加环保厕所、垃圾回收设施等，保持消落区的清洁和美丽。其次消落区可以根据不同季节和游客需求，推出更多的旅游项目。例如，在春季和秋季，可以组织观鸟和生态摄影活动；在夏季，可以开展划船和游泳活动；在冬季，可以举办冰雪旅游活动，吸引更多的游客。消落区还可以通过举办讲座、展览、宣传活动等，向游客宣传生态环境保护的重要性，增强他们的环境保护意识；可以与学校、社区合作，开展生态教育活动，让更多的人了解和参与到消落区的保护中来。消落区的旅游发展离不开当地社区的支持，可以通过推动社区参与旅游开发和管理，既增加居民的收入，又提高他们的生活质量。同时，可以通过培训和教育，提高居民的服务水平和环境保护意识，共同推动消落区的可持续发展。未来，消落区可以通过完善基础设施、丰富旅游项目、加强环境教育和推动社区参与等措施，进一步提升其旅游和休闲娱乐的吸引力，实现生态保护与经济发展的双赢。

三峡水库消落区作为水库水域与陆域生态系统的过渡与衔接区域，具有重要的生态、经济和社会功能。然而，由于其脆弱性和动态性，消落区的生态环境容易受到外部的干扰和破坏。因此，保护和治理消落区生态环境至关重要。通过科学的保护与治理措施，可以有效提升消落区及其所在生态区的生态服务功能，促进流域生态系统的稳定性和可持续发展。同时，消落区生态系统的自愈能力也为其恢复和保护提供了重要的支持。未来，需要进一步加强对消落区生态环境的研究和监测，制定更加科学和有效的保护与治理政策，以确保三峡水库及其周边生态系统的健康和可持续发展。

第九章　三峡水库消落区环境污染状况

第一节　三峡水库消落区水环境

一、三峡水库水环境概况

大型水利工程对河流生态系统所造成的水环境问题及对生态系统中生命元素的地球化学循环所产生的深远影响，已经成为近年来世界所关注的焦点。三峡工程是世界瞩目的水利工程，它的建成对整个长江、长江口及沿海水域的环境都产生了巨大的影响。三峡大坝控制区集水区（即长江上游流域）面积约为 102 万 km^2，占长江流域面积的 58.9%，占中国国土面积的 11.1%。三峡蓄水后，水域面积扩大，水的蒸发量上升，库区日夜温差缩小，改变了库区气候环境。库区属于亚热带季风气候，年降水量为 1000～1800 mm，降水分布均匀；土地类型多样，丘陵、山地面积大，平地面积小，土地结构复杂、垂直差异明显。因特定的地理条件，地震、崩塌、滑坡、泥石流等灾害时有发生，水土流失严重，库区水土流失面积达 1.4 万 km^2。水库水体与原来长江自然河流型水体相比，在流速、水体滞留时间、氮磷等营养盐含量、水温和光照条件等方面都存在较大差异。为保证完成防洪、发电、航运的综合性任务，三峡水库采取典型的“冬蓄夏排”的反季节蓄水方式。

重庆（包括主要城市和其他行政区域）是三峡水库地区最大的城市，占三峡库区总面积的 80%以上，因此对三峡水库生态环境和水质的影响最大。三峡库区成库后，重庆下游段属于湖泊型水体，水体流速慢，接纳沿江两岸大量污水和上游来水，而且是主要供水水源，该水域的水质情况反映了三峡库区重庆上游段水体污染状况，并对三峡库区水环境及生态产生重要影响。近年来，重庆市 GDP 和人均 GDP 快速增长，产生的生活污水随之增加，尽管工业废水逐渐减少，但污水排放总量缓慢增加，现在已趋于稳定。

近年来，随着库区及其上游地区经济社会发展的加快，城市污水和工业废水量日益增加，加之农业化肥的大量使用及水土流失等，对三峡水库的水质造成了巨大压力。富营养化问题是当今世界面临的主要水污染问题之一，而水力学条件的改变是引发水华的基础。三峡库区成库后，由于水位抬高、流速减缓，水体对污染物的扩散和自净能力大大降低，在入库的污染负荷保持不变的情况下，库区水质将可能严重恶化，尤其是营养盐的富集。水文条件变化明显的多数次级河流河口将成为死水区，因为这些次级河流河口具有较长的回水区，为产生富营养化提供了有利的水文条件。此外，库区冬季气温升高、雾日减少、日照增长更有利于生物的光合作用，促进了藻类的生长和繁殖，从而增大了富营养化发生的可能性。水体富营养化不仅会造成水环境功能障碍，影响养殖和景观旅游，其产生的藻毒素及衍生物也严重危害人体健康和生存、繁衍，此现象已经引起国家有关部门的高度重视。部分学者认为水流变缓是水库富营养化的主要诱因之一，通过水库调度改变库区的水流条件，进而控制水体富营养化已经得到许多专家学者的认可，但还没有明确提出防控支流水华的水库生态调度需求。

随着社会的进步和治水思路的转变，人们越来越认识到保护生态环境的重要性，积极开展水库生态调度，以此来减少筑坝带来的不利影响，维护河流健康，促进人水和谐，维持水资源的可持续发展。三峡水库是一个典型的淹水河谷水库，在防洪、发电、运输、灌溉和饮用水供应等水资源利用方面发挥着关键作用。对三峡水库的运行进行优化和调整，可以保证对水和运输的需求，并提供足够的高质量、清洁的电力；然而，该操作尚未充分考虑改性水文的生态后果。自2003年水库开始蓄水（水位至海拔 135 m）以来，新出现的环境问题引起了世界范围内研究人员和环境活动家的关注。

三峡工程分别在2003年6月首次成库和三峡水库水位蓄至135 m后，发现部分一级或次级河流的回水段出现了不同程度的富营养化现象，引起了广泛关注。2006年10月和2008年11月分别完成二期蓄水和三期“175 m试验性蓄水”，并于2010年10月26日首次达到 175 m 水位的设计目标。三峡库区北岸最大的一级支流澎溪河（小江）自三峡大坝2003年蓄水以来，频繁暴发水华，而毗邻的一级支流磨刀溪却少有水华暴发。围绕三峡水库有争议的生态环境问题集中在水质问题上。但是，之前关于三峡水库的大多数研究都是在有限的时间段和水库区域进行的，因此无法揭示大坝对水生生态环境的综合影响。

本书分析了蓄水前后共31年的水质动态，以评估大坝对水库系统的影响。此外，还通过原位实验确定了三峡水库支流中藻类水华的营养限制方案。蓄水前后三峡水库的水质参数如图9-1所示。三峡水库主流区域的营养物质和COD变化情况显示在蓄水之前（1992～2003年）和蓄水之后（2004～2022年）。每月三峡水库水质监测结果显示，与前12年（1992～2003年）相比，蓄水之后（2004～2022年）19年内TP浓度和COD浓度显著下降（$p<0.05$），其中TP浓度下降9.7%～22.2%，而COD浓度下降9.9%～40.9%。此外，蓄水之后TP和COD的浓度变化为寸滩（CT）＞万州（WZ）＞秭归（ZG）。蓄水之后，TN浓度增加1.3%～2.4%，氨氮浓度增加2.6%～8.2%，但两者浓度的年度最高值显著降低（$p<0.05$）。

2021～2022年的水环境科考调查结果表明：总体上，三峡库区的水质良好，特别是干流水质多数断面在二类以上，为优质水体（图9-2），但多样点发现大量漂浮垃圾，特别是汛期降雨后。另外，干流氮磷浓度偏高，特别是在降雨后和洪峰到来时（图9-2、表9-1和表9-2）。支流初级生产力远高于干流。除也有漂浮垃圾外，部分支流的叶绿素浓度和氮磷浓度偏高，并伴有藻类水华出现。

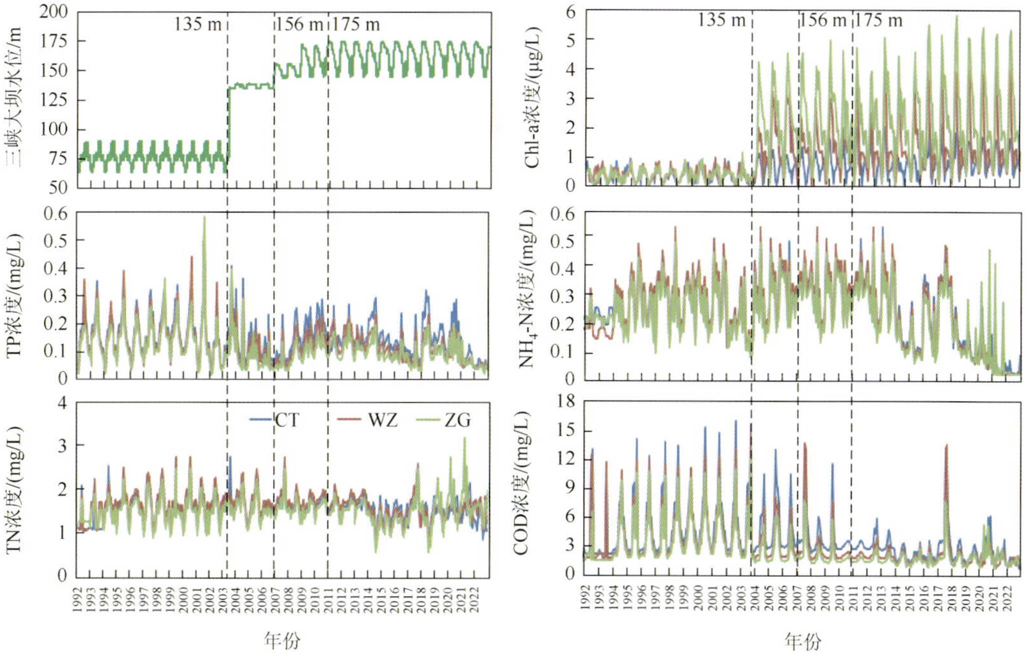

图 9-1　最近 31 年（1992～2022 年）三峡库区水环境变化情况

蓝、红、绿线分别表示库尾的寸滩、库中的万州和靠近大坝的秭归；虚线分别是蓄水首次到达 135 m、156 m 和 175 m 的时间；TP 指总磷，TN 指总氮，COD 指化学需氧量，NH_4-N 指铵态氮，Chl-a 指叶绿素 a

图 9-2　长江三峡干流典型断面水体直观状况

表 9-1　2021 年 4 月三峡全要素调查的水环境指标概况

	水温/℃	pH	溶解氧浓度/(mg/L)	电导率/(μS/cm)	浊度/NTU	高锰酸盐指数/(mg/L)	氨氮浓度/(mg/L)	总磷浓度/(mg/L)	总氮浓度/(mg/L)
平均值	18.02	7.92	8.71	404.04	17.27	2.40	0.08	0.07	2.08
最大值	22.70	9.04	15.07	864.40	61.90	11.68	0.35	0.22	10.72
最小值	15.20	6.92	5.60	187.30	1.50	0.30	0.03	0.01	0.42
方差	1.66	0.39	1.66	135.34	15.10	2.14	0.07	0.04	1.77

表 9-2　2021 年 8～9 月三峡全要素调查的水环境指标概况

	水温/℃	pH	溶解氧浓度/(mg/L)	电导率/(μS/cm)	浊度/NTU	高锰酸盐指数/(mg/L)	氨氮浓度/(mg/L)	总磷浓度/(mg/L)	总氮浓度/(mg/L)
平均值	26.05	7.84	8.22	339.52	96.11	3.39	0.10	0.09	1.92
最大值	32.90	9.03	25.54	660.40	612.50	17.02	2.20	0.29	7.40
最小值	17.70	6.45	3.10	1.60	4.30	0.25	0.03	0.01	0.59
方差	3.39	0.37	3.32	126.84	122.94	2.46	0.33	0.06	1.09

调查期间，三峡水库水温平均值比气温平均值低 3.15℃，水温最大值和最小值也分别比气温的最大值和最小值低 3℃以上，表明整体上三峡水库的水流速度较快，水的滞留时间短，水的温度受上游来水的温度影响比较大（图 9-3）。

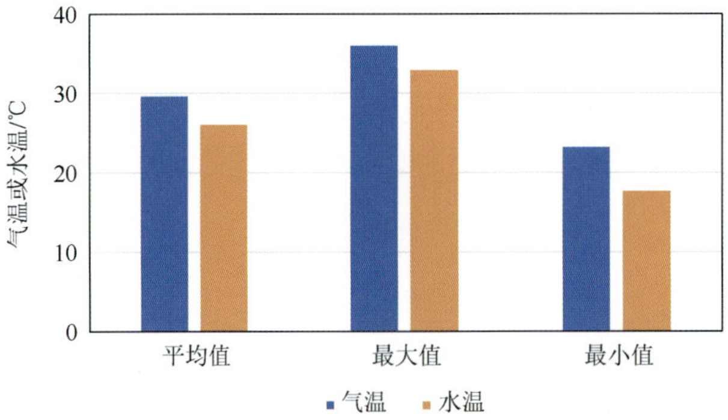

图 9-3　调查期间三峡水库气温和水温

调查期间，水温对溶解氧浓度的影响不显著，特别是干流；但是在支流，由于温度升高，多个样点溶解氧浓度剧增，也有样点的溶解氧浓度降到很低（图 9-4）。这是因为干流能够进行光合作用的浮游植物生物量较少，而支流由于水流较缓，适宜浮游植物生长和积聚，生物量高，所以支流浮游植物光合作用产生的氧气量就会陡增。而当支流浮游植物等有机物大量死亡时，又会消耗水中的溶解氧，使得支流有些样点的溶解氧浓度很低。

三峡库区沿岸存在大量化工厂、密集的城市群、乡镇和乡村，水上有大量货船。人类活动强烈，产生的污染物就多，所以上述都是污染的风险源，对库区水环境有严重负面影响。当予以长期监测，建立风险源清单，及时发现污染事件并有应急方案及时进行处理（图 9-5）。

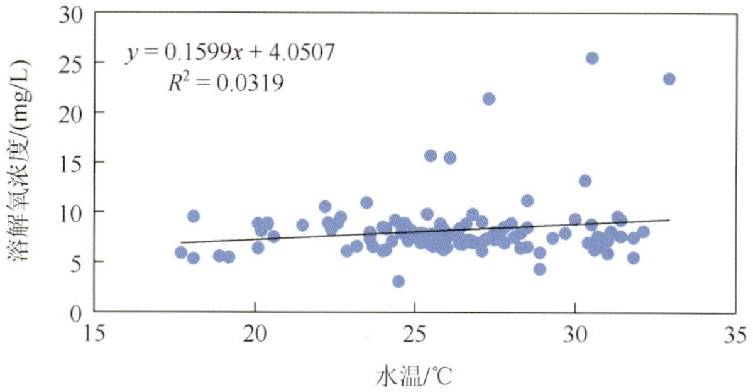

图 9-4　水体溶解氧浓度与水温的关系

图 9-5　长江三峡干流水体与潜在污染源（涪陵大型化工厂）

在干流和支流都发现水面有大量垃圾漂浮物，这是强降雨造成的固体废弃物输入水体的结果。库区已有专业的清漂人员和清漂船，应加强遥感监测和现场监测相结合，及时发现漂浮垃圾并清除。强降雨是漂浮垃圾的主要驱动因素，应加强研究强降雨过程与垃圾输移的关系，可以根据天气预报中的强降雨情况预测漂浮垃圾的来源和数量（图 9-6）。

图 9-6　三峡干流水体中的漂浮垃圾

野外现场调查发现 290 个样点中只有 5 个样点存在非法排污口（图 9-7、图 9-8），这可能是由于近年来库区加大环保监管力度，排污管网建设比较完善，非法排污口数量较原来急剧减少，但极少数偷排、乱排现象依然存在。非法排污口主要排放小型工业企业、城镇和农村生活污水及污水处理厂尾水。这些排污口通常比较隐蔽，一般很难发现，需要专门组织沿着消落区进行的拉网式排查。污水处理厂尾水虽然已经达到国家排放标准，但其氮磷浓度依然很高，会影响水质并造成水体富营养化。

图 9-7　三峡支流消落区典型排污口

图 9-8　三峡干流消落区典型排污口

根据万州区生态环境局 2019～2020 年所排查的入河排污口信息显示，万州区涉及三峡水库消落区的排污口共计 25 个，其中长江干流排污口 18 个，支流排污口 7 个（龙宝河 5 个、竺溪河 1 个、高山水库 1 个）；采用连续排放方式的排污口 22 个，采用间歇排放方式的排污口 3 个；规模以上排污口 20 个，规模以下排污口 5 个；工业排污口（生产废水排污口）10 个，城镇生活污水排污口（城镇生活污水集中处理设施排污口）15 个；污水入河方式以暗管为主，占比为 56%。

云阳县涉及三峡水库消落区的排污口共计 16 个，其中长江干流排污口 10 个，支流排污口 6 个（小江 2 个、磨刀溪 2 个、洞溪河 1 个、磨刀溪 1 个）；规模以上排污口 7 个，规模以下排污口 9 个；生活污水排污口 7 个，混合污废水排污口 9 个；污水入河方式以明渠为主。

为深入贯彻习近平总书记关于长江经济带发展“共抓大保护，不搞大开发”的重要指示，中央加强生态环境保护督察力度，严控长江生态环境问题，生态环境部制定了《长江入河排污口排查整治专项行动试点工作方案》，重庆市生态环境局印发了《重庆市长江入河排污口整治工作方案》，全面推动境内长江入河排污口整治。2022 年 3 月，国务院办公厅印发《关于加强入河入海排污口监督管理工作的实施意见》，要求对长江流域排污口进行排查和整治，生态环境部随即组织开展长江入河排污口整治行动，全面推动长江沿岸入河排污问题整治。库区各区县积极响应，制定了排污口相关制度文件，相应制定入河排污口“一口一策”方案及入河排污口整治实施方案。

据调查，目前重庆市库区区县已全面完成入河排污口排查，转入“监测、溯源、整治”阶段。丰都县全域共排查出305个排污口，其中纳入排污口分类整治的有59个，并建立了“三个一批”排污口整治清单。江津区已全面完成辖区127 km长江入河口的排查工作，共排查入河排口169个，其中雨水排放口120个、污水排放口49个；并结合水环境综合治理工程PPP项目，开展了重点监管排污口整治工作。长寿区针对沿长江一公里范围内的排污口开展调查，其中涉工业（含污水处理厂）排污口11个，生活污染源排污口25个，雨水排放口或雨污混排口或天然排水沟60个，可能经管道或沟渠（包括天然沟渠）直排长江或其一级支流的农业污染源排污口64个。

首先，典型区县的排污口数量有所增加，排放达标。以万州区、云阳县为例，2018～2022年，万州区生态屏障区内新增排污口11个，其中长江干流排污口9个，支流排污口2个，以工业排污口和城镇生活排污口为主，均为2018年新增排污口，且新增排污口均不位于保护区内，符合入河排污口有关布局规划或意见要求。云阳县新增生活污水排污口5个，均位于小江，且都已登记并取得许可批准。长江沿岸排污口的排污是造成长江干流及较大支流近岸污染的根本原因。这些年，随着库区的经济发展，排污量仍旧呈现递增趋势，但受环保高约束条件，对排污口的管控较之以往更加规范化。

其次，排污口管理更加规范、严格。近几年，国家、省（市）、区县各层面均出台了关于长江入河排污口的相关政策规定，较2017年以前，各区县大力开展排污口规范化整治，并建立了长效管理机制，在改善水质、美化环境等方面取得了显著效果，排污口建设、运行、管理逐步规范，对保护三峡水库消落区的生态环境和水库水质发挥了重要作用。各区县通过实施“排查、监测、溯源、整治”重点任务，对排污口开展规范化建设、整治。排查阶段，以生态环境部交办各区县的境内《长江入河排污口名录》为依据进行排查；监测、溯源阶段，重点掌控排污口水质监测结果、排污口小流域溯源结果、产业布局、排污特征等；整治阶段，按照“规范整治、清理合并、依法取缔”进行分类整治，按照“边溯源边整治”“先易后难解决问题”的原则，针对根据溯源结果需纳入整治清单的排污口同步做“减法”。

针对规范整治排污口存在的问题，奉节县制定了加强居民环保宣传教育，取缔泄洪通道内散养家禽；指导农户合理施用农药和化肥，推广农药、化肥减量增效，有效控制农业面源污染；清除淤泥残渣，整改堵塞、破损污水管网，封堵错接管道，整改漏接管道，将污水接入市政污水管网，后续加强监管，确保达标排放等整治措施。同时，分类并建立入河排污口台账；设立入河排污口标志牌；按“一口一策”方案推进入河排污口整治，逐步补齐生活污水溢流短板。

二、缓流区水环境特征

在三峡水库蓄水之前，水库区域是一条自然河流，流速高，水文基本不间断。蓄水后，库区整体流速变缓，特别是库区支流库湾水域，形成了适于水华暴发的生境。因此，水华也成为三峡水环境面临的一个重要问题。

支流的水文条件和水环境很适宜浮游植物大量生长和积聚，形成油漆状的大片藻类水华（图 9-9 和图 9-10）。该现象对水环境有严重的负面影响，可能造成水体缺氧、产生毒素和破坏正常的食物网，导致鱼虾大量死亡，危及三峡库区的饮用水安全和生态景观，当予以长期监测、预警和控制。

图 9-9　三峡支流典型区域水质直观状况

图 9-10　三峡支流藻类水华

1. 三峡库区支流水华特征

在三峡水库蓄水之前，该地区没有报告藻类水华，浮游植物种类以硅藻门为主。蓄水后，浮游植物种类在库区水域没有明显变化，但蓝藻门和绿藻门的出现频率显著增加。叶绿素 a（Chl-a）浓度平均增加 2.76 倍（从 0.37～1.39 $mg\cdot L^{-1}$）。虽然在水库干流中没有出现藻类水华，但在三峡水库支流的回水区域经常发生水华，已经观察到超过 8 属的浮游植物单独或共同形成这些藻类水华（表 9-3）。水华在水面上表现为一层浮渣，持续时间为 1～55 天，覆盖面积为数平方米至 20 余公里长（在回水支流区域的长度）的区域。微囊藻属（*Microcystis*）是在三峡水库支流中最常见的水华藻类，在 2004 年 5 月首次被观测到。

表 9-3 三峡库区支流概况和发生水华的浮游植物种类

支流名称	长度/km	流域面积/km^2	年径流量/km^3	水华种类（属）
香溪河	94	3099	1.27	微囊藻 *Microcystis*，鱼腥藻 *Anabaena*，颤藻 *Oscillatoria*，小环藻 *Cyclotella*，角甲藻 *Ceratium*，实球藻 *Pandorina*，针杆藻 *Synedra*
神龙溪	60.6	1047	3.3	微囊藻 *Microcystis*，针杆藻 *Synedra*，角甲藻 *Ceratium*，实球藻 *Pandorina*
大宁河	142.7	4045	5.11	微囊藻 *Microcystis*，鱼腥藻 *Anabaena*，颤藻 *Oscillatoria*，小环藻 *Cyclotella*，角甲藻 *Ceratium*，实球藻 *Pandorina*
朱衣河	31.4	154	0.09	微囊藻 *Microcystis*，鱼腥藻 *Anabaena*，颤藻 *Oscillatoria*，小环藻 *Cyclotella*，角甲藻 *Ceratium*，实球藻 *Pandorina*
澎溪河	182.4	5173	3.58	微囊藻 *Microcystis*，鱼腥藻 *Anabaena*，小环藻 *Cyclotella*，角甲藻 *Ceratium*，实球藻 *Pandorina*，针杆藻 *Synedra*
竹溪河	21.4	114	0.14	微囊藻 *Microcystis*，颤藻 *Oscillatoria*，小环藻 *Cyclotella*，角甲藻 *Ceratium*，针杆藻 *Synedra*
汝溪河	54.5	720	1.49	鱼腥藻 *Anabaena*，颤藻 *Oscillatoria*，小环藻 *Cyclotella*，角甲藻 *Ceratium*，实球藻 *Pandorina*，针杆藻 *Synedra*
龙河	164	2810	0.88	微囊藻 *Microcystis*，颤藻 *Oscillatoria*，小环藻 *Cyclotella*，角甲藻 *Ceratium*，实球藻 *Pandorina*，针杆藻 *Synedra*
御临河	218.2	3861	1.81	微囊藻 *Microcystis*，鱼腥藻 *Anabaena*，小环藻 *Cyclotella*，角甲藻 *Ceratium*，实球藻 *Pandorina*，针杆藻 *Synedra*
磨刀溪	170	3167	1.99	角甲藻 *Ceratium*，实球藻 *Pandorina*，针杆藻 *Synedra*
梅溪河	103	1929	1.44	拟多甲藻 *Peridiniopsis*，针杆藻 *Synedra*
大溪河	70	1587	1.21	颤藻 *Oscillatoria*，小环藻 *Cyclotella*，角甲藻 *Ceratium*，实球藻 *Pandorina*，针杆藻 *Synedra*
长滩河	93.6	1266	0.85	微囊藻 *Microcystis*，鱼腥藻 *Anabaena*，小环藻 *Cyclotella*
草堂河	33	395	0.24	小环藻 *Cyclotella*，角甲藻 *Ceratium*，实球藻 *Pandorina*

数据来源：野外观测和长江三峡生态环境监测（1997～2022 年）。

水环境要素的改变对藻类生长和繁殖产生了深远影响，导致三峡库区支流每年都暴发不同程度的水华。据统计，2004～2009 年，三峡库区支流库湾发生藻类水华 84 次，且暴发频率、规模均呈上升趋势。自三峡蓄水成库后，香溪河、大宁河、朱衣河、澎溪河等 17 条一级支流先后暴发了藻类水华，且随着水位的抬升，优势种由河流型的硅藻逐步演化为对水质、水生态危害更大的湖泊型的蓝藻和绿藻。藻类水华暴发导致透明度下降，水体出现缺氧、厌氧和发臭等现象，抑制了水生植物生长，造成水生植被系统退化，形成藻型生态系统，对库区支流饮用水安全构成威胁，严重影响了库区人民正常生产生活和长江流域经济社会可持续发展，已成为三峡水库最严重的水环境问题。国内外众多富营养化湖库的治理经验表明，藻类水华一旦暴发，短期内难以消除。在库区水环境不能明显好转的情况下，水体富营养化治理将需要经历较长时间，藻类水华发生很可能成为常态。因此，及时掌握藻类水华分布现状，厘清藻类水华生消过程，阐明水华成因机制，提出有效预测预警模型已成为三峡水库富营养化及水华控制的关键。然而，三峡水库水动力条件受人工调蓄和天然河道径流过程交叠影响，与天然湖泊和普通水库相比，水动力条件异常复杂，藻类暴发的影响因素和机理亦截然不同。在复杂水动力条件下，三峡水库气象、水文及藻类生境等各要素对藻类群落生长的影响及其二者之间的相互关系仍不明晰，严重限制了三峡水库藻类水华成因机制的揭示和防治。库区 10 条典型次级河流富营养化现状研究结果表明：2004～2006 年，次级河流都发生了不同程度的富营养化，优势藻通常为硅藻、甲藻、蓝藻和绿藻，有时也可能是隐藻或其他藻。还有研究调查了香溪河、高岚河、袁水河、童庄河、九畹溪等支流库湾及 4 个非支流（干流）库湾。调查结果表明，暴发水华的藻类主要有甲藻（拟多甲藻，*Peridiniopsi* ssp.）、硅藻（星杆藻、小环藻、针杆藻）、绿藻（实球藻、空球藻）和隐藻（红胞藻）。干流库湾仅 4 月在一个采样点观察到以星杆藻和拟多甲藻为优势种群的水华，持续时间仅两周。香溪河的甲藻水华最先出现在一浅水缓流区，随后扩大到整个流域，4 月以后甲藻被硅藻所代替。高岚河是香溪河的一条支流，随着三峡库区的建坝蓄水，高岚河下游大约 1 km 变为库湾。高岚河库湾在 2 月发生甲藻水华，持续时间约一个月。袁水河上游于 3 月初出现拟多甲藻水华，然后逐渐向下游延伸，至 4 月，水华藻类变为小环藻和实球藻。童庄河的水华主要出现在该支流的上游水域，其叶绿素 a 浓度常常超过 400 $mg \cdot m^{-3}$，发生水华的藻类同样是拟多甲藻，且从 3 月初持续到 4 月底。三峡水库库首江段在 3～4 月出现了水温弱分层现象，垂向温差为 1～2℃，基本不暴发藻类水华。香溪河库湾暴发了多次藻类水华。香溪河库湾中下游水体因受长江倒灌异重流的影响，呈“阶梯”型分层模式，而上游水体因受低温来流底部异重流的影响，则呈现半“U”形的分层模式；香溪河库湾水体主要进行水平而非垂直的能量交换，呈现下游深水区水温分层较弱、上游浅水区水温分层反而较强的特殊空间分布特点。有研究表明三峡库区香溪河库湾的水华问题与水温分层也有关。三峡水库蓄水后，香溪河藻类主要有两个来源，一部分来源于水华暴发点藻类的原位生长垂向迁移，另一部分来源于水流驱动的水平输移。

2. 三峡库区支流水华成因机制

三峡库区藻类水华频发，严重威胁了库区和长江中下游水生态安全，因此揭示藻类水华形成的成因机制，已成为三峡水库生态环境保护及水资源安全保障亟待解决的关键问题。三峡蓄水成库后，长江干支流水文情势发生改变，对库区的水生态环境造成诸多影响，其中最为显著的是以水体富营养化和藻类水华为代表的水环境问题。成库后水文要素的变化直接导致水动力条件、水下光热结构、营养盐来源与循环等水环境的剧变。蓄水后干流断面平均流速由 2 m/s 下降到 0.17 m/s，而支流流速变化更为明显，由 1.0～

3.0 m/s 下降到 0.05 m/s。流速的下降延长了水力滞留时间，干流平均水体滞留时间为 5～77 d，一级支流平均水体滞留时间为 26～538 d，表明干流水体基本上趋向于河流型水体，部分时段为过渡型水体，支流为过渡型水体和湖泊型水体。水力滞留时间的延长导致营养盐的停留时间增加，减弱了营养盐的扩散。整体而言，三峡库区干流水质稳中趋好，其高锰酸盐指数和氨氮浓度两项主要指标总体保持在Ⅱ类以上水平，营养盐浓度变化并不显著。然而，由于水文条件的改变，尤其是水力滞留时间的延长，支流回水区富营养化呈现加重趋势。

富营养化水体中的藻类水华，以蓝藻形成的水华最为常见，且危害最大。揭示水华发生机理是进行防治的基础和关键。然而受气象、水文、水质、藻类生长和迁移等因素的影响，藻类水华的形成过程极其复杂，有些水华的形成甚至有“来无影，去无踪”的特点。加上长期以来人们对其形成机理缺乏了解，难以精确模拟和预测（目前一般数值模型的最高预测率只有 60%～70%，在常年发生水华且有长期研究数据的水域，如太湖，预测率也只能达到 80%左右），因此很难实现有效防治。在全球变暖和人类活动加剧背景下，以藻类水华为典型特征的富营养化问题在最近几十年成为悬而未决的世界难题。改革开放以来，特别是 2007 年无锡水危机事件以来，我国投入了大量经费进行藻类水华形成机理和富营养化控制方面的研究，取得了较多重要进展。截至目前，现存的理论或假说尽管已经在蓝藻水华的防治实践中产生重要作用，但仍然未能清楚地阐释蓝藻水华发生的客观规律。水华形成机理难以完全被揭示的主要原因包括：①影响形成藻类水华的因素很多，这些因素有可能相互影响，很难界定哪一个因素更关键；②水华形成过程极其复杂，物理过程、化学过程和生物过程等相互作用，水华藻类具有的生理生态特性优势是对生态环境变化高度适应的结果，完整剖析水华形成过程需要大量藻类生理生态和生态环境方面的研究工作。

针对藻类水华研究的症结，蓝藻水华发生机理的可假说和证据可分为环境因子（营养盐、氮磷比、温度、微量元素、浮游动物牧食、水文和气象条件等）和生理生态特性（伪空泡、胶质鞘、CO_2浓缩机制、适应低光强、贮藏营养物质、防晒、产毒素和固氮等）两个方面。根据事物发展变化的内外因辩证原理（内因是事物发展变化的根据，外因是事物发展变化的条件，外因通过内因起作用），蓝藻水华是在各种环境因子（外因）的耦合驱动下，水华蓝藻由于其独特的生理生态特性（内因），产生巨大的生物量而在浮游植物群落中占据绝对优势，进而在合适的水文和气象条件下集聚于水表而形成的。因此水华机理的研究应同时关注水华蓝藻的生理生态学规律和蓝藻水华发生的各种环境条件，进行高维度（内外因的各种因子）、多尺度（微观的藻类生长、中观的全湖藻类水华动态、宏观的全国或全球尺度水华演变）研究。不同环境因子协同影响水华蓝藻不同生理生态特性的表达，从而影响水华的发生过程，将可能是以后研究的重点。蓝藻水华机理的研究在微观方面正趋向于应用分子生物学手段分析蓝藻生理过程，在宏观方面则将广泛应用遥感遥测技术观测全湖、全国乃至全球蓝藻的变化规律。今后加强对水华蓝藻生理生态特性的基因表达与调控和环境多因子耦合作用于蓝藻水华过程的研究将有重要意义。蓝藻水华的机理研究包括现象、过程和原因三个层次，只有通过大量对现象和过程的研究，不断揭示其发生过程中水华蓝藻的群落演替、种群发展、细胞活性和分子机理等变化规律，才能找到其发生的真正原因，为其防治提供理论依据和更好的治理措施。

针对三峡水库水华形成的问题，藻类生长的生理生态特性是水华形成的内因，藻类生长的水环境因子是水华形成的外因。藻类疯长而导致的水华暴发是一种涉及光合作用的生物化学动力学过程，作为藻类生长必不可少的能量转换系统——叶绿体，在外部条件（如光照）充足时，其将无机磷酸和腺苷二磷酸（adenosine diphosphate，ADP）转化为腺苷三磷酸（adenosine triphosphate，ATP），以储备能量（光合磷酸化）并且促进藻类生长；当外部条件改变时，将发生 ATP 转换为 ADP 以释放能量的可逆反应过程，从而有利于藻类维持基本生命活动。这就是微观层面上的水华暴发过程中生化反应方向和能量转换的内在机制。

三峡蓄水后的水环境变化是藻类生长形成水华的外因。据资料记载，三峡水库蓄水前，长江干流及其支流没有出现过水华现象；而蓄水后，入库支流和库湾水域的水体各方面理化性质发生了很大变化，形成了一些新的、趋于稳定的生境，造成水体营养负荷过重、流速减缓，水华暴发的风险增高。在营养、光照和温度等因素适宜时，水库的水动力学过程是藻类水华发生的决定性因素。而三峡水库及其主要支流库湾的氮磷浓度均已远远超过国际公认的水体富营养化阈值，一旦水流等环境条件适宜，发生藻类水华的风险极高。三峡水库水流减缓主要发生在支流库湾，因此库湾是容易发生水华的区域。三峡水库蓄水半年后，部分支流库湾即开始出现藻类水华。2004 年以来，香溪河、童庄河、大宁河等支流库湾的水体在每年的 2 月底发生以甲藻为主的水华，持续时间长达 1 个多月。特别是在每年的 3～10 月，频繁发生的水华引起了各方的高度关注。一直以来水体氮磷浓度过高被认为是水华暴发的主因，然而有报道指出三峡库区部分次级河流的营养物质浓度已超过富营养化最低阈值，却并未暴发水华，表明除营养物质浓度外，藻类对营养物质的转化和利用能力也对其生长起到重要作用。

三峡水库蓄水运行以来，小江、草堂河、大宁河、香溪河等几大支流库湾频繁发生藻类水华，因此近年来对三峡水库支流库湾水华暴发机制的研究层出不穷。已有研究发现，对几个典型支流而言，营养盐浓度增加对藻类增殖起到了推动作用，但不是库湾水华的主要诱发条件，三峡成库后支流由原来的河流态转换为湖泊态，干流回水顶托、支流分层异重流等水动力条件的巨大变化是支流水华发生的主要原因。具体而言：①三峡几大支流库湾本身的光照、温度条件适宜藻类生长；②三峡水库蓄水后支流氮、磷等营养盐浓度有所增加，如香溪河库湾作为距离三峡大坝最近的大支流，干流水体对香溪河藻类可利用营养盐的贡献超过香溪河上游来流，但总体而言营养盐浓度变化不大，不过由于库容显著增加，库湾营养盐总负荷相应增加，为藻类水华暴发提供了物质基础；③最重要的是干流倒灌极大减缓了支流水流流速，导致支流库湾水力滞留时间显著增加，使得泥沙含量降低、水体透明度增加、真光层深度增加，为藻类生长增殖提供了适宜环境。这些因子综合在一起便引发了三峡支流库湾每年藻类水华的暴发。

三峡水库是一个巨型系统，水域类型、生态系统的结构与过程极其复杂，干流与库湾之间的水动力过程多样且变化速度快，加上水库每年都有蓄水、泄水等不同阶段，使得环境因子存在高度的时空异质性。目前对于三峡水库支流藻类水华暴发机制的研究多以单一环境因子影响为主，而实际上不同环境因子对藻类生长的影响并不是相互独立的，往往以协同或耦合的方式驱动湖库的藻类生长与水华形成。氮、磷等营养盐的供给速率与其他环境因素密切相关，包括光照、水动力、温度、pH、溶解氧浓度等，这些环境因素深刻影响氮磷在湖库的内循环过程；水动力过程则从多方面影响藻类生境，如对水下光环境、水体温跃层、营养盐迁移转化等都有重要影响。因此，应从藻类生长受不同影响因子协同驱动的角度揭示藻类水华暴发机制。另外，许多研究只关注了营养盐的绝对浓度，而忽略了水库中营养盐循环再生的过程。藻类开始增殖以后，在可利用的营养盐含量不足的情况下，水体会从颗粒物等媒介中泵吸所需的营养盐，而衰亡的藻类所释放的营养盐也会被其他藻类优先吸收利用。因此，应进一步关注营养盐的内循环过程，以及剧烈的水动力条件改变对营养盐循环再生过程的影响。

沉积物是水域中污染物发生迁移和转化的重要场所，在水生态系统中充当着源或汇的角色。沉积物的特性为香溪河上覆水 pH 呈中性偏弱碱性，沉积物的还原性随沉积深度的增加逐渐增强。沉积物粒度组成中主要是粉砂，占比可达到 59.14%；其次是黏土和砂粒，自上游向河口，黏土的含量逐渐增加，而粉砂、砂粒的含量均呈减少趋势。沉积物中的优势矿物为绿泥石、石英和伊利石，含量分别为 27.19%、26.12%和 20.43%；其次是长石、白云石和方解石，含量分别为 9.22%、7.75%和 7.36%。总有机碳（total organic carbon，TOC）平均含量为 10.97 $mg\cdot kg^{-1}$，从上游到河口含量沿程递减。农业面源污染物（氮、磷）流失与土壤营养物含量之间存在较强的联系，土壤营养物的累积可增大流失风险。以三峡水库水华敏感期（3 月、9 月）的两次大规模采样调查为基础，比较来水、回水、河口和干流 4 类断面营养盐和浮游植物的空间差异，了解三峡水库水体营养盐和浮游植物现状并探讨空间差异形成的可能原因。结果显示，在水华敏感期，三峡水库水体电导率空间差异不大，水温、pH、溶解氧浓度、浊度等物理指标具有空间差异，支流回水-河口区域浊度低于干流和来水。春季水温空间差异不大，但秋季水温空间差异明显，来水水温显著低于其他区域。综上，可基于温差剪切分层流理论和异重流理论，提出量化温差分层流特性的特征值，研究不同干支流初始水温差下分层流的形成和发展过程；分解复杂分层流类型，分别研究单一类型和多类型分层流情况下的藻类输移过程；结合典型分层流类型研究支流来流对水华暴发过程的影响规律。

水动力对三峡藻类水华形成具有重要影响。具体来说，水动力可以影响水体中营养盐和藻类细胞的输运和分布，从而影响藻类的生长繁殖。此外，水动力还可以影响水体中氧气含量和水温的分布，进而影响藻类群落的组成和演替。例如，当水流速度较慢时，水体中的蓝藻等有害藻类容易出现聚集和大量繁殖；而当水流速度较快时，则可能会将藻类带到下游区域，减少水华的发生。三峡水库蓄水运行后，干支流水文情势发生巨大变化，库区支流水体水质恶化，非汛期支流的局部水域易暴发水华现象。其主要原因是蓄水后支流由天然状态的下流速为 1～2 $m\cdot s^{-1}$ 变成几乎静止，水体紊动和水流速度的降低造成营养盐聚集和藻类快速生长。而三峡电站非汛期采用调峰运行，电站调峰有利于干支流水体的交换，可增大水体紊动和水流速度，从而为改变支流的水质提供了新契机。水文条件变化明显的多数次级河流河口将成为死水区。这些次级河流河口具有较长的回水区，也为产生富营养化提供了有利的水文条件。蓄水后，寸滩断面的平均水流速度从（2.12±0.37）$m\cdot s^{-1}$ 下降到（1.33±0.26）$m\cdot s^{-1}$；而万州断面的平均水流速度从（1.87±0.21）$m\cdot s^{-1}$ 下降到（0.58±0.09）$m\cdot s^{-1}$；在秭归断面，平均水流速度从

（2.15±0.05）$m \cdot s^{-1}$ 下降到（0.29±0.01）$m \cdot s^{-1}$。水库蓄水后支流库湾普遍存在分层异重流现象，产生的原因是干支流水体温度差及泥沙浓度差引起的水体密度差，其中主要影响因素是水体温度差，可结合卫星遥感技术对蓝藻水华形成的温度特征进行分析。在分层异重流的驱动下，支流库湾水体呈现双混斜及半“U”形的特殊水体分层模式，支流库湾营养盐也主要来自水库干流倒灌；流速变缓只是支流暴发水华的表观原因，分层异重流驱动下的混合层（Zm）与临界层（ZCr）的关系变化才是决定水华生消的关键。水库水位升降可通过影响分层异重流的形态、改变支流水体分层状态进而调控支流水华的生消过程。香溪河汛期藻类的漂移速率是风速和流速共同作用的结果，风速和流速对藻类的漂移面积影响显著；当风速达到 2 m/s 时无法形成藻斑，藻斑在水体内迅速扩散；实验期间，藻类漂移速率与风速和流速的关系式为 $v_{藻} = 0.036v_{风} + 0.481_{水流} + 0.034$（$R^2 = 0.972$）。在水位稳定期，受底部顺坡异重流和中层倒灌异重流影响，藻类主要分布在中上游的中上层；在水位快速上升期，受上游表层顺坡、下游中层倒灌的两种异重流影响，藻类主要分布在上游的中层和中游的中上层；汛期藻类的垂向分布主要受水动力、水温和光混比、雷诺数（Re）等共同作用，而水动力条件的改变对水温、光混比、雷诺数影响较大。其中雷诺数对藻类的垂向分布影响较大，当 $Re = 0$ 时，藻类在水中分散分布；当 $Re = 1750$ 时，藻类在水中随机分布（可能聚集在一起，也可能分散开来）；当 $Re > 1750$ 时，藻类在水中聚集分布；当 $Re > 35000$ 时，剪应力过大，部分细胞破裂死亡，硅藻取代蓝藻逐渐成为新优势种。

对于三峡库区大宁河回水区，在 135 m 蓄水后，大宁河回水区藻类暴发的时间在一年当中有两个高峰期，即春末夏初的 4、5 月和夏末秋初的 9、10 月；该时段水体水温高、光照强，水体流速很小，水力滞留时间长，加上多暴雨，地表径流输送较高的氮磷负荷，因而导致富营养化的发生。通过对大宁河回水区水体四次监测结果的比较和分析可发现，135 m 蓄水后，大宁河藻类暴发的地点是各个水期的回水段腹心地区，即银窝滩到双龙之间的河段水体；回水段腹心地区水体暴发藻类时，其优势种有硅藻、蓝藻和绿藻；水体中叶绿素 a（Chl-a）浓度与氮磷营养盐浓度之间有着一定的相关关系；在整条河段上，Chl-a、TN、TP 的浓度均从上游到下游呈增加趋势分布。大宁河水体中 Chl-a、TN、TP 浓度的沿程变化具有相同的趋势，即从双龙到龙门峡口这一河段水体中的 TN 浓度、TP 浓度逐渐升高，Chl-a 浓度也依次升高，证明在大宁河回水区水体中藻类生长与水中 TN、TP 的浓度呈正相关关系。

回水区长度与宽度有所区别。小江、大宁河、香溪河的蜿蜒度分别为 2.151、1.384、1.126。长江干流水体以表层倒灌潜入小江，以中上层倒灌潜入大宁河，以中层倒灌潜入香溪河，越靠近库首，其倒灌影响距离相对越远，分别占研究回水范围的 61.9%、69.2% 和 80.7%。温跃层梯度逐渐减小，水温呈现不同的层化结构，回水区上游水温较下游高。三条支流的光混比变化规律相似，水体中的总氮、总磷能够为藻类生长提供丰富的营养条件。春季水华的优势藻种及各优势种的分布区域有所不同，回水区上游更易暴发高强度水华，小江水华优势种主要包括蓝藻、绿藻、甲藻、硅藻；大宁河多发生以绿藻为优势藻种的水华，偶尔伴有甲藻、硅藻和隐藻水华；香溪河春季优势共存的水华类型较多，多发生硅藻、甲藻水华，有时出现绿藻水华。倒灌异重流是三条支流水华暴发呈现分区的主要原因，水温及水动力条件差异是造成三条典型支流水华优势藻种存在差异的主要因素。

研究分析表明，TUR（水中悬浮颗粒）和温度是影响大宁河回水区初级生产力的主要因素，pH、SPC 和溶解氧（dissolved oxygen，DO）饱和率在一定程度上受到浮游植物生理作用的影响。大宁河浮游植物垂直分布特征及其影响因素的分析结果表明：水文因素在一定程度上直接或间接地影响浮游植物的垂直分布和聚集。夏季气温骤升和适宜的水文条件，大宁河水体中出现温跃层现象，水体稳定分层的出现导致理化指标的分层，此时浮游植物基本在表层分布。春季水华的现场监测数据表明，大宁河在不存在稳定分层的条件下，仍然暴发春季水华，临界深度理论对大宁河不具备普适性。通过模拟不同混合强度的围隔实验，分析混合强度对浮游植物的细胞密度、垂直分布和群落结构的影响。结果表明：混合强度对水体中的叶绿素总量有一定影响，适当的混合强度可促使水体中的营养盐均匀分布，进而促使叶绿素总量达到最大值；当混合强度超过一定值时，叶绿素总量随着混合强度的增大而下降。混合强度对浮游植物在水体中的垂直分布有显著影响，当混合强度达到一定值时，浮游植物在水体中趋向于均匀分布，不易聚集上浮至水体表面，形成水华。在其他环境变量稳定的情况下，混合强度是影响浮游植物群落结构的关键因子，这在一定程度上可以解释浮游植物的群落结构具有显著的水文季节差异性这一现象。

三、三峡水库水环境影响因素分析

实验表明，总悬浮固体（total suspended solid，TSS）含量沿着三峡水库减少（寸滩＞万州＞秭归），并且沉降时间依次增加。TSS 含量与 TP 含量（$p<0.01$）、COD 浓度（$p<0.01$）和 TN 浓度（$p<0.05$）有显著关系。蓄水后（2004～2022 年），TP 浓度、COD 浓度和年最大 TN 浓度均显著下降。因此，水质似乎比三峡水库主流中的蓄水前（1992～2003 年）条件有所改善。三峡水库流域人口众多，为支持其经济快速发展，其中的污染负荷相当大且增加迅速，污染主要为点源污染和非点源污染，主要来自支流和大型城市中心的污染输入。TP 浓度和 COD 浓度呈下降趋势，表明该水体具有较高的自净能力，说明自蓄水以来三峡库区河流的水文和生态特征发生了变化，导致沉积增加和颗粒养分的稀释。蓄水后所选化学参数的减少可能表明该水生系统已变得更加稳定（图 9-1）。

1992～2022 年的测量数据表明，自蓄水以来，三峡库区的 COD 浓度和 TP 浓度已经下降。COD 浓度和 TP 浓度的降低主要是由流量的减少引起的，流量减少导致沉积增强。由于人类活动的加剧，TN 浓度和氨氮浓度受沉积物沉积的影响较小，并呈现出轻微的上升趋势。水流速度降低，营养物质富集促进了三峡水库主流中浮游植物生物量的增加及支流中频繁的藻类繁殖（特别是在回水区）。由于水体受磷限制，控制磷输入将控制初级生产力。考虑到彻底控制浮游植物生产力而降低水华风险，同时控制氮和磷的输入长期来看是必不可少的。

三峡水库的蓄水增加了沉积物。当水流速度降低并且水力滞留时间延长时，颗粒状营养盐和生物颗粒易于沉降；三峡水库中的水流量逐渐减少，有利于悬浮营养物和无机颗粒的沉淀。当沉积物沉降并在河床上沉淀时，TP 和 COD 通常与沙粒附着。TSS 含量与三峡水库中的 TP 浓度、TN 浓度和 COD 浓度呈正相关，表明浓缩沉积物沿着三峡水库沉淀。大坝附近和水库中部的污染物浓度低于上游污染物浓度。此外，由于蓄水，三峡水库的水位大大增加（坝址为 80～110 m），沉积物中的养分由于缺乏温跃层而不能释放到上部水柱。因此，三峡水库中的沉积物已成为营养物质的“库”。

反季节运行模式，即“蓄清排浊”有利于保持三峡水库的良好水质。通常情况下，水库在 10 月（海拔高度为 175 m）储水，并于次年 4 月开始排水。三峡水库集水区域的雨季跨越 5～10 月，在此期间三峡水库水位保持在约 145 m。除 NH_4-N 外，流量与 TP 浓度、TN 浓度和 COD 浓度呈正相关（$p<0.001$），表明降水输送来自三峡水库集水区域的污染物。更高的流量与更高的流速相关，并且在低水位期间，三峡水库的运行恰好在雨季期间。因此，快速排放可以迅速将污染物从三峡水库中运走。在此期间，尽管最高温度和最佳光照会导致藻类生长增强，但主流通过排水引起的高水速不利于藻类（特别是蓝藻）的生长和生物量保持，这也改善了水质。干流的反季节运行模式和高水流速度（0.2～2 $m\cdot s^{-1}$）使其无法形成温跃层，可能有助于提高水质。

三峡库区的水量增加较多，也可能增加稀释能力。蓄水后，天然河流变为大型水库，蓄水量比蓄水前高 5～60 倍，因此，进入水库的污染物被稀释和沉积。在过去的几十年里，政府一直在努力减少长江流域的点源和非点源污染。虽然污水（特别是生活污水）数量持续增加，但污水处理量也有所增加。在重庆，工业废水处理率迅速提高到近 100%。在过去的十年中，废水处理能力的提高促进了水质改善，这些改善可归因于对环境恢复投资的增加，特别是体现在城市污水管道中。在三峡库区，过去几十年中森林比例的增加和耕地比例的减少，防止了土壤侵蚀。土壤保持也可以改善水质，因为悬浮沉积物是土壤重要的营养来源。因此，植树造林和对生态环境恢复的投资改善了水质，可见政府资助的行动对水质产生了积极影响。

要确保三峡水库的生态安全，就需要从完善水库法规体系、创新管理体制、创新生态补偿机制、创新绩效考核评估机制、实施生态移民工程等方面对运行期三峡水库管理进行创新性思考。近年来，乡镇饮用水水源地保护工作被纳入各级工作议程，通过划定保护区、设立警示牌、落实监管责任及加快推进乡镇污水处理厂建设等具体措施，收到了积极成效。但在具体工作中，仍有不少问题困扰基层，也在一定程度上削弱了饮用水水源地保护成效。获得安全的饮用水是人类生活的基本需要，是人类社会发展的必要前提条件。随着工业快速发展和城镇化进程加快，人民生活水平日益提高，人们对供水的质量要求也越来越高。但同样由于经济社会发展，水体污染、水资源短缺程度加重，饮用水水源的安全状况日益严重。

总的来说，三峡水库系统仍处于生态变化状态，其未来仍不明朗。筑坝可以增加保水时间，从而减少下游的泥沙输送。进入水库的过量沉积物将影响水库的寿命，沉积物也导致储存的营养物质的大量积累。水质管理部门已经在努力解决这一问题。例如，已经确定了三峡水库上游的溪洛渡水库和向家坝水库在泥沙控制中的关键作用。因此，预计三峡水库中的沉积物负荷将在未来有所减轻。未来的研究应该解决沉积物控制如何影响水体的自净能力，以及需要多少泥沙才能确保足够的自净能力等问题。随着时间的推移，沉积将逐渐提高三峡水库河床的高度，这将减少水深（特别是在库湾和支流），从而可能增强内部循环，进一步增加氮和磷的可用性。评估这种可能性并提出解决方案也是未来研究的一个重要方面。如果支流藻类水华范围继续扩大，未来的研究还应该解决三峡水库干流水质如何保持良好的问题。加强对富营养化、支流藻类形成及相关控制策略的研究将增强对三峡水库生态环境模式的理解，并有助于管理这个宏大的水利项目。

四、三峡水库消落区对水环境健康的影响

调查发现，消落区有植被的地方被水淹后，水淹区域的水体透明度比外部的江水透明度高，水质指标也优于江水（图 9-11），这表明消落区植被有很好的净化水质的作用。消落区对水质的积极影响包括对入库污染源有拦截、缓冲和消纳作用，特别是植被比较丰富的消落区，能形成类似水生植物生态修复工程的净水效果。消落区植被水淹部分能够通过与浮游植物进行生源要素（光、营养盐等）竞争，抑制浮游植物的生长，避免水华的发生；抵抗风浪，使泥沙沉积，从而让水体变得更清澈；通过吸收氮磷等营养物质使污染物浓度降低；通过释放氧气使水体中的溶解氧浓度升高。本书作者团队最新的调查发现也证实了这一点：消落区植被长势良好的地方被水淹后，水淹区域的水体透明度比外部的开阔水域透明度高（25%～63%），水质指标也优于开阔水域。相对于外部的开阔水域，植被长势良好的水淹区域总磷含量下降 14%～31%，总氮含量下降 7%～19%。同时，在植被长势良好的水淹区域的消落区发现大量鱼苗。在长江十年禁渔的大背景下，消落区的良好植被长势将为提高鱼类等生物的多样性做出积极的贡献。

图 9-11　三峡干流典型样点（皇华岛）水环境与消落区情况

消落区对水质的消极影响是其吸纳的污染物在被雨水冲刷、水淹后或植被死亡后，会进入水中。植被凋亡后腐烂分解，也直接对水体造成污染。

因此，三峡消落区植被是水库保障水质的重要屏障。但就目前看，对消落区植被的

管理明显有所欠缺。建议加强探索基于消落区植被生态修复和水质保障功能的精细化管理，开发水位波动下消落区植被的保育、维护、观测和植被死体清除的相关技术。

第二节　固体废弃物状况

一、固废种类、数量与分布

通过对已有文献的查阅和本次调研结果，已初步摸清三峡库区消落区固体废弃物（简称固废）的种类、分布、数量和其对环境的影响情况，这是自 2008 年对三峡库区废弃物进行调研以来首次专门针对三峡库区消落区固体废弃物进行的调研。消落区内的固体废弃物种类繁多，以塑料污染为主，具有呆滞性强、扩散性小、分布不均匀、难以进入库区水淹没区等特点。

（1）固体废弃物种类鉴别。通过文献调研发现，关于三峡库区固体废弃物种类的文献主要包括 2003 年发表的《三峡库区工业固废调查及清理处置探讨》、2004 年发表的《三峡库区及库区重点城镇固体废弃物综合治理规划与专项技术研究》、2006 年发表的《三峡水库淹没区固体废弃物污染及清理技术示范研究》、2005 年国家环境保护总局发布的标准《长江三峡水库库底固体废物清理技术规范》（HJ 85—2005）和重庆三峡库区已经完成的四期库底固体废物清理任务清单，这些资料主要集中于库区水体中的固体废弃物，表明库区固体废弃物主要由城市生活垃圾和农村农业生活垃圾构成。此后，对于库区废弃物的调研和研究基本停滞，仅停留在清漂的具体工作层面。通过本次专门针对消落区固体废弃物的调研发现，对于一般固体废弃物，消落区内的固体废弃物种类繁多且成分复杂。在本次调查采样工作过程中共统计出了 52 种固体废弃物，主要分为城市生活废弃物、农村农业废弃物及工业生产废弃物，几乎囊括了具有不同化学成分的全类别塑料种类，包括聚烯烃塑料、聚苯乙烯类塑料、乙烯基塑料、丙烯酸塑料、尼龙（聚酰胺）、聚苯醚酯、纤维素塑料、聚氨酯、通用塑料[聚乙烯（polyethylene，PE）、聚丙烯（polypropylene，PP）、乙烯-丙烯酸乙酯（ethylene-ethyl acrylate，EEA）、乙烯-乙酸乙烯（ethylene-vinyl acetate，EVA）、聚氯乙烯（polyvinyl chloride，PVC）]、通用工程塑料、结构工程塑料、耐高温工程塑料、塑料合金、热塑性弹性体、玻璃纤维填充材料等。城市生活废弃物主要是以 PE、聚对苯二甲酸乙二醇酯（polyethylene terephthalate，PET）、PVC、PP、可发性聚苯乙烯（expandable polystrene，EPS）、丙烯腈-苯乙烯-丁二烯（acrylonitrile butadiene styrene，ABS）、聚酰胺（polyamide，PA）等为材质的塑料包装袋、泡沫、矿泉水瓶等；农村农业废弃物主要是由木质素、纤维素和半纤维素组成的生物质秸秆、含有大量有机质的畜禽粪便，以及农业塑料废弃物（如农药瓶等）；工业固体废弃物以矿渣、工业产品及副产品（如电线杆）、废弃轮胎、螺丝、包装材料、铁皮、铁块、铝块、各种金属器件等为主。对于危险固体废弃物，消落区内暂未发现具有腐蚀性、毒性、易燃性、反应性或者传染性等特点的危险废弃物，未发现大规模倾倒的危险固体废弃物，仅发现少量倾倒的矿渣（图 9-12）。

图 9-12　消落区固体废弃物种类情况（以云阳县兰溪镇为例）

（2）固体废弃物数量统计。如前所述，对于三峡库区消落区固体废弃物的调研和研究工作处于停滞状态，所有关于消落区固体废弃物的数量都来自每天清漂工作的粗略统计。此次调查，本书统计分析了各个消落区固体废弃物各分类的密度和总量。结果表明，城市生活废弃物是消落区内固体废弃物的大多数，占总量的 60%以上；农村农业废弃物及工业生产废弃物约占 35%。通过对质量、密度进行分析，对区县内采样点固体废弃物的数量和质量进行统计加和，获取各个区县采样点单位面积固体废弃物的个数和质量。调查发现，各个区县采样区域固体废弃物的平均质量和平均密度相差较大且平均质量与平均密度之间不存在明显的相关性（图 9-13）。以难以降解的塑料废弃物为计算对象，其中巴南区采样点固体废弃物的平均质量和平均密度最大，单位面积固体废弃物密度和质量分别为 1.31 个/m^2 和 80.17 g/m^2；巴东县采样点固体废弃物的平均密度最小为 0.125 个/m^2；长寿区采样点固体废弃物的平均质量最小为 0.5 g/m^2。长寿区、渝中区、奉节县、丰都县采样点固体废弃物的单位面积质量均小于 1 g/m^2，分别为 0.50 g/m^2、0.58 g/m^2、0.59 g/m^2、0.92 g/m^2；巴东县、巫山县、忠县、丰都县、万州区、奉节县、云阳县采样点固体废弃物的单位面积密度分别为 0.125 个/m^2、0.15 个/m^2、0.19 个/m^2、0.22 个/m^2、0.25 个/m^2、0.275 个/m^2、0.32 个/m^2，均小于 0.5 个/m^2。根据现实调查及计算，以难降解的塑料废弃物为统计对象，其单位面积的平均密度和平均质量分别为 0.25 个/m^2 和 0.65 g/m^2。此外，根据此次核查可知整个消落区的总面积为 284.65 km^2，则整个消落区内的塑料固体废弃物总数量和总质重分别约为 71162500 个和 2.9 万 t，约占三峡库区库底固体废弃物中生活垃圾总量的 6.5%（参照 2005 年开展的重庆三峡库区三期蓄水库底固体废物清理工作和“三峡水库淹没区固体废弃物污染治理专项技术研究”项目数据，生活垃圾总量约 30 万 t），约占每年清漂固体废弃物总量的 11.6%（参照重庆市城市管理局每年清漂工作报告数据，每年清漂固体废弃物总量约 25 万 t）。

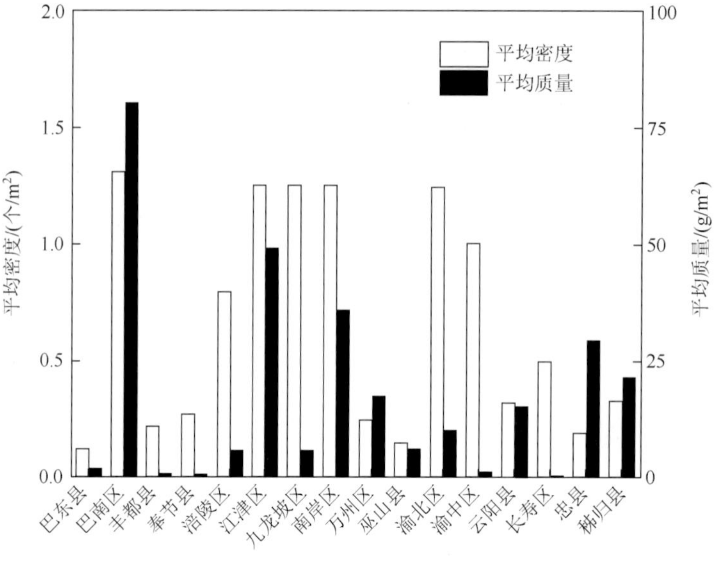

图 9-13　不同地点消落区固废密度与质量分布情况

（3）固体废弃物分布情况。直至目前，极少有公开发表的文献报道了三峡库区消落区固体废弃物的分布情况，仅有的数据为通过与重庆市城市管理局等相关部门沟通获得，但是这些数据获得的分布信息并不是非常详细。本次调查对各消落区所对应产生的固体废弃物进行了分析，结果表明不同消落区的固体废弃物分布情况随消落区水文环境的变化而变化。在江心洲平坦区域，岸基地势平坦，和地势陡峭处的分布情况不同，有的区域固体废弃物堆积较多，有的区域固体废弃物则堆积较少，大量的塑料夹杂着金属、橡胶、织物、玻璃、纸和沙泥等。例如，在江心洲平坦区域，江水冲刷到岸上的垃圾较为容易堆积，且由于其距离生活区较近，因此此处固体废弃物以卫生纸、塑料瓶、塑料泡沫等城市生活垃圾和生物质秸秆等农业垃圾为主。在岸基地势平坦区域，江水冲刷到岸上的垃圾较为容易累积，因此该区域固体废弃物较多，主要是以塑料和泡沫为代表的生活垃圾。特别是部分采样区域附近有人居住，且有放牧情况发生，该区域固体废弃物主要是塑料类的生活垃圾和以畜禽粪便为代表的农业废弃物。在地势陡峭区域，存在大量冲积上岸的碎石，碎石环境为垃圾提供了缓冲作用，因此该地具有一定量的以泡沫为主的生活垃圾。此外，在人类活动较为频繁的区域，存在钓鱼活动，此处固体废弃物多以矿泉水瓶和烟盒之类的生活垃圾为主。某些存在农作物种植的区域，其不仅靠近生活区域，且种植农作物，因此该区域存在大量的废弃生物质秸秆。个别区域附近存在一些小型的采石场，因而该区域有一定量的矿渣；在奉节县等消落区区域存在码头运行，则该区域的固体废弃物也以塑料垃圾为主。

二、固废对消落区环境的影响

通过本次摸底调查，已初步阐明三峡库区消落区固体废弃物空间分异、污染评价及来源解析。由于已证实消落区固体废弃物的分布和数量与人类生活轨迹密切相关，不同种类的塑料废弃物在消落区中存在富集分布情况，部分塑料与生物质、泥土混合后已经在环境风化、微生物的作用下被分解在土壤中，因此消落区是微塑料的富集地，是长江水体中微塑料的来源之一，对长江水体及长江水生生物可能造成生态威胁。调查显示，尽管消落区内的塑料固体废弃物总数量仅占每年清漂固体废弃物总量的11.6%左右，但是其对消落区的植物景观、土壤、水质均产生了一定的影响，应予以重视。

早在2005年，就已有研究基本摸清了三峡库区淹没区中的固体废弃物堆存量和理化特性，通过一系列稳定化现状分析，研究了三峡库区沿江堆存生活垃圾的稳定化状况，从理论上分析了生活垃圾污染物的溶出规律，以及其在环境介质中的扩散机理；建立了垃圾污染物溶出模型，并运用模型对水环境进行了科学的预测。在系统模型研究中，研究人员开发了淹没区固体废弃物地理信息系统（geographical information system，GIS）软件，并在生活垃圾存量最多的奉节县、工业危险废弃物最多的涪陵区开展了工程示范，同时编制出清库方案和工程估算，直接指导三峡水库二期蓄水固体废弃物清理工作，这是针对库区水体中固体废弃物的分析。但是专门针对消落区固体废弃物对库区环境所产生的影响的数据在近10年基本没有。本次调查采样工作过程中，通过所有固体废弃物对消落区的面上环境影响进行评价，以及从52种固体废弃物中选取合计389个固体废弃物分别进行材质鉴别、称重、危害途径鉴别、可生物降解比例鉴别、毒性评价等工作。经过调查发现，固体废弃物对环境的影响特征主要表现如下：①固体废弃物呆滞性强、扩散性小，大量固体废弃物与水、土壤交集，对消落区的水质和土壤污染产生一定的影响。对消落区生态的影响随固体废弃物的丢弃方式和其性质不同而异。如大量塑料组成的固体废弃物因其所含化学成分能形成化学物质型污染，其中以微塑料为主形成的有害化学物质可从弃置堆存处随地表径流进入支流，最终进入干流，即长江水体之中。②由于部分消落区离居民生活区很近，甚至存在农业种植、放牧等活动，固体废弃物所产生的有害化学物质也可能通过土壤进入食物链进而危害人体健康。人畜粪便和生活垃圾是各种病原微生物的滋生地和繁殖场，能形成病原体型污染，主要通过进入水体和食物链危害人类健康。③固体废弃物的堆积易破坏生态系统的平衡，阻碍消落区的植物生长，影响景观生态。在固体废弃物堆积较多的区域，即污染严重的地方，甚至极少生长植物。④已有研究表明，新的生态问题主要表现为微塑料富集点成为新型微生物、抗性基因、生物入侵的主要场所。本次调研发现部分塑料已经被风化、分解，因此消落区的塑料废弃物可能是长江水体中微塑料的来源之一。多种类型的固体废弃物零星分散在消落区不同的位点，常有多种固体废弃物互相夹杂堆积，这种污染形态有可能形成“微塑料 + 微生物”的组合，导致消落区产生新的生态问题。此外，对PE、PP、PVC、PET、EPS、ABS、PA浸提后的液体进行分析，发现浸提液中存在苯酚、苯甲酸等化学物质，本书的研究结果表明，塑料制品大量存在于长江消落区，经过风化、分解后释放苯酚等有害物质，对土壤性质、土壤微生物可能具有一定的毒性，其对消落区生态的影响应引起关注。

第三节　土壤污染状况

一、消落区土壤重金属状况

1. 重金属污染类型与来源

1）重金属污染类型

受周期性水陆交替影响，消落区表层土壤存在一定的重金属积累，主要包括 As、Cd、Cr、Cu、Hg、Pb 和 Zn 等元素。总体来看，As、Cd、Cu、Hg、Pb 和 Zn 的平均含量均高于三峡库区背景值和全国背景值，仅有 Cd 的平均含量超过了国家农用地土壤污染风险筛选值（0.30 mg/kg），说明消落区土壤重金属污染风险总体较低（表 9-4）。其中 Cd、Hg 和 As 的平均含量相对较高，分别为三峡库区背景值的 4.46 倍、3.48 倍和 2.05 倍；平均含量与全国背景值的对比趋势类似，除 Cr 外，其余重金属的平均含量均高于全国背景值，其中 Cd 的平均含量显著高于全国背景值，这与近年来研究发现长江流域存在区域性高镉（Cd）异常相符。7 种重金属的平均含量顺序为 Zn（105.37 mg/kg）＞Cr（48.92 mg/kg）＞Cu（33.92 mg/kg）＞Pb（27.66 mg/kg）＞As（11.95 mg/kg）＞Cd（0.58 mg/kg）＞Hg（0.16 mg/kg），各重金属的平均含量范围（最大值与最小值之比）较大，其中 Hg 和 Cd 的平均含量范围高达 413 倍和 303 倍，表现出较强的异质性，这可能与消落区多样的地理特征、土壤条件和区域土地利用类型有关。当消落区土壤被江水浸泡时，土壤中的 Cr、Pb、Cu、Zn 等重金属会通过溶解扩散、解吸附等途径进入水体，造成水体的重金属污染。

表 9-4　三峡库区消落区土壤主要重金属含量　　（单位：mg/kg）

统计因子	As	Cd	Cr	Cu	Hg	Pb	Zn
含量范围	2.80～60.14	0.01～3.03	14.50～145.23	7.00～98.78	0.009～3.72	9.20～145	36.10～318.75
平均含量	11.95	0.58	48.92	33.92	0.16	27.66	105.37
三峡库区背景值①	5.84	0.13	78.03	25.00	0.046	23.88	69.88
全国背景值②	11.20	0.10	61.00	22.60	0.07	26.00	74.20
农用地土壤污染风险筛选值③	30.00	0.30	200.00	100.00	2.40	120.00	250.00

①数据来源：敖亮等（2014）。

②数据来源：唐将等（2008）。

③数据来源：《土壤环境质量　农用地土壤污染风险管控标准（试行）》（GB 15618—2018，6.5＜pH≤7.5）。

由于库区消落区多为农业用地，因此采用 2018 年生态环境部制定的《土壤环境质量　农用地土壤污染风险管控标准（试行）》（GB 15618—2018）进行对比较为合适。标准规定了农用地土壤污染风险筛选值和管制值，筛选值表示土壤中污染物含量低于或等于该值的，对农产品质量安全、农作物生长或土壤生态环境风险低，一般情况下可以忽略，超过该值说明土壤生态环境可能存在风险；管制值表示污染物含量超过该值的，土壤污染风险高，原则上应采取严格管控措施。

2）重金属污染来源

周边环境、成土母质、污染源等的差异，可能导致消落区土壤重金属含量范围跨度较大，而消落区周边区域的人类活动和土地利用是土壤重金属的主要来源之一，包括施肥、动物粪便和生物固体应用、污水灌溉、大气沉降等。三峡库区的土地利用类型主要有农用地（耕地、园地、林地）、采矿地、城镇住宅、工业用地和荒地，不同土地利用类型显著影响区域土壤重金属含量与积累特征。例如，农用地施用的农药和化肥较多，而这些物质中Cd的含量相对较高，最终通过降雨和地表径流汇入消落区水体当中；工业较集中的地方土壤Zn含量普遍高于其他土地利用类型；城镇住宅区的土壤Cu、Hg、Pb污染较为突出。此外，水位涨落和消落区土壤类型也会影响重金属的迁移转化和赋存形态。当消落区被淹没时，较低的氧化和还原条件会进一步加快土壤中重金属的释放和迁移，从而增加重金属进入水体的风险。也有研究表明，石灰（岩）土中重金属的含量要普遍高于紫色土和潮土。在不同深度的土壤剖面上，淋溶层、淀积层与母质层的重金属分布存在较大异质性，表层土壤由于受到的干扰更加频繁而表现出更强的异质性，其中Cd的表层富集趋势最为明显。由于重庆市多数区县基本都位于三峡库区长江主道或其支流边上，城镇化和人口流动所带来的工业产业扩张、生活垃圾排放等都有可能影响局地消落区土壤重金属富集，也会给区域的生态安全带来一定风险。近年来，随着国家和地方政府对三峡库区生态环境保护力度的逐渐增强，出台了《重庆市三峡水库消落区管理办法》等政策文件，明确规定和限制了消落区土地利用方式，对包括重金属在内的消落区污染防治起到了关键作用。

2. 重金属含量空间分布

1）水平空间分布特征

在水平空间上，消落区可分为三个河段，分别为重庆主城区至涪陵段（库区上游）、丰都至云阳段（库区中游）和奉节至秭归段（库区下游）。沿河流方向上，8种重金属元素（Zn、Cu、Pb、Cr、As、Cd、Ni、Hg）在库区消落区土壤中的含量均有一定的水平分布差异，呈现为“中间高、两头低”的弓形分布，但变化趋势并不明显。各元素自上游至下游的含量变化趋势也比较相似，其中Cd在不同河段重金属含量中的差异最为显著。相对而言，上游末端（涪陵区）和中游区县的消落区土壤Cd含量相对较高，因为这几个区县依长江而建，其剧烈的人类活动干扰显著影响河流两岸的消落区，导致更强的土壤Cd积累效应。位于湖北省内的巴东县和秭归县的Cd含量则相对较低，但仍高于国家农用地土壤污染风险筛选值（$6.5 < pH \leqslant 7.5$）。

具体而言，重庆主城区-涪陵段土壤重金属含量较高，Cu、Cd复合污染明显；丰都-万州段土壤重金属含量较低；奉节-巫山段土壤重金属含量较高，Pb、Cd复合污染较为严重（图9-14）。不同河段消落区土壤的重金属含量有较大差异，这可能与河流两岸土地利用类型（如主要的工业厂矿类型、分布和居民区设置等因素）有关。进一步分析研究发

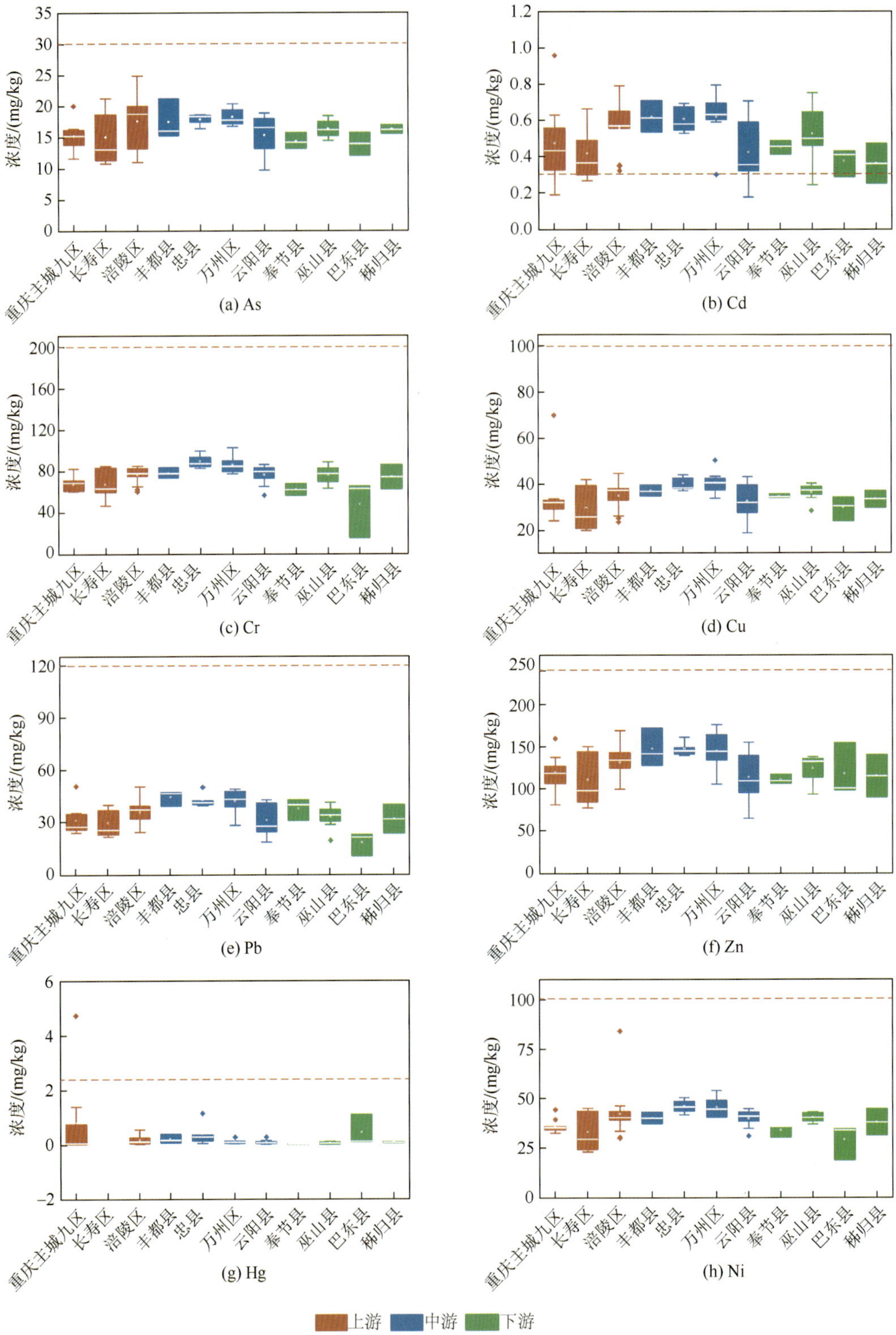

图 9-14　三峡水库消落区土壤重金属水平空间分布

虚线为国家农用地土壤污染风险筛选值（GB 15618—2018，pH：6.5＜pH≤7.5）

现，三峡库区土壤重金属元素的水平空间分布特征的形成原因与不同河段土地利用及区域行业发展存在较大相关性。库区上游区域经济相对发达，受工业、农业、航运、居民生活等人为排放污染物的影响较大。云阳县、奉节县等地农业、畜牧业较发达，5%～10%的农药和化肥会随地表径流、渗流作用及壤中流迁移至消落区。对于库区下游而言，巫山县、巴东县等地区土壤的成土母质多为石灰岩，其金属自然背景值较高，消落区土壤重金属含量较高可能与地质因素等自然条件有关。

2）垂直空间分布特征

在垂直空间上，库区中下游河段不同高程的重金属含量差异较大，上游河段的高程分异性较小（图 9-15）。与水平空间分布特征类似，Cd 和 Hg 在不同河段的高程分异性最为显著。整体来看，Hg 在整个库区消落区均表现为中高程（155～165 m）含量最高，低高程（145～155 m）和高高程（165～175 m）含量相对较低。值得注意的是，Hg 在重庆主城九区消落区土壤中的含量显著高于其他区域，这可能与主城九区强烈的人为活动和较高的淹没水位有关，建议进一步加强防范。Cd 含量在中下游河段消落区有随高程增加而降低的趋势，除秭归县外，其余区县各高程的 Cd 含量均超过农用地土壤污染风险筛选值（0.30 mg/kg），其中巫山县的高高程（165～175 m）Cd 含量最高，可能存在一定风险，应当加强该地消落区土壤环境监测，并采取适当的安全利用措施以规避风险。

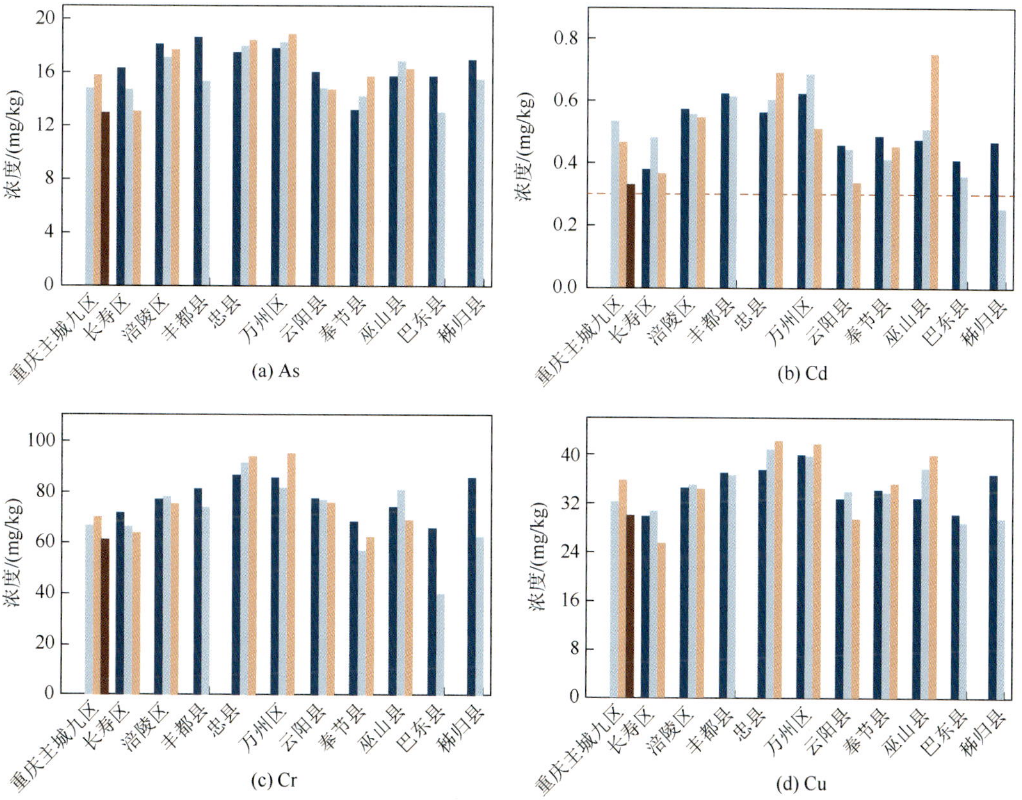

(a) As

(b) Cd

(c) Cr

(d) Cu

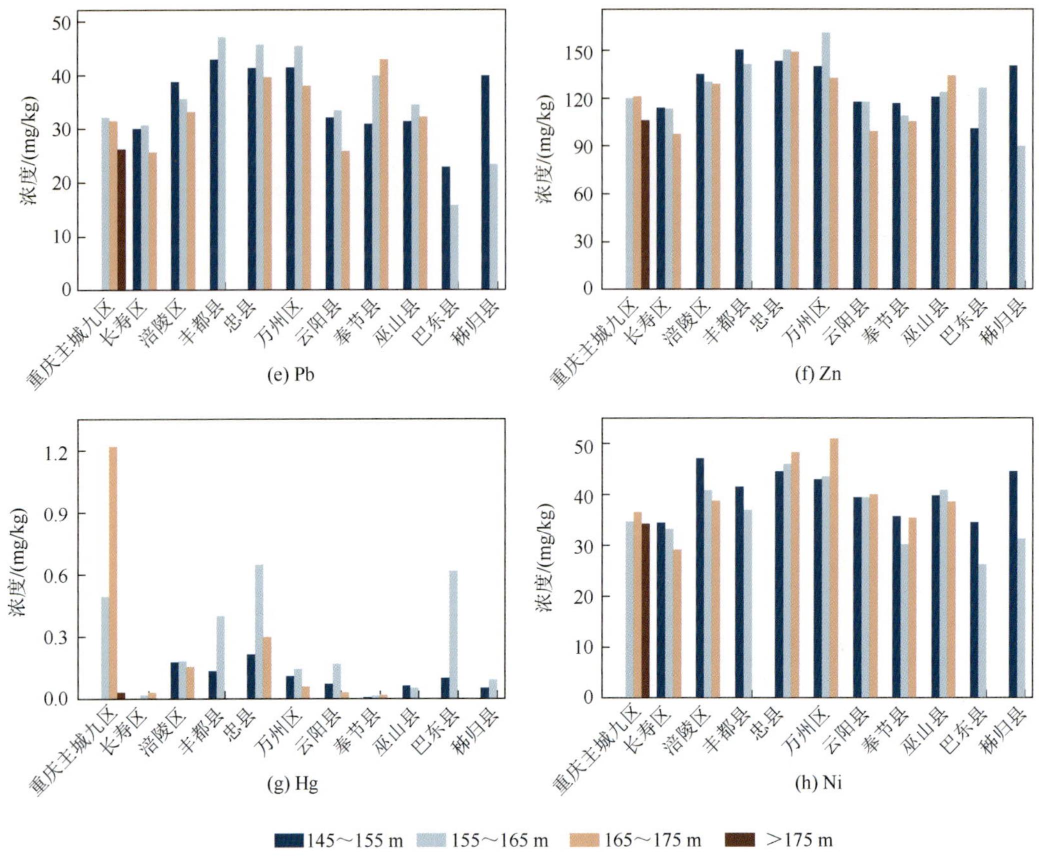

图 9-15　三峡水库消落区土壤重金属垂直空间分布

虚线为国家农用地土壤污染风险筛选值（GB 15618—2018，pH：6.5＜pH≤7.5）

二、消落区新型污染物状况

1. 新型污染物类型与来源

目前在三峡水库消落区发现的新型污染物主要包括微塑料、抗生素类新污染物和持久性有机污染物（persistent organic pollutants，POPs）等（表 9-5），均为目前国际上受到广泛关注的主要新型污染物。微塑料是最早开始被认识和研究的新型污染物之一，目前在三峡水库消落区分布较为普遍的微塑料主要有高密度聚乙烯（high density polyethylene，HDPE）、聚对苯二甲酸乙二醇酯（PET）、聚丙烯（PP）、聚苯乙烯（polystyrene，PS）等，这些微塑料因良好的耐用性和广泛的应用性，成为消落区中普遍存在的微塑料种类，不仅散布于库区水体之中，还渗透到消落区的土壤层及沉积物内部，对区域生态环境造成了复杂而深远的影响。微塑料在三峡水库消落区的分布与迁移是自然因素与人类活动共同作用的结果。一方面，降雨的冲刷作用及城市径流携带使大量微塑料颗粒成为库区微塑料输入的重要来源之一；另一方面，支流河水的汇入也是不可忽视的输入途径，这些支流流经农业区、工业区及城镇区域，其水体中往往含有一定浓度的微塑料污染物。此外，农业活动（如农药和化肥的过度使用、农膜残留等）、直接排放未经有效处理的污水都是导致三峡库区微塑料聚集的重要原因。这些污染途径不仅直接增加了水体中的微塑料负荷，还可能通过食物链传递，对水生生物及人类健康构成潜在威胁。

消落区抗生素类新污染物主要包括四环素类（tetracyclines，TCs）、磺胺类（sulfonamides，SAs）、喹诺酮类（quinolones，QNs）、大环内酯类抗生素（macrolides，MLs）等，这些物质因其广谱抗菌活性而被广泛应用于医疗、农业及畜牧业等领域。然而，未经充分处理或处理不当的废水排放会导致这些抗生素及其代谢产物大量进入水体环境，并在消落区富集，对当地生物多样性和生态系统功能构成潜在威胁。消落区及其邻近环境中抗生素类药物的主要来源包括水产养殖、污水处理、禽畜养殖、生活污水，以及流域内药物生产过程中所产生的一些尾水等。

消落区持久性有机污染物（表 9-5）主要有多环芳烃（polycyclic aromatic hydrocarbons，PAHs）、多氯联苯（polychlorinated biphenyls，PCBs）、有机氯农药（organochlorine pesticide，OCP），其中 PAHs 是主要成分。与抗生素在环境中的行为类似，消落区作为水体与陆地生态系统间的过渡带，其独特的水文条件——周期性水位涨落成为了 POPs 迁移与再分配的关键驱动力。在这一动态过程中，原本溶解或吸附于水体及表层沉积物中的 PAHs、PCBs 及 OCP 等挥发性有机污染物，随着水位的下降而逐渐暴露于空气中或迁移至消落区的土壤中，实现了从水体向陆地的迁移积累。反之，当水位上升时，土壤侵蚀过程加剧会将已富集的 POPs 重新释放回水体，还可能通过水流冲刷作用将深层土壤中的 POPs 带至表层，进而增加其向水体扩散的风险。煤炭和生物质的燃烧、石油开采、工业排放、交通、农业及航运活动都会直接向水库水体中排放 PAHs，同时，这些污染物还会通过雨水冲刷、大气沉降等方式最终沉降到水库底部，与沉积物结合，使水库形成 POPs 长期存储的“汇”。

表 9-5　三峡水库消落区主要新型污染物类型

	微塑料	抗生素类	持久性有机污染物
主要成分	聚乙烯（PE）、聚丙烯（PP）、聚苯乙烯（PS）、聚对苯二甲酸乙二醇酯（PET）	四环素类、磺胺类、喹诺酮类、大环内酯类	多环芳烃（PAHs）、多氯联苯（PCBs）、有机氯农药（OCP）

2. *新型污染物含量与分布*

三峡库区消落区土壤中微塑料的丰度为 0.21～1.32 ng/g，材质主要是聚乙烯（PE）、聚丙烯（PP）和聚苯乙烯（PS），颜色以透明为主，且丰度在平水期和枯水期存在一定差异。微塑料的粒径分布特征显著，主要集中在 1～5 mm，这是因为大粒径微塑料随水体流动时，被土壤截留而进入消落区的可能性更大。在空间上，消落区微塑料的分布表现出强烈的异质性，其含量随着海拔升高而逐渐降低，这一趋势与土壤理化性质的垂直变化密切相关；在水平空间上，干流水体中微塑料含量高于支流，且随着离坝距离的减小而升高。季节性水文变化对消落区土壤中微塑料的重组具有显著影响。夏季洪汛期间，强大的水流冲刷作用能够选择性地将部分微塑料从土壤中冲刷入水体，尤其是那些粒径较大、不易被土壤紧密束缚的微塑料。相反，在冬季蓄水过程中，随着水位的上升，消落区土壤被水体覆盖，微塑料的暴露与迁移机会减少，从而导致土壤中微塑料的丰度显著降低。值得注意的是，洪水过程虽然促进了大粒径微塑料的流失，但小粒径微塑料（尤其粒径是小于 300 μm 的 PE 材质微塑料）却因其较小的体积和较高的土壤亲和力而被选择性保留在土壤中，说明小粒径微塑料在土壤环境中的持久性与潜在风险不容忽视。

抗生素在三峡水库消落区土壤中的浓度范围为 3.69～438.76 ng/g，各类抗生素的残留量存在明显差异，其中磺胺类抗生素的总量占据主导地位，显著高于喹诺酮类和四环素类（图 9-16）。值得关注的是，磺胺甲噁唑（sulfamethoxazole）作为典型的磺胺类药物，其含量峰值达到了 198.44 ng/g，是所有检测到的抗生素中的含量最高值。具体到消落区土壤中的特定抗生素种类，恩诺沙星（enrofloxacin）的平均含量尤为突出，达到 43.25 ng/g，这一含量与其在沉积物中的含量持平，进一步证实了恩诺沙星在三峡水库消落区环境介质中的广泛分布与迁移能力。恩诺沙星作为一种广谱抗菌剂，因其高效的抗菌性能而在水产养殖和污水处理领域得到广泛应用。然而，这种广泛应用也带来了不容忽视的环境问题，即部分药物在使用过程中未能被完全代谢或处理，进而残留在水体及底泥之中。随着水库水位的周期性涨落，这些残留药物会经历复杂的迁移与转化过程，最终成为消落区恩诺沙星的重要来源之一。

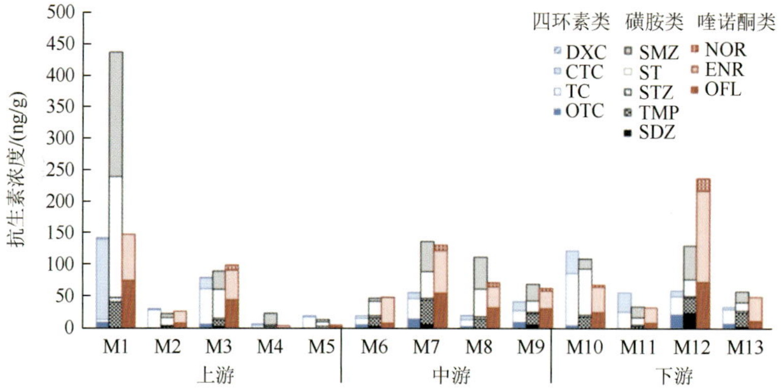

图 9-16　三峡水库消落区土壤抗生素类新污染物浓度分布[引自 Yan 等（2018）]

注：DXC 表示多西环素；CTC 表示金霉素；TC 表示四环素；OTC 表示土霉素；SMZ 表示磺胺甲噁唑；ST 表示磺胺甲氧嗪；STZ 表示磺胺二甲嘧啶；TMP 表示甲氧苄啶；SDZ 表示磺胺嘧啶；NOR 表示诺氟沙星；ENR 表示恩诺沙星；OFL 表示氧氟沙星；M1～M13 代表不同样点。

三峡水库消落区部分土壤受到了多环芳烃（PAHs）的污染影响，PAHs 浓度水平在高水位与低水位期间分别为 43.75～228.24 ng/g 和 30.75～206.26 ng/g。消落区土壤中的 PAHs 总量在不同季节表现出显著差异。随着干湿交替周期的连续进行，PAHs 总量呈现出小幅递增的趋势，这反映了环境动态变化对土壤污染物积累的影响。进一步分析发现，消落区土壤上覆水中的 PAHs 浓度与土壤中低环 PAHs 浓度之间存在显著正相关，说明在库区周期性干湿交替过程中，土壤中的部分 PAHs 单体可能成为水体中 PAHs 的潜在释放源，对下游水体的水质安全构成不容忽视的潜在威胁。从空间分布来看，库区上游消落区的土壤 PAHs 浓度明显高于中下游地区，这与消落区抗生素的水平空间分布特征类似，而且城市区段的土壤 PAHs 浓度显著高于农村区段。因此，在周期性水位涨落的频繁扰动下，消落区土壤有可能成为水体中 PAHs 的重要二次释放源，对下游水质安全构成威胁。应采取适当手段，加强对消落区土壤及水体 PAHs 的污染监测与防控，以确保区域水资源的可持续利用与水环境生态安全。

下篇　三峡水库消落区生态环境认识及展望

第十章　三峡水库消落区管理与保护的认知及生态环境基本认识

第一节　三峡水库消落区管理与保护的认知

三峡水库消落区生态环境管理与保护始终坚持保护优先、科学规划、合理利用、系统治理和服从三峡水库调度的原则，如今更加注重全面性、系统性、科学性，主要体现在更多地关注人与自然和谐共生及长江流域整体环境规划；更加遵循自然演变规律，以科学理论为基础、科学研究为支撑，建立与完善综合管理体系等方面，这些措施共同推动了三峡水库消落区生态环境管理与保护工作的科学化和规范化进程，进而提升了三峡水库消落区生态环境管理与保护水平。当前，有关三峡水库消落区的管理与保护办法正在不断地发展与完善，与习近平生态文明思想中山水林田湖草沙的整体系统观相契合，强调了消落区生态系统中各组成部分的相互联系、依存关系与整体格局，以实现三峡水库消落区全面、系统、科学地管理、保护与治理。

一、政策法规基本符合干湿交替河岸带生态环境特征

自 2001 年消落区的土地权属被首次提出以来，针对消落区管理与保护的政策法规陆续出台，包括消落区垃圾清理、卫生防疫、生态环境监测和科学研究、土地使用管理和利用要求等方面。随着对消落区生态环境认识的不断深化，对相关管理与保护政策法规也进行了全面的统筹规划和动态更新，从而适应不断变化的环境和需求，实现与时俱进。其中，国家层面的管理与保护政策法规能够提供更具权威性和全面性的指导，确保各地在保护和管理消落区时有统一的尺度和标准。各地方政府在国家政策法规的指导下结合省情、市情、管理理念等，从各自实际情况出发制定相应的管理办法与条例，并负责具体实施与监督，从而提高政策执行的灵活性和针对性。重庆市 2023 年颁布实施的《重庆市三峡水库消落区管理办法》中，明确提出保留保护区、生态修复区和工程治理区的分区管理政策。这也说明经过多年的管理与保护，消落区管理与保护政策能够针对不同生态环境变化而做出合理、有针对性的更新以应对消落区干湿交替的特殊生态环境。同时，三峡库区管理与保护政策开始更多地关注人与自然和谐共生及长江流域整体环境规划，且在不断地发展与完善，以提升管理效率，确保三峡消落区的生态环境得到持续和有效的保护。

二、已有保护与治理措施基本符合消落区特征，但需加强考虑生态系统演变规律

三峡水库消落区的保护与治理以“自然为主、人工为辅”的基本理念为重要指导思想，

基于生态学理论，通过科学有效的人工辅助和管理措施，结合先进的科学技术、管理措施等辅助手段，依靠自然生态过程，将消落区恢复到健康稳定的状态，从而实现恢复后生态系统的生物多样性、结构和功能的完整性、稳定性和可持续性。同时在实际治理过程中结合实际立地条件，从宏观、微观等多角度出发，进行有针对性的分区治理。通过宣传教育提高公众对消落区保护重要性的认识，增强其主人翁意识，减少人类活动对保留保护区的过多干扰。在以自然状态为主的前提下，采取封滩育草和水生生境构建等生态环境保护措施对生态修复区进行保护与治理。在工程治理区采取工程手段和生态修复相结合的综合治理来恢复生态环境。所有的治理措施均坚持在保护优先、科学规划、合理利用、因地制宜的思想指导下进行。

然而，三峡水库消落区作为水域与陆地环境的过渡地带，其生态系统具有高度的复杂性和不确定性。水位周期性涨落导致的水陆交替生境，使得消落区的植被覆盖、土壤结构、水文循环等要素发生显著变化。因此三峡水库消落区的治理不能照搬先前的经验方法，而应充分考虑生态系统的动态特征和演变规律，并结合实际立地条件进行统筹规划，针对不同问题给出特定的、有针对性的治理方案。在治理和恢复过程中，应倡导过程恢复而非目标恢复，从单一要素修复转向要素关系修复，以更加适应消落区生态环境的演变规律，使消落区的生态系统恢复更加自然和稳定。

三、消落区管理基本到位，未来的管理要坚持科学性并加大监管力度

随着国家和地方对三峡水库消落区管理与保护的持续性投入，消落区管理得到越来越多的关注，取得了阶段性成效，政策法规日臻完善，生态环境质量得到显著提升，公众对消落区生态环境的保护意识日益增强。随着科技水平的不断进步，管理部门也加强了科学认知与舆论引导，科学评价体系与成果推广方面的工作。同时，引入了先进的科技手段，如遥感监测、无人机巡查、大数据分析和物联网技术，提高消落区管理的科学性和效率，减少对人为因素的依赖，确保管理措施更具前瞻性和精准性。

为了实现三峡水库消落区的长效保护与治理，未来三峡水库消落区的管理应以科学为主，鼓励科技创新，尤其是与消落区管理相关的智能化技术；开展长期的生态全要素监测，建立长期、系统化的监测体系，全面收集消落区的动态生态数据，并整合历史数据，进一步提升管理部门数据整合和科学决策的能力，加强监管力度，及时发现问题，调整管理措施，确保生态系统的健康和稳定。在此基础上，未来消落区保护与治理可秉承“管理为主，治理为辅”的原则，确保对消落区实施严格管理，辅以必要的治理措施。同时，建立信息平台和公开途径，实现消落区管理信息透明化，增加决策的透明度，方便公众监督。最终为三峡水库消落区创造健康、美好、稳定的生态环境。

第二节　三峡水库消落区生态环境基本认识

一、周期性干湿交替促进岩体劣化，但地质稳定性趋于新的平衡

由于水库水位常年处于周期性抬升、下降状态，三峡水库消落区也处于一种“饱和-

干燥”的干湿循环状态，形成了高 30 m 的斜坡劣化带。据统计，三峡库区长寿至秭归段库岸两岸总长约 1070 km，按照岩体的劣化程度将消落区岩体劣化带分为劣化强烈区、劣化较强烈区和劣化一般区，其中超过 70%属于劣化较强烈区和劣化一般区，由于其高势能和强致灾性，具有诱发或者新生地质灾害的隐患。自 2003 年三峡水库蓄水以来，特别是在蓄水初期（2003～2009 年），消落区地质结构在侵蚀基准面整体升高和水位周期性涨落的条件下发生了显著改变，为地质灾害高发时段。随着时间的推移（2009 年以来），库区地质环境逐渐趋于达到新的平衡，该阶段地质灾害发生频率呈递减态势，特别是在后期地质灾害治理的有效实施下，地质灾害发生数量显著递减，有效地保护了人民生命财产安全。因此，三峡水库消落区地质稳定性总体逐渐趋稳。

二、土壤质量受水位波动影响较大，时空差异显著

三峡水库蓄水运行后，受干湿交替与水沙过程变化等的综合影响，土壤质地发生了相应的变化，干流消落区土壤质地呈现沿库区干流逐渐细化的格局。土壤主要养分含量总体平稳，但干流与支流养分含量差异明显。从时间上看，土壤有机质含量在水库形成初期有所降低，后逐渐增加；土壤总磷含量自 2008 年后没有较大的变化，全钾、有效磷和速效钾含量较 2010 年前有小幅增加。支流消落区土壤有机质、总氮、碱解氮和全钾含量高于干流，干流消落区总碳、总磷和有效磷含量高于支流。土壤团聚体稳定性随水淹强度增加而降低，表现为干流土壤团聚体稳定性随着水位高程的增加不断增强；支流 155～165 m 高程内土壤团聚体稳定性最高，145～155 m 高程内土壤因受周期性水位波动和较长时间的水淹胁迫影响，更容易造成大团聚体的崩解，导致土壤团聚体稳定性降低。

三、土壤侵蚀与泥沙淤积动态变化过程复杂、空间分异明显

三峡水库消落区同时存在土壤侵蚀与泥沙淤积两种地表过程，其动态变化过程复杂，空间分异明显。三峡水库蓄水运行以来，消落区经历了剧烈的微地形变化，土壤侵蚀与泥沙淤积是其直接驱动力。总体上，可根据地表物质的迁移特征将三峡水库消落区划分为以土壤侵蚀为主的侵蚀型消落区和以泥沙淤积为主的淤积型消落区两种基本类型。其中，侵蚀型消落区主要分布在下游峡谷区，大致为云阳至大坝段；淤积型消落区多分布在开阔河谷区，大致为云阳至库尾段。三峡水库消落区土壤侵蚀形式主要包括：波浪侵蚀、降雨径流冲刷、崩塌等。消落区的土壤结构稳定性对维持土壤功能至关重要，全域调查采样分析表明，随着水淹时间的减少，干支流消落区土壤物理结构稳定性呈增加趋势。针对三峡水库消落区特殊的生态环境，植被群落构建配合工程治理是消落区水土流失防控最有效的措施。

四、水位涨落改变消落区植物群落结构，消落区仍处于演替初级阶段

三峡水库蓄水前后，消落区植被群落结构发生了显著变化，由于复杂多样的陆生环

境转变为水陆交替环境，原有植物群落结构发生根本性改变。原有优势物种仅有狗牙根仍为优势物种，原有伴生种（狗尾草、苍耳、喜旱莲子草等）成为新生优势植物群落，且在新生优势植物群落中，外来入侵物种所占比例相较于蓄水之前大幅提升。不稳定的消落区植物群落结构说明消落区植物群落仍处于演替的初级阶段。

五、消落区植物群落构建存在“分层现象”，生态修复应因地制宜

消落区由于其独特的环境特征，表现出明显的植物群落分层现象。这一现象主要是由不同水淹胁迫强度下环境过滤和种间相互作用的相对影响程度不同导致的。在水淹胁迫严重的区域，环境过滤是群落结构形成的主导因素；而在水淹胁迫较轻的区域，种间相互作用则更为关键。因此，消落区的生态修复策略需要考虑群落构建机制，进行因地制宜修复。

六、消落区动物栖息地环境改变，动物群落结构趋于单一

三峡水库消落区植被结构发生改变，物种多样性下降，导致动物的食物来源减少；同时，植被和水流生境的改变导致动物栖息地发生重大变化，动物的生存和繁殖受到影响；大坝蓄水和三峡工程的运行引起水位变化，使动物空间分布格局发生转变、动物群落结构发生改变，物种多样性降低。三峡水库蓄水后，鱼类、两栖类、鸟类等一些依赖特定植被类型和水流环境的动物减少或消失，如某些两栖动物已很难发现，涉禽的物种数由 9 种下降至 4 种，鱼类群落的物种组成也由喜流水性鱼类向喜静缓流鱼类转变。三峡水库消落区植被结构的改变与植物多样性的下降是动物群落结构简单化的重要原因之一，如水位调度导致的水流环境的改变直接影响了鱼类群落的物种组成和空间分布。

七、消落区污染得到有效控制，水质总体较好

在巨大的人口和经济发展压力下，三峡水库能够保持水质良好，特别是干流水质多数断面在Ⅱ类水平以上，得益于多年的生态环境保护，尤其是消落区的植被保护起到了水质保障“最后一道屏障”的作用。消落区污染来源主要包括屏障带面源污染、植物残体分解和固体废弃物。消落区植被对三峡水库水生态环境有积极影响。相比于开阔水域，植被长势良好的消落区水体透明度高 25%～63%，总磷含量平均降低了 14%～31%，总氮含量降低了 7%～19%，其他水质指标也优于开阔水域。此外，得益于消落区的有效管理，进入消落区的固体废弃物数量呈逐年减少趋势。固体废弃物中城市生活废弃物（生活垃圾）占 60%以上，农村农业固体废弃物约占 35%，工业废弃物较少。其中，生活垃圾中的包装袋、泡沫、饮料瓶等塑料制品具有难降解、密度低、随水流迁移性强等特点，对环境的影响较大。目前未发现具有明显腐蚀性、毒性或易燃性等特点的危险废弃物。

八、消落区存在一定的人类活动，但强度总体较弱

消落区内存在一些种植活动、放牧活动和游憩活动等人类活动，但强度整体较弱。消落区内的种植活动多发生于 175 m 高程附近，主要分布在巫山县、万州区、开州区、忠县和涪陵区等支流缓坡型消落区；种植规模一般较小且分散，代表性作物有玉米、水稻、红薯和豆类；田间管理程度普遍偏低，多施以少量复合肥或有机肥。消落区内的自由放牧行为较为普遍，多出现在万州区、云阳县、丰都县和忠县支流且坡度较缓的消落区。在周边人口分布较多或交通较便捷的缓坡型消落区，往往存在较明显的人类游憩活动，主要形式有垂钓、观光、野炊、露营等，其中以垂钓行为最为常见。

第十一章　三峡水库消落区生态环境保护治理对策及展望

第一节　基本思想及原则

一、基本思想

坚持以习近平生态文明思想为指导，全面贯彻落实新发展理念，统筹山水林田湖草沙一体化保护和治理，统筹水资源利用、生态环境保护和社会经济发展。以“系统治理、源头防控、生态修复、科学管理”为基本方针，以实现库区绿色可持续发展和保护三峡工程生态安全为目标，着力构建三峡水库消落区生态环境保护治理新格局。因此，在开展三峡水库消落区生态环境保护治理过程中，建议把握如下几点基本思想。

一是要突出问题导向，强化系统治理。针对三峡水库消落区存在的生态环境问题，坚持问题导向，系统分析、综合施策，着力解决突出问题。统筹水、土、生等要素，加强水库消落区、淹没区和库区岸带的联动治理，形成全方位的生态保护体系。

二是以生态修复为主，注重源头防控。优先采取自然修复措施，促进消落区生态系统自然恢复。加强污染源头治理，减少污染物排放，降低生态环境风险。实施退耕还林、退牧还草，恢复植被，改善生态环境。

三是科技引领创新，强化长效机制。加强科技攻关，研发适用消落区生态环境保护治理的新技术、新方法。建立健全生态监测体系，及时掌握消落区生态环境状况，为科学决策提供依据。

二、基本原则

一是坚持生态优先、绿色发展。把生态环境保护放在首位，在发展中保护生态、改善环境。树立和践行绿水青山就是金山银山的理念，在发展中更加注重生态效益，努力实现生态保护和经济发展的双赢。

二是坚持科学治理、系统修复。尊重自然规律、顺应生态规律，坚持科学治水、科学治土、科学治草，统筹考虑消落区生态系统的结构、功能和演变规律，采取系统化、综合性的治理措施。摒弃“一刀切”和“万般皆治”的做法，因地制宜、分类施策，精准治理消落区生态环境问题。

三是坚持依法治理、长效管理。完善管理法规体系，加大执法力度，依法依规治理消落区生态环境问题。建立健全长效管理机制，强化源头防控、过程监管、责任追究，确保消落区生态环境保护治理工作长效化。

四是坚持统筹兼顾、协同推进。将消落区生态环境保护治理纳入库区生态文明建设总体布局，统筹水资源利用、生态环境保护和社会经济发展，加强部门协作、上下联动，形成消落区生态环境保护治理的强大合力。

第二节　生态环境保护治理对策

（1）在水文方面，三峡水库水沙异源现象突出，水量和沙量不匹配，从而阻碍了泥沙输移，导致泥沙在库区大量淤积。建议开发水库群联合调度下的三峡水库沙峰排沙调度技术，增加水库排沙比，减少水库淤积。在进一步分析长江上游不同时期、不同区域、不同水沙条件变化的基础上，研究长江上游干支流多时空尺度的水沙运动规律及其与水库排沙之间的关系，开发水库群联合调度下的三峡水库沙峰排沙调度技术，即充分利用三峡水库上游梯级水库群的联合调度为三峡水库的水沙协调提供条件。当三峡水库入库水量不足、水沙协调性较差、出现“小水带大沙”的情况时，开发上游水库群联合调度下的沙峰排沙调度技术，提前增加下泄流量，以保证沙峰在三峡库区输移时的必要流量，让沙峰顺利传至坝前，并排出库外，为进一步减少水库泥沙淤积、延长水库寿命、最大限度发挥工程综合效益等提供保障。

（2）在地质灾害方面，淹没区地质灾害隐患风险底数目前依然不清，其对消落区地质稳定性的影响依然不明。建议系统开展三峡水库淹没区地质灾害风险隐患调查，明确三峡水库常年淹没区基座对消落区地质稳定性的影响。进一步提高地质灾害隐患早期识别能力，针对三峡水库淹没区，全面开展多方法、分层次、多尺度综合遥感地质灾害隐患早期识别工作，系统地掌握地质灾害隐患风险底数及动态变化情况，夯实地质灾害隐患点风险防控基础；同时，重点开展常年淹没区地质安全的评估工作，探明消落区-常年淹水区-屏障区区域差异诱发地质灾害的内在原因，系统回应三峡工程建设对水库消落区地质灾害的影响。

（3）在土壤环境方面，建议加强对土壤环境的全方位动态监测，提升库岸稳定的预警和监控能力。结合流量输移特征，研究开展水库群联合调度下的三峡水库沙峰排沙调度技术，以调节消落区泥沙淤积与土壤侵蚀；建立全面的库岸土壤监测体系，构建长时间序列的土壤数据库，加强对土壤环境的全方位动态管理；在土壤侵蚀的重点区域进行监测和模拟研究，对土壤结构稳定性和库岸的变形、位移、应力等进行实时监测，提升库岸崩塌预警能力；根据库岸稳定、土壤结构功能需求和地形条件，提出因地制宜的重建途径，探索高效固土截污植物筛选及配置技术，研发高效稳固的边坡构筑技术和绿色材料边坡防护技术；及时采取相应的措施对库岸进行维护和修复，确保土壤结构和库岸的长期稳定性，以提升库区消落区土壤环境质量，保证库区生态安全。

（4）在土壤微生物方面，水淹降低了消落区土壤微生物多样性，物种呈现同质化趋势，土壤微生物群落构建机制由环境过滤主导。建议持续观测土壤微生物，并基于最小干预原则开展消落区植被恢复工作。通过植被恢复增加微生物可利用资源的多样性，以维持微生物生态功能。考虑到水淹胁迫强度差异的影响，建议在不同的水位高程区域采取不同的植被恢复策略，以达到最佳的恢复效果：在高水位高程区域，可以适当种植耐淹植被，增加植物多样性和土壤微生物多样性，抵消水淹造成的生态功能减弱；在低水位高程区域，尽量减少人为干扰，促进植被自然恢复。

（5）在植物方面，三峡水库消落区外来植物入侵现象突出，且三峡水库中游和中强度水淹胁迫地带是外来植物入侵的潜在渗透区。建议加强三峡水库消落区外来入侵植物入侵理论、精准识别及智能检测预警方面的工作。在长期野外原位监测的基础上，结合模拟控制试验，从光合能力、化感作用、根际土壤养分循环及土壤微生物的反馈调节等多个角度，阐明三峡水库消落区外来植物入侵机制；研发入侵植物不同来源数据采集、数据融合、数值增效、场景模拟技术，构建三峡水库消落区入侵植物数据库及其预判预警平台，实现信息的即时可视化显示，为入侵植物精准甄别、风险预判和实时监测提供翔实的数据支撑，也为入侵植物预警与防控提供指导。

（6）在动物状况方面，动物栖息地结构单一，动物群落结构发生改变、趋于简单化。建议提升消落区植被多样性与植被结构复杂度，改善动物栖息地环境。在全面了解三峡水库消落区植被群落结构分布格局的基础之上，深入分析植被的物理结构复杂度、群落植物多样性与动物栖息地异质性之间的耦合关系，阐明植被对动物群落结构的作用机制，开发水位变化下消落区植被群落结构提升技术。即根据消落区植被群落垂向分布特征，分别对消落区高、中、低高程的植物群落的功能性状、物理结构和生态功能多样性进行综合评价。在植被物种单一、群落结构均质化的区域，基于水文节律和消落区植物适应性特征，以近自然的生态修复方式，提升植物多样性和功能多样性，从整体上提高三峡水库消落区植被结构的多样性和物理复杂度，从而改善动物的栖息地环境。

（7）在生态系统结构与功能方面，三峡水库消落区生态系统结构和功能的演变过程仍然不清晰，生物多样性仍然较为单一。建议一方面继续加强三峡水库消落区生态系统结构与功能演变的长期定位观测工作。强化原位观测与采样分析，建立完善的三峡水库消落区定位观测网络与数据采集体系，开展长期的生态全要素监测，及时掌握消落区生态环境（土壤、水、大气等）和生物（植物、动物）的变化状况，明确消落区生态系统结构和功能的动态特征，进一步阐明三峡水库消落区生态系统结构和功能的演变机制，为适时调整和修订三峡水库消落区的保护和管理措施提供科学支撑，从而保障消落区生物多样性稳定和生态系统安全。另一方面应加强三峡水库消落区生物资源、多样性维持机制方面的研究。建议将消落区生物资源的开发与保护结合起来，积极组织多学科力量进行综合研究和多途径保护，在对消落区进行综合调查与考察的基础上，逐步建立起植物资源的数据库和基因库，通过重点区域的生物监测和消落区生物多样性综合监测，全面系统开展消落区生物资源调查研究；通过整合分类、系统发育和功能多样性，在 α 尺度上分析不同维度的植物多样性沿水淹梯度的变化模式，分析气候、土壤和地形变量的相对影响，并使用零模型推断植物群落的构建机制；在 β 尺度上，将 β 多样性分解为物种周转和嵌套，分析高程、土壤、气候和空间因子的相对影响及其与不同维度 β 多样性及组分的关系，以揭示三峡水库消落区植物群落构建与多样性维持机制。

（8）在水环境方面，水质保障压力依然巨大，水质演变规律仍不太清楚，未来水质变化难以预测。建议加强水质监测与历史数据分析研究，开发三峡水质预测预警模型。首先，加强水质监测，增加定位监测样点，提高监测业务的自动化和智能化水平，及时、全面地掌握库内水质变化动态；接下来，开展水库水质长时序演变规律研究，明确水质演变的动态特征，进一步揭示驱动三峡水质演变的人为和环境因子的驱动机制，为水质保障提供科学依据；最后，根据水质演变的研究结果，开发相应的预测预警模型，为三峡水环境保护提供科技支撑。

（9）在固体废弃物污染方面，高占比积累的塑料废弃物可对消落区的生态质量产生影响。建议解析微塑料源汇、点面源污染对消落区生态的影响，为消落区的保护与治理提供理论依据。精准解析消落区固体废弃物（如微塑料）的源汇对生态的影响，揭示消落区环境中塑料废弃物积累、迁移和降解规律，为消落区塑料污染物防治提供科学依据；探明消落区固体废弃物对消落区土壤、水体性质、微生物、水生物、景观植物等的影响，进而分析这些影响对土壤、水体养分和景观植物造成改变的可能性，评估这些影响对植物生产功能和长江水体环境净化功能的损害情况；针对消落区内的固体废弃物，结合分析消落区附近农业生产活动中的化肥流失、农药流失、畜禽养殖、码头运行、水土流失、城市径流等污染源对非点源污染物 COD、NH_4^+-N、TN、TP 的贡献，为长江水质污染治理提供理论依据。

（10）在土壤污染物状况方面，消落区重金属和新污染物类型多样，虽然总体污染风险较低，但部分点位污染物含量较高，区域生态风险突出。建议进一步加强消落区污染物精准识别、智能预测与风险管理工作。综合利用野外监测、原位示踪、模型模拟等手段，结合机器学习和大数据分析技术，对消落区重金属和新污染物污染数据进行深度分析和挖掘，精准识别污染物主要来源，明晰迁移规律，明确潜在高风险区域，为精准修复策略的制定和治理体系的研发提供有力的技术保障。

第三节 展 望

三峡水库在长江流域生态环境保护及国家经济社会发展中具有重要的战略地位。党中央、国务院高度重视三峡水库消落区生态环境保护与治理工作，习近平总书记视察重庆时强调要加大消落区治理力度；水利部、自然资源部等相关部门及重庆市和湖北省对消落区实施了系统的治理和保护工作，三峡水库消落区生态环境保护与治理已取得明显成效。但面对新时代新征程的变化环境，三峡水库消落区生态环境保护与治理路长且道艰，百年逐梦呼唤我们谱写新时代三峡水库消落区生态环境保护与治理新篇章。

一、牢记总书记殷殷嘱托，做习近平生态文明思想的忠实践行者

习近平总书记站在党和国家事业战略全局和长远发展的高度，为长江流域生态环境保护指明了方向。面对新的环境变化，要深学笃用习近平生态文明思想，始终坚持习近平总书记关于长江流域生态大保护和三峡水库消落区生态环境保护的重要指示精神为根本遵循，牢记总书记的殷殷嘱托，强化“上游意识”，担当“上游责任”，把三峡水库消落区生态环境保护与治理作为贯彻推动长江经济带发展等国家战略的重要任务，落实“共抓大保护、不搞大开发”方针的重点工作，更好地在推进长江经济带绿色发展中发挥示范作用。

二、统筹高水平保护与治理，推进三峡库区高质量发展工作取得新成效

三峡库区是长江上游生态屏障的最后一道关口，在推进长江经济带绿色发展中处于重要位置，而三峡水库消落区是长江上游生态屏障中的屏障，也是库区生态建设与环境保护的重点区域。因此，要统筹高水平保护、高效能治理、高质量发展，坚持更高质量筑牢长江上游重要生态屏障。充分吸收、整合先进的消落区保护与治理的理论和成功的经验，切实加强三峡水库消落区生态环境保护与治理，推进三峡库区高质量发展工作取得新成效。

三、高起点谋划与规划布局，擘画三峡水库消落区保护与治理蓝图

三峡水库消落区保护与治理是一项系统性工程，需要跨部门联动与协作、跨学科交叉研究，凝聚生态大保护的广泛共识，围绕生态环境改善、生态价值实现、新质生产力提升等需求，坚持以科学态度和科学理论为基础，坚持法治思维和法治方式，统筹谋划与规划布局，擘画三峡水库消落区保护与治理蓝图。

具体而言，要以重点工作为抓手，落实各项任务，进一步加强三峡水库消落区保护与治理工作。

在管理方面，坚持三峡水库消落区的系统性、功能性，坚持统一协调、多方参与、法律法规与素质提升相结合、因地制宜等原则，推进建设三峡国家公园，统筹完善国家、省市、区县、部门自上而下的三峡水库消落区法律法规管理体系。未来通过国家和地方各级政府的通力合作，消落区保护与管理体系的权利与职责将更加明晰，各部门间的协调配合将会进一步加强。随着科学技术的持续发展及科技力量的不断注入，对消落区功能定位和自然规律的科学认知将得到进一步提升。在此基础上，关于消落区的保护与管理政策法规将会更加科学合理，个别重建设、轻维护的消落区治理与管理现状将得到改善；与时俱进、因地制宜的适应性三峡水库消落区保护与管理理念会得到更好的体现。与此同时，经过对消落区保护与管理的宣传教育，公众对消落区保护的重要性有了深刻的认识，主人翁意识增强。公众参与消落区保护与管理不仅可以提升其环境教育的意识，还将促进公众与管理者之间的沟通与协作，使二者建立紧密联系，推动管理工作的顺利进行，形成消落区共建共享的管理理念，增强消落区保护与管理的可持续性和稳定性。

三峡水库消落区保护与治理要以科学态度和科学理论为基础，但三峡水库消落区湿地生态系统的形成时间短，是一个具有高熵值、不稳定的动态系统，因而其保护与治理的部分科学理论与技术仍是世界难题，没有成熟的经验可借鉴，应统筹国内消落区研究的优势单位，加强对消落区基础问题的研究和关键技术的攻关。

在地质灾害方面，三峡水库运行二十多年来，消落区地质稳定性总体形势良好。然而，随着水库的持续运行，消落区受周期性水位波动、波浪侵蚀和极端天气等多因素影响，岩体劣化趋势明显。同时，随着建库初期的库岸防治工程服役年限的增加，其防治

性能尚缺乏系统评估，可能对库岸稳定性存在潜在威胁。为维持三峡水库消落区地质稳定性，需要对库岸岩体劣化程度和防治工程的安全性开展系统、全面的评估和长期监测。及时引进生态防护技术，对已受损或存在安全隐患的防治工程及时采取加固、修缮等措施进行维护，提高地质灾害防御工程标准，确保防治工程安全运行。同时，考虑到生态文明建设对于防护措施的要求日益提高，亟须引入既满足安全标准又满足生态环保要求的新技术和新工艺。

三峡水库运行使得消落区从一个典型的陆地生态系统蜕变为一个水陆交错的生态系统，其生态系统结构和功能发生了显著变化，而周期性水位变化是这一过程的根本动力。消落区生态系统演化的重构正在逐步显现出在水位周期性涨落的限制下向两栖生态系统发展的趋势，其重构进程通过增强生态弹性来应对水位变化带来的不确定性影响。在这一环境中，动植物需具备在水陆两种环境下生存的能力，这使得其生物多样性和生态特征与传统的陆地或水生生态系统有明显不同。例如，某些草本植物和禾本植物既能够在水下生存一段时间，也能在干燥条件下生长；一些两栖动物（如蛙类和部分鱼类）可在水位涨落之间有效地进行活动和繁殖。三峡水库消落区作为一个新生湿地生态系统，正经历着剧烈的库岸再造、生态系统和景观重构等过程，其生态系统的演变面临着诸多挑战和机遇。随着气候变化和人类活动的持续影响，消落区的生态环境将面临更加复杂和严峻的挑战。未来的生态保护工作需要综合考虑环境变化的影响，以制定科学合理的应对策略。

三峡水库消落区应该继续围绕土壤环境要素开展全方位的动态监测，建立全面的库岸土壤监测体系，构建长时间序列的土壤数据库，加强对土壤环境的全方位动态管理；结合流量输移特征和水库群联合调度下的三峡水库沙峰排沙调度模式，持续关注消落区泥沙淤积与土壤侵蚀特征；在土壤侵蚀的重点区域进行监测和模拟研究，对土壤结构稳定性和库岸的变形、位移、应力等进行实时监测，提升库岸崩塌预警能力；根据库岸稳定、土壤结构功能需求和地形条件，坚持因地制宜的重建途径，探索高效固土截污植物筛选及配置技术，并研发高效稳固的边坡构筑技术和绿色材料边坡防护技术；以确保土壤结构和库岸的长期稳定性，提升库区消落区土壤环境质量，保证库区生态安全。

参考文献

陈才, 2019. 三峡库区地质灾害类型和灾害机理研究[J]. 灾害学, 34(2): 37-42.

陈功, 李晓玲, 黄杰, 等, 2022. 三峡水库秭归段消落带植物群落特征及其与环境因子的关系[J]. 生态学报, 42(2): 688-699.

陈广杰, 2009. 三峡坝区主要病媒生物及其相关疾病的调查研究[D]. 武汉: 华中科技大学.

陈肖敏, 2020. 变化环境下三峡库区流域水文水质响应规律研究[D]. 武汉: 武汉大学.

陈小婷, 黄波林, 李滨, 等, 2020. 三峡水库碳酸盐岩区岩溶作用与斜坡破坏[J]. 中国岩溶, 39(4): 567-576.

程瑞梅, 王晓荣, 肖文发, 等, 2010. 消落带研究进展[J]. 林业科学, 46(4): 111-119.

崔志强, 王里奥, 黄本生, 等, 2003. 三峡库区工业固废调查及清理处置探讨[J]. 重庆大学学报(自然科学版), 26(5): 94-98.

戴方喜, 许文年, 刘德富, 等, 2006. 对构建三峡库区消落带梯度生态修复模式的思考[J]. 中国水土保持(1): 34-36.

邓华堂, 2015. 三峡库区大宁河鱼类食物网的结构及能量流动研究[D]. 重庆: 西南大学.

刁元彬, 2017. 水位变动影响下的三峡库区汉丰湖鸟类群落生态学研究[D]. 重庆: 重庆大学.

丁庆秋, 彭建华, 杨志, 等, 2015. 三峡水库高、低水位下汉丰湖鱼类资源变化特征[J]. 水生态学杂志, 36(3): 1-9.

丁中开, 2011. 三峡库区云阳至奉节段重大新生型滑坡预测评价[D]. 成都: 成都理工大学.

封瑞雪, 刘军旗, 姚梦辉, 等, 2019. 三峡水库蓄水前后重庆气候变化分析[J]. 长江流域资源与环境, 28(4): 994-1002.

高博, 徐东昱, 2023. 三峡库区微塑料的多介质环境行为及归趋[C]//华东师范大学, 上海市海洋湖沼学会, 中国土壤学会环境微塑料工作组. 第四届全国(海洋)环境微塑料污染与管控学术研讨会摘要集. 上海, 12-13.

高玉磊, 2017. 三峡工程运行高效效益显著[J]. 中国三峡(5): 70-73.

何毓蓉, 等, 2003. 中国紫色土(下)[M]. 北京: 科学出版社.

贺秀斌, 鲍玉海, 2019. 三峡水库消落带土壤侵蚀与生态重建研究进展[J]. 中国水土保持科学, 17(4): 160-168.

胡春宏, 2016. 我国多沙河流水库“蓄清排浑”运用方式的发展与实践[J]. 水利学报, 47(3): 283-291.

胡春宏, 2019. 从三门峡到三峡我国工程泥沙学科的发展与思考[J]. 泥沙研究, 44(2): 1-10.

胡春宏, 方春明, 许全喜, 2019. 论三峡水库“蓄清排浑”运用方式及其优化[J]. 水利学报, 50(1): 2-11.

胡艳茹, 梁丽娇, 何立平, 等, 2023. 三峡水库蓄水前后库区及周边区域降水变化及其影响因素[J]. 地理研究, 42(7): 1921-1940.

黄波林, 殷跃平, 李滨, 等, 2020. 三峡工程库区岩溶岸坡岩体劣化及其灾变效应[J]. 水文地质工程地质, 47(4): 51-61.

黄海峰, 薛蓉花, 赵蓓蓓, 等, 2022. 孕灾机理与综合遥感结合的三峡库首顺层岩质滑坡隐患识别[J]. 测绘学报, 51(10): 2056-2068.

黄金夏, 2022. 草本演替阶段河岸带植物群落对景观基质的多尺度响应[D]. 重庆: 重庆交通大学.

黄仁勇, 2016. 长江上游梯级水库泥沙输移与泥沙调度研究[D]. 武汉: 武汉大学.

黄轩民, 2012. 三峡水库消落带土壤碳氮磷分布及其交换通量研究[D]. 重庆: 重庆大学.
蒋瑞光, 1990. 长江三峡工程库区环境水文地质图说明书(/20 万)[R]. 成都: 四川省地矿局南江水文地质工程地质大队.
黎建, 2024. 微塑料在三峡库区(重庆主城段)的赋存特征及其对大型溞的毒性研究[D]. 重庆: 重庆交通大学.
李昌晓, 2006. 三峡库区消落带适生树种在淹水变化条件下的生理生化适应性研究[D]. 重庆: 西南大学.
李姗泽, 邓玥, 施凤宁, 等, 2019. 水库消落带研究进展[J]. 湿地科学, 17(6): 689-696.
李姗泽, 王雨春, 张家晖, 等, 2023. 三峡消落带土壤-植物-微生物作用下的氮循环关键过程研究进展[J]. 湖泊科学, 35(2): 398-410.
李文杰, 杨胜发, 付旭辉, 等, 2015. 三峡水库运行初期的泥沙淤积特点[J]. 水科学进展, 26(5): 676-685.
李雨潇, 2020. 三峡工程发挥巨大综合效益[J]. 中国三峡(3): 91-93.
刘传正, 2005. 长江三峡复杂斜坡成因问题[J]. 水文地质工程地质, 32(1): 1-6.
刘传正, 刘艳辉, 温铭生, 等, 2007. 长江三峡库区地质灾害成因与评价研究[M]. 北京: 地质出版社.
刘传正, 刘艳辉, 温铭生, 等, 2017. 长江三峡库区地质灾害成因与评价研究[J]. 工程地质学报, 25(6): 1565.
卢彬, 2021. 三峡峡库区消落带生态修复文献综述[J]. 科技创新与应用, 11(19): 59-61.
卢德彬, 2012. 三峡库区消落带生态系统服务功能价值研究: 以重庆开县消落带为例[D]. 重庆: 西南大学.
陆佑楣, 2003. 三峡工程的决策和实践[J]. 中国工程科学, 5(6): 1-6, 43.
罗涛逸, 2014. 三峡库区库水升降诱发滑坡变形机理及预警判据研究[D]. 成都: 成都理工大学.
吕明权, 吴胜军, 陈春娣, 等, 2015. 三峡消落带生态系统研究文献计量分析[J]. 生态学报, 35(11): 3504-3518.
马建华, 2011. 三峡工程综合效益巨大[J]. 中国水利(12): 14.
潘家铮, 1989. 三峡工程论证始末[J]. 中国水利(1): 24-27, 8.
潘家铮, 2011. 三峡工程论证决策过程及其实践检验[J]. 中国工程科学, 13(7): 4-8, 14.
潘晓洁, 万成炎, 张志永, 等, 2015. 三峡水库消落区的保护与生态修复[J]. 人民长江, 46(19): 90-96.
乔建平, 2010. 三峡库区高切坡地质环境[M]. 北京: 中国三峡出版社.
邱燕, 2018. 长江上游航道沿线崩滑灾害发育特征及危害模式研究[D]. 重庆: 重庆交通大学.
冉江洪, 刘少英, 林强, 等, 2001. 重庆三峡库区鸟类生物多样性研究[J]. 应用与环境生物学报, 7(1): 45-50.
任玉芹, 2011. 三峡库区澎溪河鱼类分布特征及相关环境因子的研究[D]. 武汉: 华中农业大学.
史学磊, 韩旭东, 杨秀元, 等, 2023. 三峡库区溪沟湾滑坡的诱发因素及前期降雨影响[J]. 地质力学学报, 29(2): 253-263.
苏化龙, 林英华, 张旭, 等, 2001. 三峡库区鸟类区系及类群多样性[J]. 动物学研究(3): 191-199.
苏化龙, 肖文发, 王建修, 等, 2012. 三峡库区蓄水前后冬季小江水面及河岸鸟类种群波动调查[J]. 西南师范大学学报(自然科学版), 37(11): 41-48.
苏维词, 2004. 三峡库区消落带的生态环境问题及其调控[J]. 长江科学院院报, 21(2): 32-34, 41.
孙爱庐, 2022. 三峡库区城市的气候变化及规划应对研究[D]. 重庆: 重庆大学.
孙阔, 袁兴中, 王晓锋, 等, 2023. 三峡水库消落带土壤养分含量及生态化学计量特征[J]. 长江流域资源与环境, 32(2): 403-414.
谭淑端, 王勇, 张全发, 2008. 三峡水库消落带生态环境问题及综合防治[J]. 长江流域资源与环境, 17(S1): 101-105.

唐小娅, 2021. 潮汐式调度对三峡库区泥沙和磷的输移影响机理及数值模拟研究[D]. 重庆: 重庆交通大学.
唐小娅, 童思陈, 许光祥, 等, 2019. 三峡水库汛期泥沙淤积对坝前水位的滞后响应[J]. 水科学进展, 30(4): 528-536.
童笑笑, 陈春娣, 吴胜军, 等, 2018. 三峡库区澎溪河消落带植物群落分布格局及生境影响[J]. 生态学报, 38(2): 571-580.
王彬俨, 2016. 三峡水库干流消落带泥沙沉积时空变化及其来源研究[D]. 成都: 中国科学院水利部成都山地灾害与环境研究所.
王珂, 李翀, 段辛斌, 等, 2012. 三峡水库 175 m 蓄水前鱼类分布特征研究[J]. 淡水渔业, 42(3): 23-27.
王可洪, 2020. 三峡水库消落带节肢动物群落生态学研究[D]. 重庆: 重庆大学.
王力, 刘婷, 王世梅, 等, 2022. 三峡库区土质岸坡塌岸发育分布特征与易发性评价[J]. 长江流域资源与环境, 31(8): 1853-1865.
王力, 南芳芸, 王世梅, 等, 2023. 三峡库区降雨型滑坡入渗特征及变形机制: 基于一维和二维模型试验研究[J]. 岩土力学, 44(5): 1363-1374.
王铭烽, 2020. 三峡库区水库运行前后土壤侵蚀动态变化及人为驱动机制[D]. 成都: 中国科学院水利部成都山地灾害与环境研究所.
王平, 朱赛楠, 张枝华, 等, 2021. 三峡库区大型斜倾顺层滑坡失稳机理分析: 以石柱县龙井滑坡为例[J]. 中国地质灾害与防治学报, 32(4): 24-32.
王言丰, 黄远洋, 吴胜军, 等, 2022. 生态学中暂态过程的理论与应用: 进展与展望[J]. 世界科技研究与发展, 44(5): 691-704.
王尭, 李述靖, 王学佑, 等, 2000. 长江三峡库区崩滑地质灾害的形成与分布规律研究[J]. 中国地质灾害与防治学报, 11(2): 24-29.
王圆圆, 李贵才, 郭徽, 等, 2018. 1979 年—2014 年三峡库区月平均气温的时空变化分析[J]. 遥感学报, 22(3): 487-496.
王征, 汪昆平, 方芳, 等, 2012. 三峡水库蓄水后消落带土壤有机质和氮磷含量及分布特征[J]. 重庆三峡学院学报, 28(3): 1-5, 13, 161.
吴强, 2007. 长江三峡库区蓄水后鱼类资源现状的研究[D]. 武汉: 华中农业大学.
谢德体, 范小华, 等, 2010. 三峡库区消落带生态系统演变与调控[M]. 北京: 科学出版社.
熊森, 李波, 肖红艳, 等, 2010. 三峡水库消落带生态友好型利用途径探索: 以基塘工程为例[J]. 重庆师范大学学报(自然科学版), 27(6): 23-26.
熊兴政, 2016. 水淹对三峡库区消落带三种木本植物生长及光合作用的影响[D]. 重庆: 西南大学.
薛聪聪, 2016. 三峡库区滑坡地质灾害应急监测预警系统研究[D]. 宜昌: 三峡大学.
杨恒, 2020. 三峡库区流域水循环要素演变与氮磷流失规律研究[D]. 北京: 中国水利水电科学研究院.
杨星科, 1997. 长江三峡库区昆虫[M]. 重庆: 重庆出版社.
杨志, 唐会元, 朱迪, 等, 2015. 三峡水库 175 m 试验性蓄水期库区及其上游江段鱼类群落结构时空分布格局[J]. 生态学报, 35(15): 5064-5075.
叶琛, 程晓莉, 张全发, 2011. 三峡库区消落区蓄水前土壤养分分布特征[J]. 土壤通报, 42(6): 1404-1410.
叶润青, 付小林, 郭飞, 等, 2021. 三峡水库运行期地质灾害变形特征及机制分析[J]. 工程地质学报, 29(3): 680-692.
叶润青, 付小林, 郭飞, 等, 2023. 三峡库区地质灾害监测分析与发展探讨[J]. 工程地质学报, 31(5): 1628-1636.
殷坤龙, 张宇, 汪洋, 2022. 水库滑坡涌浪风险研究现状和灾害链风险管控实践[J]. 地质科技通报, 41(2): 1-12.

殷跃平, 闫国强, 黄波林, 等, 2020. 三峡水库消落带斜坡岩体劣化过程地质强度指标研究[J]. 水利学报, 51(8): 883-896.

殷跃平, 黄波林, 张枝华, 等, 2022. 三峡工程库区地质灾害防治[M]. 北京: 科学出版社.

殷云龙, 於朝广, 华建峰, 等, 2014. 重庆万州三峡库区消落带中山杉造林试验[J]. 林业科技开发, 28(2): 110-114.

袁兴中, 杜春兰, 袁嘉, 2017. 适应水位变化的多功能基塘系统: 塘生态智慧在三峡水库消落带生态恢复中的运用[J]. 景观设计学, 5(1): 8-21.

张丹丹, 2020. 三峡水库消落区土壤有机碳动态格局与微生物学特征[D]. 武汉: 中国科学院大学(中国科学院武汉植物园).

张甘霖, 2020. 中国土系志 • 中西部卷 • 重庆卷[M]. 北京: 科学出版社.

张家驹, 熊铁一, 罗佳, 等, 1991. 三峡工程对库区鸟类资源的影响评价[J]. 自然资源学报, 6(3): 262-273.

张静, 2019. 变化环境下三峡库区水分(能量)分析及相关性研究[D]. 郑州: 华北水利水电大学.

张俊苗, 吴英, 刘一山, 等, 2014. 竹柳材性、纤维形态及其特性的研究[J]. 纸和造纸, 33(4): 9-12.

张天宇, 王雨潇, 孙营营, 等, 2023. 1998—2020 年三峡库区小时极端降水时空变化特征分析[J]. 高原气象, 42(1): 108-115.

张祥, 2010. 三峡水库运行方式探讨[J]. 水电能源科学, 28(11): 44-47.

张旭晨, 2018. 三峡库区灰岩地区陡高边坡演化机制研究[D]. 重庆: 重庆交通大学.

章国兴, 章渝平, 2015. 重庆云阳治理库区野外消落地的启示[J]. 经济师(10): 63-64.

赵子皓, 江晓东, 杨沈斌, 2022. 三峡蓄水对局地气候变化的影响[J]. 长江科学院院报, 39(6): 40-49.

钟章成, 2009. 三峡库区消落带生物多样性与图谱[M]. 重庆: 西南师范大学出版社.

周永娟, 仇江啸, 王姣, 等, 2010. 三峡库区消落带生态环境脆弱性评价[J]. 生态学报, 30(24): 6726-6733.

邹航, 2024. 三峡水利工程影响下库区消落区植物适应性研究[D]. 重庆: 重庆交通大学.

邹航, 吴胜军, 马茂华, 等, 2024. 植物生长-耐淹权衡策略及其对河岸带自然恢复的启示[J]. 长江流域资源与环境, 33(2): 347-361.

Bao Y H, Gao P, He X B, 2015. The water-level fluctuation zone of Three Gorges Reservoir: a unique geomorphological unit[J]. Earth-Science Reviews, 150: 14-24.

Bao Y H, He X B, Wen A B, et al., 2018. Dynamic changes of soil erosion in a typical disturbance zone of China's Three Gorges Reservoir[J]. Catena, 169: 128-139.

Butler O M, Ye C, Zhang Q F, 2022. Dynamics of insect communities across a unique network of hydrologically altered riparian habitats in Central China[J]. Ecohydrology, 15(8): e2462.

Chen Y L, Gao B, Xu D Y, et al., 2022. Catchment-wide flooding significantly altered microplastics organization in the hydro-fluctuation belt of the reservoir[J]. iScience, 25(6): 104401.

Gao Y, Zhang W L, Li Y, 2021. Microbial community coalescence: does it matter in the Three Gorges Reservoir? [J]. Water Research, 205: 117638.

Huang J X, Li X H, Zhang S L, et al., 2024. Response of riparian plant community to landscape matrix differs by taxonomic and functional diversity: Implications for the planning of riparian landscapes regulated by dams[J]. Science of the Total Environment, 907: 167768.

Keller P S, Marcé R, Obrador B, et al., 2021. Global carbon budget of reservoirs is overturned by the quantification of drawdown areas[J]. Nature Geoscience, 14(6): 402-408.

Tang H M, Wasowski J, Juang C H, 2019. Geohazards in the three Gorges Reservoir Area, China–Lessons learned from decades of research[J]. Engineering Geology, 261: 105267.

Tang X Y, Tong S C, Huang G X, et al., 2021. Characteristics of sedimentation and channel adjustment linked to the Three Gorges Reservoir[J]. International Journal of Sediment Research, 36(2): 177-189.

Wang K H, Yuan X Z, Zhang G X, et al., 2019. Diversity and distribution of riparian arthropods in the drawdown zone of China's Three Gorges Reservoir[J]. Environmental Entomology, 48(6): 1340-1348.

Wu J G, Huang J H, Han X G, et al., 2003. Three-Gorges Dam: experiment in habitat fragmentation? [J]. Science, 300(5623): 1239-1240.

Wu J G, Huang J H, Han X G, et al., 2004. The Three Gorges Dam: an ecological perspective[J]. Frontiers in Ecology and the Environment, 2(5): 241-248.

Xiao H Y, Li B, Martin Willison J H, et al., 2022. Habitat change and interspecific associations mediate the response of riparian ground-dwelling arthropod assemblages to flooding in the Three Gorges Reservoir[J]. Ecological Engineering, 185: 106812.

Yan M T, Xu C, Huang Y M, et al., 2018. Tetracyclines, sulfonamides and quinolones and their corresponding resistance genes in the Three Gorges Reservoir, China[J]. Science of the Total Environment, 631: 840-848.

Yao W M, Li C D, Ke Q R, et al., 2023. Multi-scale deterioration of physical and mechanical properties of argillaceous siltstone under cyclic wetting-drying of Yangtze River water[J]. Engineering Geology, 312: 106925.

Ye F, Sun Z H, Moore S S, et al., 2023. Discrepant effects of flooding on assembly processes of abundant and rare communities in riparian soils[J]. Microbial Ecology, 86(2): 1164-1175.

Zhang B, Guo J S, Fang F, et al., 2012. Concentration of nutrients in the soil in water-level-fluctuating zone of three gorges reservoir[J]. Ecohydrology & Hydrobiology, 12(2): 105-114.

Zhang K, Chen X C, Xiong X, et al., 2019. The hydro-fluctuation belt of the Three Gorges Reservoir: source or sink of microplastics in the water? [J]. Environmental Pollution, 248: 279-285.

Zhang S M, Wang F S, Wang Y C, et al., 2023. Shifts of soil archaeal nitrification and methanogenesis with elevation in water level fluctuation zone of the three Gorges Reservoir, China[J]. Journal of Environmental Management, 339: 117871.

Zou H, Wang W Y, Huang J X, et al., 2024. Soil nitrogen and flooding intensity determine the trade-off between leaf and root traits of riparian plant species[J]. Plants, 13(7): 978.

附　　表

附表 1　三峡水库长江干流各断面土地征收线水位表

断面名称	距坝里程/km	土地征收线高程/m	天然水位线（20%洪水）/m
坝址	0.0	175.0	—
大青溪	119.7	175.0	117.8
巫山县	124.3	175.1	118.7
盐汉溪	454.6	175.2	155.9
涪陵站	483.0	175.3	161.4
李渡站	493.9	175.4	165.1
北拱	498.8	175.4	166.4
令牌丘	507.9	175.5	168.4
长寿区	527.0	175.6	172.3
长寿站	529.3	175.7	172.7
芝麻坪	539.1	175.8	174.3
杨家湾	544.7	176.1	175.6
下刘家坪	555.2	177.6	177.0
中湾	560.1	178.4	177.8
木洞	565.7	179.3	178.8
温家沱	570.0	180.0	179.6
大塘坝	573.9	180.7	180.4
郭家沱	587.5	176.8	—
生基塘	593.5	176.9	—
寸滩站	596.7	177.1	—
嘉陵江口下	601.8	177.2	—
黄桷堡	611.9	177.8	—
葛家岩	617.2	178.2	—
郭家坪	620.3	178.4	—
大渡口站	624.5	178.7	—
茄子溪	628.6	179.0	—
贾家湾	633.0	179.3	—
学堂堡	641.3	180.9	—
白沙沱站	646.7	181.6	—
猫儿峡站	650.6	181.8	—
铜罐驿	654.6	182.1	—

续表

断面名称	距坝里程/km	土地征收线高程/m	天然水位线（20%洪水）/m
中山坝	658.4	183.3	—
羊角滩	661.9	184.7	—

附表 2　三峡水库长江支流各断面土地征收线水位表

支流名称	断面名称	距坝里程/km	土地征收线高程/m	天然水位线（20%洪水）/m
香溪河	河口	0.0	175.0	—
	汛期终点	39.0	175.0	174.7
	延长点	40.0	175.0	—
大宁河	河口	0.0	175.1	118.7
	汛期终点	53.6	175.1	174.8
	延长点	55.0	175.1	—
梅溪河	河口	0.0	175.1	126.3
	土地尖灭点	29.2	175.1	175.0
	延长点	30.0	175.1	—
磨刀溪	河口	0.0	175.1	—
	土地线终点	33.1	175.1	—
汤溪河	河口	0.0	175.1	130.5
	水市	21.2	175.1	—
	盐渠水文站	29.8	175.1	—
	南坝	35.7	175.2	—
	延长点	37.6	175.2	—
小江	河口	0.0	175.1	132.2
	沙凼湾	16.2	175.1	174.8
	翠屏村	91.0	175.2	—
	竹溪铺	96.3	175.4	—
	顺风垭	99.9	176.1	—
	延长点	102.4	177.0	—
龙河	河口	0.0	175.1	150.1
	土地线终点	11.4	175.1	174.8
渠溪河	河口	0.0	175.2	155.9
	调查线终点	19.0	175.2	174.9
御临河	两口	0.0	177.6	177.0
	陈家岩	11.3	177.6	177.0
	白堰桥	14.2	177.7	177.0
	舒家河	17.4	178.0	177.8

续表

支流名称	断面名称	距坝里程/km	土地征收线高程/m	天然水位线（20%洪水）/m
乌江	崩土状	0.0	175.3	160.9
	网背沱	22.7	175.5	173.6
	鸭江口	31.4	178.1	1775
	桐麻湾	38.0	182.7	182.3
	汛期土地线终点	41.5	184.7	184.4
	白马镇	44.8	汛后 176.6	—
	羊角碛	52.9	177.3	—
	土坎	61.6	178.3	—
	武隆	70.5	180.1	—
	中咀	79.9	181.5	—
	江口镇	88.2	183.2	—
	汛后终点	92.0	189.0	—
嘉陵江	重庆	0.0	177.2	171.1
	狮子山	24.8	177.3	175.0
	柳条溪	35.5	177.8	179.0
	悦来场	41.6	178.1	179.8
	沙咀	48.6	178.3	180.5
	峡门口	55.1	178.6	181.1
	北碚	61.0	178.8	181.8
	草街	66.9	179.9	184.0
	麻柳坪	70.7	182.3	186.5

附表 3　三峡水库长江干流 145 m 水位线接汛期 80%洪水流量的回水水位表

断面编号	断面名称	距坝里程/km	回水水位/m	备注
1	三斗坪	0.0	145.0	—
5	—	25.7	145.0	—
6	—	31.1	145.1	香溪河汇入
7	秭归县	37.6	145.1	—
13	巴东县	72.5	145.1	—
14	—	78.2	145.2	—
18	—	100.1	145.3	—
21	—	113.6	145.4	—
22	—	119.7	145.5	—
23	巫山县	124.2	145.5	大宁河汇入
28	—	153.2	145.7	—

续表

断面编号	断面名称	距坝里程/km	回水水位/m	备注
30	奉节县	162.2	145.7	梅溪河汇入
33	—	182.2	145.8	—
39	新津口	218.7	145.9	磨刀溪汇入
40	云阳县	223.7	145.9	汤溪河汇入
44	双江镇	248.4	145.9	小江汇入
45	—	254.1	146.0	—
50	万州区	281.3	146.0	—
60	—	332.2	146.3	—
69	—	378.4	146.7	—
77	—	420.3	147.2	—
79	丰都县	429.0	147.2	龙河汇入
84	—	450.4	148.1	—
85	盐汉溪	454.6	148.2	渠溪河汇入
90	—	476.2	149.8	—
91	郭家咀	479.4	149.9	乌江汇入
97	—	504.0	152.8	—
101	—	522.8	155.8	—
102	长寿区	527.0	156.1	—
108	—	555.2	162.1	御临河汇入
117	—	593.5	168.1	—
118	寸滩站	596.7	168.9	—
119	嘉陵江口下	601.8	169.6	嘉陵江汇入
120	重庆站	603.7	169.8	—
127	—	633.0	177.1	—
134	羊角滩	662.9	184.9	—

附表 4　三峡水库消落区植物名录

物种	拉丁名	科	属	生活型
白茅	*Imperata cylindrica*	禾本科	白茅属	多年生草本
百日菊	*Zinnia elegans*	菊科	百日菊属	一年生草本
稗	*Echinochloa crus-gali*	禾本科	稗属	一年生草本
光头稗	*Echinochloa colona*	禾本科	稗属	一年生草本
无芒稗	*Echinochloa crus-galli* var. *mitis*	禾本科	稗属	一年生草本
西来稗	*Echinochloa crus-galli* var. *zelayensis*	禾本科	稗属	一年生草本
细叶旱稗	*Echinochloa crus-galli* var. *praticola*	禾本科	稗属	一年生草本
长芒稗	*Echinochloa caudata*	禾本科	稗属	一年生草本

续表

物种	拉丁名	科	属	生活型
蓖麻	*Ricinus communis*	大戟科	蓖麻属	一年生草本
萹蓄	*Polygonum aviculare*	蓼科	蓼属	一年生草本
蚕茧草	*Polygonum japonicum*	蓼科	蓼属	多年生草本
杠板归	*Polygonum perfoliatum*	蓼科	蓼属	一年生草本
火炭母	*Polygonum chinense*	蓼科	蓼属	多年生草本
绵毛酸模叶蓼	*Polygonum lapathifolium*	蓼科	蓼属	一年生草本
水蓼	*Polygonum hydropiper*	蓼科	蓼属	一年生草本
酸模叶蓼	*Polygonum lapathifolium*	蓼科	蓼属	一年生草本
习见萹蓄	*Polygonum plebeium*	蓼科	萹蓄属	一年生草本
红鳞扁莎	*Pycreus sanguinolentus*	莎草科	扁莎属	一年生草本
球穗扁莎	*Pycreus flavidus*	莎草科	扁莎属	多年生草本
苍耳	*Xanthium strumarium*	菊科	苍耳属	一年生草本
黄香草木樨	*Melilotus officinalis*	豆科	草木樨属	二年生草本
侧柏	*Platycladus orientalis*	柏科	侧柏属	乔木
菖蒲	*Acorus calamus*	菖蒲科	菖蒲属	多年生草本
车前	*Plantago asiatica*	车前科	车前属	二年生或多年生草本
扯根菜	*Penthorum chinense*	扯根菜科	扯根菜属	多年生草本
野慈姑	*Sagittaria trifolia*	泽泻科	慈姑属	多年生草本
打碗花	*Calystegia hederacea*	旋花科	打碗花属	一年生草本
旋花	*Calystegia sepium*	旋花科	打碗花属	多年生草本
野大豆	*Glycine soja*	豆科	大豆属	一年生草本
斑地锦草	*Euphorbia maculata*	大戟科	大戟属	一年生草本
飞扬草	*Euphorbia hirta*	大戟科	大戟属	一年生草本
千根草	*Euphorbia thymifolia*	大戟科	大戟属	一年生草本
大薸	*Pistia stratiotes*	天南星科	大薸属	多年生草本
倒地铃	*Cardiospermum halicacabum*	无患子科	倒地铃属	藤本
地胆草	*Elephantopus scaber*	菊科	地胆草属	多年生草本
苦蘵	*Physalis angulata*	茄科	洋酸浆属	一年生草本
灯笼果	*Physalis peruviana*	茄科	洋酸浆属	多年生草本
笄石菖	*Juncus prismatocarpus*	灯芯草科	灯芯草属	多年生草本
野灯芯草	*Juncus setchuensis*	灯芯草科	灯芯草属	多年生草本
丁香蓼	*Ludwigia prostrata*	柳叶菜科	丁香蓼属	一年生草本
假柳叶菜	*Ludwigia epilobioides*	柳叶菜科	丁香蓼属	一年生草本
番茄	*Solanum lycopersicum*	茄科	茄属	一年生草本
风轮菜	*Clinopodium chinense*	唇形科	风轮菜属	多年生草本
细风轮菜	*Clinopodium gracile*	唇形科	风轮菜属	多年生草本

续表

物种	拉丁名	科	属	生活型
枫杨	*Pterocarya stenoptera*	胡桃科	枫杨属	乔木
假苇拂子茅	*Calamagrostis pseudaphragmites*	禾本科	拂子茅属	多年生草本
斑茅	*Saccharum arundinaceum*	禾本科	甘蔗属	多年生草本
蔗茅	*Saccharum rufipilum*	禾本科	甘蔗属	多年生草本
山葛	*Pueraria montana*	豆科	葛属	藤本
大狗尾草	*Setaria faberi*	禾本科	狗尾草属	一年生草本
狗尾草	*Setaria viridis*	禾本科	狗尾草属	一年生草本
金色狗尾草	*Setaria glauca*	禾本科	狗尾草属	一年生草本
棕叶狗尾草	*Setaria palmifolia*	禾本科	狗尾草属	多年生草本
狗牙根	*Cynodon dactylon*	禾本科	狗牙根属	多年生草本
构	*Broussonetia papyrifera*	桑科	构属	灌木
鬼针草	*Bidens pilosa*	菊科	鬼针草属	一年生草本
大狼耙草	*Bidens frondosa*	菊科	鬼针草属	一年生草本
过江藤	*Phyla nodiflora*	马鞭草科	过江藤属	多年生草本
海金沙	*Lygodium japonicum*	海金沙科	海金沙属	多年生草本
风花菜	*Rorippa globosa*	十字花科	蔊菜属	一年生或二年生草本
广州蔊菜	*Rorippa cantoniensis*	十字花科	蔊菜属	一年生或二年生草本
蔊菜	*Rorippa indica*	十字花科	蔊菜属	一年生或二年生草本
无瓣蔊菜	*Rorippa dubia*	十字花科	蔊菜属	一年生草本
艾	*Artemisia argyi*	菊科	蒿属	多年生草本
黄花蒿	*Artemisia annua*	菊科	蒿属	一年生草本
蒌蒿	*Artemisia selengensis*	菊科	蒿属	多年生草本
野艾蒿	*Artemisia lavandulaefolia*	菊科	蒿属	多年生草本
合萌	*Aeschynomene indica*	豆科	合萌属	一年生草本
黑麦草	*Lolium perenne*	禾本科	黑麦草属	多年生草本
野胡萝卜	*Daucus carota*	伞形科	胡萝卜属	二年生草本
紫萼蝴蝶草	*Torenia violacea*	母草科	蝴蝶草属	多年生草本
瘤梗番薯	*Ipomoea lacunosa*	旋花科	番薯属	藤本
虎杖	*Reynoutria japonica*	蓼科	虎杖属	多年生草本
画眉草	*Eragrostis pilosa*	禾本科	画眉草属	一年生草本
乱草	*Eragrostis japonica*	禾本科	画眉草属	一年生草本
知风草	*Eragrostis ferruginea*	禾本科	画眉草属	多年生草本
拔毒散	*Sida szechuensis*	锦葵科	黄花棯属	灌木
毛黄栌	*Cotinus coggygria* var. *pubescens*	漆树科	黄栌属	灌木
藿香蓟	*Ageratum conyzoides*	菊科	藿香蓟属	一年生草本
积雪草	*Centella asiatica*	伞形科	积雪草属	多年生草本

续表

物种	拉丁名	科	属	生活型
荠	*Capsella bursa-pastoris*	十字花科	荠属	一年生或二年生草本
西南假毛蕨	*Pseudocyclosorus esquirolii*	金星蕨科	假毛蕨属	多年生草本
箭竹	*Fargesia spathacea*	禾本科	箭竹属	灌木
接骨草	*Sambucus chinensis*	忍冬科	接骨木属	灌木
七星莲	*Viola diffusa*	堇菜科	堇菜属	一年生草本
心叶堇菜	*Viola concordifolia*	堇菜科	堇菜属	多年生草本
荩草	*Arthraxon hispidus*	禾本科	荩草属	一年生草本
茅叶荩草	*Arthraxon lanceolatus*	禾本科	荩草属	多年生草本
九节	*Psychotria asiatica*	茜草科	九节属	灌木
野菊	*Chrysanthemum indicum*	菊科	菊属	多年生草本
爵床	*Justicia procumbens*	爵床科	爵床属	一年生草本
蓝花参	*Wahlenbergia marginata*	桔梗科	蓝花参属	多年生草本
野老鹳草	*Geranium carolinianum*	牻牛儿苗科	老鹳草属	一年生草本
类芦	*Neyraudia reynaudiana*	禾本科	类芦属	多年生草本
藜	*Chenopodium album*	苋科	藜属	一年生草本
土荆芥	*Chenopodium ambrosioides*	苋科	腺毛藜属	一年生或多年生草本
鳢肠	*Eclipta prostrata*	菊科	鳢肠属	一年生草本
莲	*Nelumbo nucifera*	莲科	莲属	多年生草本
莲子草	*Alternanthera sessilis*	苋科	莲子草属	多年生草本
喜旱莲子草	*Alternanthera philoxeroides*	苋科	莲子草属	多年生草本
钻叶紫菀	*Symphyotrichum subulatum*	菊科	联毛紫菀属	一年生草本
春蓼	*Persicaria maculosa*	蓼科	蓼属	一年生草本
细叶蓼	*Persicaria taquetii*	蓼科	蓼属	一年生草本
杞柳	*Salix integra*	杨柳科	柳属	灌木
垂柳	*Salix babylonica*	杨柳科	柳属	乔木
旱柳	*Salix matsudana*	杨柳科	柳属	乔木
竹柳	*Salix* sp.	杨柳科	柳属	乔木
芦苇	*Phragmites australis*	禾本科	芦苇属	多年生草本
芦竹	*Arundo donax*	禾本科	芦竹属	多年生草本
栾	*Koelreuteria paniculata*	无患子科	栾属	乔木
落羽杉	*Taxodium distichum*	柏科	落羽杉属	乔木
池杉	*Taxodium distichum* var. *imbricarium*	柏科	落羽杉属	乔木
中山杉	*Taxodium 'Zhongshanshan'*	柏科	落羽杉属	乔木
葎草	*Humulus scandens*	大麻科	葎草属	多年生草本
马鞭草	*Verbena officinalis*	马鞭草科	马鞭草属	多年生草本
柳叶马鞭草	*Verbena bonariensis*	马鞭草科	马鞭草属	多年生草本

续表

物种	拉丁名	科	属	生活型
马齿苋	*Portulaca oleracea*	马齿苋科	马齿苋属	一年生草本
马兰	*Kalimeris indica*	菊科	紫菀属	多年生草本
马唐	*Digitaria sanguinalis*	禾本科	马唐属	一年生草本
飞蛾藤	*Porana racemosa*	旋花科	飞蛾藤属	藤本
毛曼陀罗	*Datura innoxia*	茄科	曼陀罗属	一年生草本
五节芒	*Miscanthus floridulus*	禾本科	芒属	多年生草本
宽叶母草	*Lindernia nummularifolia*	母草科	母草属	一年生草本
陌上菜	*Lindernia procumbens*	母草科	母草属	一年生草本
母草	*Lindernia crustacea*	母草科	母草属	一年生草本
泥花草	*Lindernia antipoda*	母草科	陌上菜属	一年生草本
黄荆	*Vitex negundo*	唇形科	牡荆属	灌木
节节草	*Equisetum ramosissimum*	木贼科	木贼属	多年生草本
问荆	*Equisetum arvense*	木贼科	木贼属	多年生草本
披散问荆	*Equisetum diffusum*	木贼科	木贼属	多年生草本
苜蓿	*Medicago sativa*	豆科	苜蓿属	多年生草本
小苜蓿	*Medicago minima*	豆科	苜蓿属	一年生草本
南瓜	*Cucurbita moschata*	葫芦科	南瓜属	一年生草本
泥胡菜	*Hemistepta lyrata*	菊科	泥胡菜属	一年生草本
大牛鞭草	*Hemarthria altissima*	禾本科	牛鞭草属	多年生草本
糯米团	*Gonostegia hirta*	荨麻科	糯米团属	多年生草本
两歧飘拂草	*Fimbristylis dichotoma*	莎草科	飘拂草属	一年生草本
水虱草	*Fimbristylis miliacea*	莎草科	飘拂草属	一年生草本
葡萄	*Vitis vinifera*	葡萄科	葡萄属	藤本
虮子草	*Leptochloa panicea*	禾本科	千金子属	一年生草本
千金子	*Leptochloa chinensis*	禾本科	千金子属	一年生草本
千里光	*Senecio scandens*	菊科	千里光属	多年生草本
千屈菜	*Lythrum salicaria*	千屈菜科	千屈菜属	多年生草本
黄果茄	*Solanum xanthocarpum*	茄科	茄属	一年生草本
龙葵	*Solanum nigrum*	茄科	茄属	一年生草本
细叶旱芹	*Apium leptophyllum*	伞形科	细叶旱芹属	一年生草本
青葙	*Celosia argentea*	苋科	青葙属	一年生草本
苘麻	*Abutilon theophrasti*	锦葵科	苘麻属	一年生草本
黄秋英	*Cosmos sulphureus*	菊科	秋英属	一年生草本
求米草	*Oplismenus undulatifolius*	禾本科	求米草属	多年生草本
雀稗	*Paspalum thunbergii*	禾本科	雀稗属	多年生草本
双穗雀稗	*Paspalum paspaloides*	禾本科	雀稗属	多年生草本

续表

物种	拉丁名	科	属	生活型
小黄构	*Wikstroemia micrantha*	瑞香科	荛花属	灌木
地果	*Ficus tikoua*	桑科	榕属	藤本
扁秆荆三棱	*Bolboschoenus planiculmis*	莎草科	三棱草属	多年生草本
桑	*Morus alba*	桑科	桑属	乔木
野生风车草	*Cyperus alternifolius*	莎草科	莎草属	多年生草本
具芒碎米莎草	*Cyperus microiria*	莎草科	莎草属	一年生草本
碎米莎草	*Cyperus iria*	莎草科	莎草属	一年生草本
头状穗莎草	*Cyperus glomeratus*	莎草科	莎草属	一年生草本
香附子	*Cyperus rotundus*	莎草科	莎草属	多年生草本
旋鳞莎草	*Cyperus michelianus*	莎草科	莎草属	一年生草本
异型莎草	*Cyperus difformis*	莎草科	莎草属	一年生草本
白鳞莎草	*Cyperus nipponicus*	莎草科	莎草属	一年生草本
牛筋草	*Eleusine indica*	禾本科	穇属	一年生草本
商陆	*Phytolacca acinosa*	商陆科	商陆属	多年生草本
鼠曲草	*Gnaphalium affine*	菊科	鼠曲草属	一年生草本
石胡荽	*Centipeda minima*	菊科	石胡荽属	一年生草本
石荠苎	*Mosla scabra*	唇形科	石荠苎属	一年生草本
小鱼仙草	*Mosla dianthera*	唇形科	石荠苎属	一年生草本
荔枝草	*Salvia plebeia*	唇形科	鼠尾草属	一年生或二年生草本
水麻	*Debregeasia orientalis*	荨麻科	水麻属	灌木
水芹	*Oenanthe javanica*	伞形科	鹂属	多年生草本
水莎草	*Juncellus serotinus*	莎草科	莎草属	多年生草本
水蜈蚣	*Kyllinga polyphylla*	莎草科	水蜈蚣属	多年生草本
水苋菜	*Ammannia baccifera*	千屈菜科	水苋菜属	一年生草本
粟米草	*Mollugo stricta*	粟米草科	粟米草属	一年生草本
酸浆	*Physalis alkekengi*	茄科	酸浆属	多年生草本
小酸浆	*Physalis minima*	茄科	洋酸浆属	多年生草本
齿果酸模	*Rumex dentatus*	蓼科	酸模属	一年生草本
酸模	*Rumex acetosa*	蓼科	酸模属	多年生草本
长刺酸模	*Rumex trisetifer*	蓼科	酸模属	一年生草本
湖北算盘子	*Glochidion wilsonii*	叶下珠科	算盘子属	灌木
梭鱼草	*Pontederia cordata*	雨久花科	梭鱼草属	多年生草本
签草	*Carex doniana*	莎草科	薹草属	一年生草本
十字薹草	*Carex cruciata*	莎草科	薹草属	多年生草本
宜昌薹草	*Carex ascocetra*	莎草科	薹草属	多年生草本
四花薹草	*Carex quadriflora*	莎草科	薹草属	多年生草本

续表

物种	拉丁名	科	属	生活型
铁苋菜	*Acalypha australis*	大戟科	铁苋菜属	一年生草本
铁线莲	*Clematis florida*	毛茛科	铁线莲属	藤本
匍茎通泉草	*Mazus miquelii*	通泉草科	通泉草属	多年生草本
通泉草	*Mazus pumilus*	通泉草科	通泉草属	一年生草本
菟丝子	*Cuscuta chinensis*	旋花科	菟丝子属	一年生草本
豚草	*Ambrosia artemisiifolia*	菊科	豚草属	一年生草本
野莴苣	*Lactuca serriola*	菊科	莴苣属	二年生草本
乌桕	*Triadica sebifera*	大戟科	乌桕属	乔木
乌蔹莓	*Cayratia japonica*	葡萄科	乌蔹莓属	藤本
蜈蚣草	*Eremochloa ciliaris*	禾本科	蜈蚣草属	多年生草本
雾水葛	*Pouzolzia zeylanica*	荨麻科	雾水葛属	多年生草本
夏至草	*Lagopsis supina*	唇形科	夏至草属	多年生草本
凹头苋	*Amaranthus blitum*	苋科	苋属	一年生草本
刺苋	*Amaranthus spinosus*	苋科	苋属	一年生草本
反枝苋	*Amaranthus retroflexus*	苋科	苋属	一年生草本
老鸦谷	*Amaranthus cruentus*	苋科	苋属	一年生草本
苋	*Amaranthus tricolor*	苋科	苋属	一年生草本
香根草	*Vetiveria zizanioides*	禾本科	金须茅属	多年生草本
香蒲	*Typha orientalis*	香蒲科	香蒲属	多年生草本
白酒草	*Conyza japonica*	菊科	白酒草属	一年生或二年生草本
苏门白酒草	*Conyza sumatrensis*	菊科	飞蓬属	一年生或二年生草本
香丝草	*Conyza bonariensis*	菊科	飞蓬属	一年生或二年生草本
小蓬草	*Conyza canadensis*	菊科	飞蓬属	一年生草本
鸭儿芹	*Cryptotaenia japonica*	伞形科	鸭儿芹属	多年生草本
鸭跖草	*Commelina communis*	鸭跖草科	鸭跖草属	一年生草本
青甘杨	*Populus przewalskii*	杨柳科	杨属	乔木
野黍	*Eriochloa villosa*	禾本科	野黍属	一年生草本
野茼蒿	*Crassocephalum crepidioides*	菊科	野茼蒿属	一年生草本
蜜甘草	*Phyllanthus ussuriensis*	叶下珠科	叶下珠属	一年生草本
叶下珠	*Phyllanthus urinaria*	叶下珠科	叶下珠属	一年生草本
虉草	*Phalaris arundinacea*	禾本科	虉草属	多年生草本
银胶菊	*Parthenium hysterophorus*	菊科	银胶菊属	一年生草本
北水毛花	*Schoenoplectiella mucronata*	莎草科	萤蔺属	多年生草本
油桐	*Vernicia fordii*	大戟科	油桐属	乔木
羽芒菊	*Tridax procumbens*	菊科	羽芒菊属	多年生草本
早熟禾	*Poa annua*	禾本科	早熟禾属	一年生草本

续表

物种	拉丁名	科	属	生活型
枣	*Ziziphus jujuba*	鼠李科	枣属	乔木
獐牙菜	*Swertia bimaculata*	龙胆科	獐牙菜属	一年生草本
尖叶长柄山蚂蟥	*Podocarpium podocarpum* var. *oxyphyllum*	豆科	长柄山蚂蟥属	多年生草本
过路黄	*Lysimachia christinae*	报春花科	珍珠菜属	多年生草本
芝麻	*Sesamum indicum*	芝麻科	芝麻属	一年生草本
苎麻	*Boehmeria nivea*	荨麻科	苎麻属	灌木
小赤麻	*Boehmeria spicata*	荨麻科	苎麻属	多年生草本
砖子苗	*Mariscus umbellatus*	莎草科	莎草属	多年生草本
紫苏	*Perilla frutescens*	唇形科	紫苏属	一年生草本
醉鱼草	*Buddleja lindleyana*	玄参科	醉鱼草属	灌木
酢浆草	*Oxalis corniculata*	酢浆草科	酢浆草属	多年生草本